“十三五”普通高等教育包装本科规划教材

包装印后加工

编　著　张改梅　宋晓利　赵寰宇
　　　　王　辉　王　灿　左晓燕
　　　　李宏峰　罗　勇

主　审　许文才

文化发展出版社
Cultural Development Press

内容提要

近年随着商品包装的日新月异和印后加工技术的升级，包装印后加工技术作为提高商品包装品质及增加其特殊功能的一种有效手段，已得到包装行业的广大认可。本书以包装制品的材料属性为主线，将内容划分为六章，包含包装印后加工概述、纸包装制品的印后加工、塑料包装制品的印后加工、金属包装制品的印后加工、玻璃包装制品的印后加工、陶瓷包装制品的印后加工。系统全面地介绍了常见包装制品及容器印后加工所涉及的基础知识、印后加工原理及工艺、故障及其排除方法。

本书内容主要理论与实践相结合，适合高等院校、职业院校开设印刷、包装专业的学生作为教材使用，也适用于与印刷、包装相关专业的学生和相关企业技术人员作参考。

图书在版编目（CIP）数据

包装印后加工/张改梅等编著.-1版.-北京:文化发展出版社,2016.7
“十三五”普通高等教育包装本科规划教材
ISBN 978-7-5142-1147-4

Ⅰ.①包… Ⅱ.①张… Ⅲ.①装潢包装印刷-高等学校-教材 Ⅳ.①TS851

中国版本图书馆CIP数据核字(2016)第001559号

包装印后加工

编　　著：张改梅　宋晓利　赵寰宇　王　辉　王　灿　左晓燕　李宏峰　罗　勇
主　　审：许文才

责任编辑：刘淑婧　　　　责任校对：岳智勇
责任印制：孙晶莹　　　　责任设计：侯　铮
出版发行：文化发展出版社（北京市翠微路2号　邮编：100036）
网　　址：www.printhome.com　　www.keyin.cn
经　　销：各地新华书店
印　　刷：北京易丰印捷科技股份有限公司

开　　本：787mm×1092mm　1/16
字　　数：278千字
印　　张：11.25
印　　数：1～2000
印　　次：2016年7月第1版　2016年7月第1次印刷
定　　价：42.00元
ＩＳＢＮ：978-7-5142-1147-4

◆ 如发现任何质量问题请与我社发行部联系。发行部电话：010-88275710

出版说明

我国包装印刷行业具有万亿市场规模。近十年来，我国包装工业总产值从2002年2500多亿元，到2009年突破1万亿元，超过日本，成为仅次于美国的世界第二包装大国。2014年国内包装工业总产值完成14800亿元，包装行业社会需求量大、科技含量日益提高，已经成为对经济社会发展具有重要影响力的支撑性产业。随着“十三五”的到来，包装工业作为国民经济产业体系的重要组成部分，也将着力于通过“互联网+绿色环保+包装工业”的新型工业发展模式推动产业转型与结构调整；推动信息化、大数据建设，引导包装工业与互联网深度融合；在包装工业的各领域注重“创意设计”与“绿色环保”，通过科技创新实现提质、增效、升级；加快包装企业走出去步伐，扩大国际交流与合作；推进标准化建设与人才培养机制。力求包装工业在“十三五”规划期间实现长足发展。

为了满足社会对新型人才的需要和适应包装技术与装备、包装材料、包装标准的更新和应用，作为包装工业发展支撑点和推动力的包装教育，必须与时俱进、不断更新和升级，努力提高教育质量。而高等教育教学的三大基本建设是师资队伍、教材和实验室建设，而教材是提升教育、教学的基础配套条件。

近30多年来，中国包装学科教育的兴起、发展，始终紧扣包装工程专业的教材建设。1985年首次开创高等学校适用教材建设，出版了第一套12本开拓性教材；1995年为推进全国包装统编教材建设，又出版了第二套12本探索性教材；跨入21世纪，2005年在中国包装联合会包装教育委员会与教育部包装工程专业教学指导分委员会联合组织、规划，全国包装教材编审委员会指导下，出版了第三套23本包装工程专业教材。文化发展出版社（原印刷工业出版社）作为国内唯一一家以印刷包装为特色的专业出版社，一直致力于包装专业教材的建设，积极推动教材的发展与更新，先后承担了三套包装工程专业教材的出版工作，并取得了可喜的成果。许多包装类教材经过专家的审定，获得了国家级精品教材、国家级规划教材等荣誉称号，并得到了广大院校、教学机构和读者的认可。

目前，全国已有近70所高等学校开设包装工程本科专业。近年来，江南大学、天津科技大学等高校在轻工科学与技术一级博士点下设立了包装工程博士点和硕士点，西安理工大学、上海大学、北京印刷学院、陕西科技大学、浙江理工大学、湖南工业大学、哈尔滨商业大学等高校在相近专业以学科方向形式开展包装工程专业硕士研究生教育，这给我国包装教育的发展注入了新的活力。

随着产业技术的发展，原有的包装工程专业教材无论在体系上还是内容上都已经落后于产业和专业教育发展的要求。因此，文化发展出版社根据教育部《全面提高高等教育教学质量的若干意见》的指导思想，紧密配合教育部“十三五”国家级规划教材的建设，在“十三五”期间将对包装工程专业教材不断进行修订和补充，出版适合教学需要的第四套包装专业本科教材。本套教材具有以下显著特点：

1. **具备“互联网＋”特性**。依据教材的内容特色与资源，在纸媒教材上增印二维码，内容包含复杂的原理机构图、Flash 动画、简短视频等信息，实现纸媒与手机等移动终端的联动性，加强教学的互动性。

2. **配套课件全面化**。本套教材将全部采用“教材＋配套 PPT 课件”的模式，其中 PPT 课件免费供使用本套教材的院校教师使用。

3. **科学规范性**。教材体系更符合教学实际，同时紧扣教育部新制定的普通高等学校包装工程专业的专业规范，教材的内容涵盖了新专业规范中要求学生需要掌握的知识点与技能。

4. **先进性**。教材引用了大量当今国际、国内包装工业的科技发展现状和实例，以及当前科技研发的成果和学术观点，内容较为先进。

5. **实用性**。教材紧扣包装工业实际，并注重联系相关产业的基本知识和发展需求，实现知识面广、工理渗透，强调基础知识、技能的协调发展和综合提高。

“‘十三五’普通高等教育包装本科规划教材”已陆续出版并稳步前进，我们真诚地希望全国相关院校的师生及行业专家将本套教材在使用中发现的问题及时反馈给我们，以利于我们改进工作，便于作者再版时对教材进行改进，使教材质量不断提高，真正满足当今包装工程专业教育、教学发展的需求。

文化发展出版社

2015 年 12 月

前言

随着经济的迅速发展和生活质量的不断提高，包装在人们生活中也越来越重要，对产品包装也提出了新的要求。商品从制造厂到最终消费者这个过程都离不开包装，包装在传递产品信息、在流通过程中产品的信息追溯及保证产品质量起着至关重要的作用，包装材料或容器是信息传递、促进商品销售的载体。为了达到以上作用，利用包装印刷技术在包装上印上装饰性花纹、图案或者文字，包装印刷的产品需要通过印后加工技术来提高品质并增加其特殊功能，如瓦楞纸板、金属板等印刷结束后，还无法盛装物品，也无法达到包装的功能，必须经过表面整饰、成型加工等后加工并经过包装设备完成包装产品。

随着包装印刷行业环保意识的增强，冷烫印、辐射固化等技术的应用越来越广。同时，绿色、创新、数字化技术已成为印刷业发展的主旋律。本书共由六章组成，包括包装印后加工概述、纸包装制品的印后加工、塑料包装制品的印后加工、金属包装制品的印后加工、玻璃包装制品的印后加工、陶瓷包装制品的印后加工。本书系统全面地介绍了纸、塑料、金属、玻璃和陶瓷等包装制品及容器印后加工所涉及的基础知识、印后加工原理及工艺、故障及其排除方法。书中各章内容概述如下：

第一章介绍了包装印后加工的必要性以及包装印后技术的发展方向。

第二章主要介绍了常用的包装用纸及其性能、纸制品的种类及表面整饰加工工艺包括上光、覆膜、烫金的工艺原理、影响质量的因素、故障分析等，并介绍了冷烫印、全息烫印、压凹凸等先进技术与方法。纸制品加工工艺还介绍了模切压痕工艺以及纸箱、纸盒和不干胶标签的加工工艺过程。

第三章主要介绍了塑料制品的种类、软包装材料及复合材料、涂布工艺、复合工艺包括干法复合、湿法复合、挤出涂覆、挤出复合及共挤出复合等工艺原理、故障分析。

第四章主要介绍了金属材料的性能、常用金属材料及容器、两片罐的成型加工工艺和三片罐的成型加工工艺、金属软管的加工工艺。

第五章主要介绍了玻璃材料的性能、常用的玻璃容器、玻璃的制造工艺、玻璃容器的制造工艺、玻璃包装制品的印刷及印后加工工艺。

第六章主要介绍了陶瓷包装制品的概况及加工工艺。

本书内容体现了当下包装印后加工领域的前沿技术，同时注重理论与实际的结合，引入了一些企业生产现场的案例，实用性强，适合高等院校、职业院校开设印刷、包装专业的学生作为教材使用，也适用于与印刷、包装专业相关的学生和企业技术人员作参考。

本书由北京印刷学院印刷与包装工程学院张改梅、宋晓利、王灿、左晓燕、李宏峰，北京交通大学赵寰宇，北人集团公司王辉，上海韩束化妆品有限公司罗勇编写而成。全书由张改梅负责统稿，北京印刷学院许文才主审。在本书的编写过程中还得到北京印刷学院许文才、曹国荣、李路海、施继龙、杨丽萍、鲁建东、杨永刚等同志的支持和帮助，在此表示感谢。

由于编者的水平有限，本书难免存在不足和错误，敬请读者批评指正。

编　者

2016 年 5 月

第一章　包装印后加工概述 …… 001

一、包装印后加工的含义及分类 …… 001

二、包装印后加工的重要性和必要性 …… 002

三、包装印后加工的发展方向 …… 002

思考题 …… 004

第二章　纸包装制品的印后加工 …… 005

第一节　包装用纸的分类及要求 …… 005

一、常用包装用纸和纸板 …… 005

二、包装用纸和纸板性能要求 …… 007

第二节　纸包装制品加工的分类及发展趋势 …… 008

一、纸包装制品的分类 …… 008

二、纸包装制品加工及发展趋势 …… 013

第三节　纸包装制品表面整饰加工工艺 …… 015

一、上光加工 …… 015

二、覆膜工艺 …… 026

三、烫印工艺 …… 036

四、其他加工工艺 …… 050

第四节　纸包装制品成型加工工艺 …… 052

一、模切压痕加工 …… 052

二、纸盒和纸箱成型加工 …… 059

第五节　不干胶标签印后加工 …… 066

一、不干胶标签材料的结构及分类 …… 066

二、不干胶标签加工工艺流程 …… 068

思考题 …… 070

第三章　塑料包装制品的印后加工 …… 072
第一节　软包装材料及软包装 …… 072
一、软包装材料 …… 072
二、软包装分类及应用 …… 074
第二节　涂布工艺 …… 077
一、涂布方式及种类 …… 077
二、涂布工艺及特点 …… 080
第三节　复合工艺 …… 083
一、复合材料 …… 083
二、干式复合 …… 086
三、湿式复合 …… 091
四、无溶剂复合 …… 092
五、挤出复合 …… 096
六、共挤出复合 …… 104
第四节　分切与复卷、制袋 …… 109
一、分切 …… 109
二、复卷 …… 109
三、制袋 …… 113
第五节　塑料软管的加工 …… 120
第六节　复合软管的加工 …… 122
一、复合软管的材料 …… 123
二、复合软管的制造工艺 …… 124
三、软管的充填 …… 127
思考题 …… 127

第四章　金属包装制品的印后加工 …… 128
第一节　金属包装概述 …… 128
一、金属包装的性能 …… 128
二、金属包装材料 …… 129
三、金属包装容器的分类 …… 131
第二节　两片罐的成型加工 …… 131
一、两片冲压罐的特点 …… 132
二、两片罐的分类 …… 132
三、两片罐的结构 …… 133
四、罐身的制造工艺 …… 133
五、罐盖制造 …… 135
第三节　三片罐的成型加工 …… 137
一、三片罐的结构 …… 138

二、三片罐罐身的制造 …… 138
三、二重卷边工艺 …… 141
第四节 金属软管的成型加工 …… 144
一、金属软管的结构 …… 144
二、金属软管材料 …… 145
三、金属软管的制造 …… 145
四、金属软管的质量标准 …… 147
思考题 …… 148

第五章 玻璃包装制品的印后加工 …… 149
第一节 玻璃包装概述 …… 149
一、玻璃的主要特点 …… 150
二、玻璃及玻璃容器分类 …… 150
第二节 烧结工艺 …… 151
一、玻璃的制造工艺 …… 151
二、玻璃容器的制造工艺 …… 152
第三节 玻璃包装制品的印刷及印后加工 …… 155
一、玻璃印刷油墨 …… 155
二、玻璃印刷及印后加工 …… 156
思考题 …… 158

第六章 陶瓷包装制品的印后加工 …… 159
第一节 陶瓷包装制品概述 …… 159
第二节 陶瓷包装制品的加工 …… 160
一、坯料制备 …… 160
二、成型 …… 161
三、干燥 …… 162
四、施釉 …… 162
五、烧成 …… 163
六、装饰 …… 163
思考题 …… 164

参考文献 …… 165

第一章

包装印后加工概述

包装是为在流通过程中保护产品、方便储运、促进销售，按一定技术方法采用的包装容器、材料及辅助物等的总体名称，也指为了达到以上目的而采用制造容器、材料和辅助物的过程中施加一定方法等的操作活动。销售包装是以销售为目的，与内装物一起到达消费者手中的包装，具有保护、美化、宣传产品，促进销售的作用。

为起到传递商品信息、表现商品特色、宣传商品、美化商品、促进销售和方便消费等作用，在科学合理的基础上，包装容器上需要装饰和美化，使包装的外形、图案、色彩、文字、商标品牌等各个要素构成一个艺术整体。包装材料是用于制造包装容器和构成产品包装的材料（如木材、金属、塑料、玻璃和纸等）总称。因此包装材料需要经过印刷、印后加工成为保护产品和市场需要的包装容器。包装容器一般是指在商品流通过程中，为了保护商品、方便储存、利于运输、促进销售、防止环境污染和预防安全事故，按一定技术规范而用的包装器具、材料及其他辅助物的总体名称。包装容器是包装材料和造型相结合的产物，包括包装袋、包装盒、包装瓶、包装罐和包装箱等。列入现代物流包装行列的包装箱主要有瓦楞纸箱、木箱、托盘集合包装、集装箱和塑料周转箱，它们在满足商品运输包装功能方面各具特点，必须根据实际需要合理地加以选择和使用。本书根据包装容器来分，系统地从纸包装、塑料包装、金属包装、玻璃包装、陶瓷包装的加工工艺进行介绍。

一、包装印后加工的含义及分类

印刷技术是一个系统工程，主要分为印前、印刷、印后加工三大工序。印后加工是使经过印刷机印刷出来的印张获得最终所要求的形态和使用性能的生产技术的总称。不同的印刷产品，印后加工的简繁程度差别很大。仅以纸类印刷品为例，如报纸在印刷后只需折页和打包处理，期刊增加了订本和裁切作业，但是，精美的画册、辞典、书籍等，就需要对书芯、封皮分别进行一系列考究的加工，才能成为坚固、耐用，便于翻阅，又具有较高欣赏价值的产品。至于各种纸包装印刷品则需要涂敷亮光油或进行多层复合等加工，最后模切并糊制出不同造型的容器。

印刷品是使用印刷技术生产的各种产品的总称。印刷品印后加工，按加工的目的，可分为以下三大类。

（1）对印刷品表面进行的美化装饰加工。如为提高印刷品光泽度而进行的上光或覆膜加工；为提高印刷品立体感的凹凸压印或水晶立体滴塑加工；增强印刷品闪烁感的折光、烫箔加工等。

（2）使印刷品获取特定功能的加工。印刷品是供人们使用的，不同印刷品因其服务对象或使用目的不同，应具备或加强某方面的功能，如使印刷品有防油、防潮、防磨损、防虫等防护功能。有些印刷品则应具备某种特定功能，如邮票、介绍信等可撕断，单据、表格等能复写，磁卡则具有防伪功能等。

（3）印刷品的成型加工。如将单页印刷品裁切到设计规定的幅面尺寸、书刊本册的装订、纸盒和纸箱的模切压痕加工、塑料薄膜的复合和分切、金属罐的涂装等。

二、包装印后加工的重要性和必要性

印后加工的重要性是什么？

印刷品是科学、技术、艺术的综合产品，印刷品是否使读者赏心悦目，爱不释手，除内容外，视原稿设计的精美、版面安排的生动、色彩调配的鲜艳、印后加工的典雅大方等而定，必须赋予印刷品以美的灵感。

当今，人们对印刷品的外观要求越来越高，而满足这一需求的主要途径，就是对印刷品进行精细加工，通过修饰和装潢，提高印刷品的档次。据有关资料统计，好的包装可使销售额提高15% ~18%。印后精加工成本的投入，远低于产品附加值、商品促销率、安全便利等使用价值的增加。印后加工是保证印刷产品质量并实现增值的重要手段，尤其是包装印刷产品，很多都是通过印后加工技术来大幅度提高品质并增加其特殊功能的。包装材料如瓦楞纸板、金属板等印刷结束后，还无法盛装物品，也无法达到包装的功能，因此必须经过印后成型加工并经过包装机械完成包装产品。包装容器是社会环境里应用最广泛的、由人类创造的一种器皿和工具，无论是工业运输部门、商品销售部门，还是人类日常生活和军事物资部门，可以说离不开各种各样的包装容器。包装容器是一种产品，就要考虑容器产品的设计和制造问题。因此，从某种意义上讲，印后加工是决定印刷产品成败的关键，往往会由于印后加工的质量问题而造成印刷品前功尽弃。

三、包装印后加工的发展方向

印后加工技术伴随着印刷技术的进步和对印刷品质需求的不断提升，展现出持续创造新热点的态势，展望我国未来印后加工技术的发展方向，不仅对国内印刷企业通过技术创新来扩展印刷工业的价值链和增值链，实现红海战略向蓝海战略的转变十分关键，而且对引领国内印刷企业突破印刷产品增值的瓶颈，保持印刷企业持续健康发展具有重要意义。

自21世纪初始，印刷工业在数字技术的推动下，竞争焦点正在从以“印刷质量”为中心转变为以“优质前提下的工作效率提升”为中心，整个印刷产品生产效率的最大化是印后加工技术的一个重要发展方向。

在印刷技术的发展过程中，印后加工技术总是呈现出落后于印前技术与印刷技术的态势，总是力图融入整个印刷生产线，来形成围绕印刷产品链和信息链的整体解决方案来提升生产效率，如将折页装置融入卷筒材料生产线，自动完成多种折页；将模切融入生产线形成在线模切；将烫箔装置融入印刷机组实现低成本、高精度定位冷烫；将上光机组与印刷机组融合实现多种上光与涂布。

为了实现生产效率的最大化，印刷企业不断寻求各种最新装备，使印前、印刷、印后加工融合一体，形成印刷品的在线加工系统，并使整个处理过程通过联网来系统地集成，实现生产效率的最大化。如全球五大印刷机制造商之一的海德堡，在其印刷机大幅面化和应用 Anicolor 供墨系统之后，开始将连线烫箔、模切、多种上光等集成到单张纸胶印机中，还可以与其斯塔尔折页装置形成 CIP3/CIP4 的数字生产整合，极大地提升了系统的生产效率，使印刷系统综合效率远远高于分散式作业，而且印刷品质也有显著改善。

在印刷品质的增值服务方面，采用 UV 油墨印刷的印刷机使得印刷和印后加工的上光集成起来，既使 UV 油墨印刷在印刷品上呈现出更好的光泽，又使 UV 印刷成为一种十分理想的上光技术，还推动了 UV 印刷机组 10% 的年增长速度。最近 KBA 正在着力解决采用 UV 印刷技术应用于高集成度 RFID 标签的印制，使印刷与印后加工合二为一，向计算机集成制造迈进。

目前，增值服务的内容已经扩展到集成在线印后加工、压痕和模切等环节。在大幅面印刷机收纸装置中的切纸机可以对印刷品进行分切，并完成大幅面印张装订等相关的处理工作。如通过在印刷机中增加更多色数的印刷机组、上光和表面整饰装置以及相应的干燥单元，使之能够在更多的承印物上印刷，突出有别于其他类型印刷机的增值功能。比如最近流行的在线烫箔装置，就是通过印刷过程来实现施胶，再进行烫箔的新增值服务方法。这种烫箔技术的烫箔质量很好，使得采用胶印工艺的印刷手段来替代使用金属性油墨产生不同效果的方法日益流行，从而削弱了不能提供这种增值服务的数字印刷机的竞争力。在新技术的推动下，印刷人努力降低印刷成本，使印刷品增值已日益重要，如在包装印刷中，曼·罗兰、KBA、三菱印刷机引领检测技术潮流和广泛应用的在线检测系统。其视频图像能够检测出每一个印刷品的有缺陷印张，并剔除不符合设置标准产品，使得印后加工能够通过所建立的封闭式循环控制系统来增值。

我国印后加工技术的未来发展方向可概括如下。

1. 集成整合的数字化

在如今印刷工业持续数字化变革的新时代，印后加工技术开始迅速融入全新的印刷生产产品链，融合成为印刷数字化生产流程的重要组成部分，印后加工技术的集成整合数字化已经成为重要发展方向。

从当前印刷品生产流程和产品生产线的构成来看，印刷品无论是采用平版印刷、凹版印刷、柔版印刷以及网版印刷，还是采用将多种印刷方式集成的混合印刷，将印后加工的各种技术集成到现有印刷生产线上，诸如烫箔、覆膜、上光、模切、起凸、装订等，已经成为一种发展方向。各个制造厂商都采用模块化设计来应对印刷品多元化需求所带来的印后加工新要求，满足印刷生产优质、高效、低耗和增值的新要求。

从印刷产品构成来看，目前印刷品已经从美化产品提升到全方位展示产品、增加产品功能和创造产品差异化的新阶段，如定位烫箔技术的防伪作用、彩盒特殊模切后的产品展示作用、水性上光后的环保作用等。此外，通过多种印刷技术和印后加工技术的数字化集成与整合还能够消除由于重复定位而导致的精度偏差，减少人工经验干预以及降低作业人员数量的多重作用，有利于印前、印刷与印后加工的系统性适配，降低产品消耗和各种成本，提升产品的竞争力。

2. 环保创新的普及化

环保正在成为全球的共识，并渗透到工业的各个环节，作为典型都市产业的印刷业也不例外。目前，许多国家已经明令禁止在印刷产品中使用高浓度的异丙醇（Isopropanol,

简称 IPA）或者使用大剂量的挥发性有机化合物（Volatile Organic Compounds，简称 VOC）作为清洁剂，减少印后加工中各种材料、黏合剂对环境的影响，已经是印刷品绿色化的重点，强调减少印后加工过程中对环境的不良影响开始成为印刷工业的一种自觉行动，如使用水性上光、无挥发油墨、水性油墨以及可降解或可重复利用材料。

随着人们生活水平提高，对环境保护的要求越来越高。在印后加工过程中，除了纸包装印后加工的手段和质量，纸包装印后加工材料和工艺的环保性也受到越来越多的关注，各种新型环保绿色材料及工艺正在被印刷企业所采用。如水性覆膜所采用胶黏剂不含任何有机溶剂，残留的有机单体低于0.1%；预涂覆膜只需进行热压便可完成覆膜，没有任何溶剂挥发；水性光油其主要溶剂为水，有害物质的挥发量为零；冷烫印技术降低了污染，节省了能源等。冷烫印技术是使用一种全新的冷压技术来转移电化铝，冷烫印速度快，材料适用范围广，可在热敏类纸张和一部分薄膜材料上进行烫印，烫印的成本低，大约仅为普通烫印的1/10。在冷烫过程中，不用制作金属版滚筒，因此无须化学腐蚀工艺，减少了污染；另外冷烫印不使用加热滚筒，节省了能源，降低了消耗。

3. 市场需求的个性化

今天，随着科技日新月异的快速发展，由于数字印刷技术的出现，轻松实现个性化印刷已经成为了可能。

个性化印刷行业由此诞生，从自己头脑中的美好设计，变成真正可以拿在手中的印刷品，这种过程是美妙的。在印刷过程中，所印刷的图像或文字可以按预先设定好的内容及格式不断变化，从而使其第一张到最后一张印刷品都具有不同的图像或文字，每张印刷品都可以针对其特定的发放对象而设计并印刷。针对个性化包装、展示包装、促销包装等，呈现出形式多样、设计新颖、个性化的礼品包装或个性化 POP 展示台架等。随着人们生活水平提高，对印刷品除了信息传递、保护商品功能外，有时还需要印刷品具备一些特殊的功能，比如防伪功能，因此立体烫印、折光技术（模压）、扫金、新型盒底结构等一些比较特殊的个性化需求的印后技术正逐渐被采用。

4. 印后设备的模块化、联动化和智能化

随着印后设备联机生产方式日趋丰富，逐步走向自动化、联动化的道路。印后加工联机生产就是将印后加工过程的数台设备相互连接。同时，为了兼顾不同产品的生产，印后设备采用模块化的设计理念，即印后设备由独立的模块组成并进行有机结合。印后设备制造商在产品设计和研发过程中，十分注重产品功能的完善和灵活性的提高，通过选配，使设备结构更加合理。

思考题

1. 什么是包装？什么是销售包装？什么是包装容器？
2. 什么是印后加工？按照加工目的来分，印后加工有哪几类？
3. 印后加工有哪些重要性？
4. 印后加工技术的发展趋势有哪些？

第二章 纸包装制品的印后加工

第一节 包装用纸的分类及要求

一、常用包装用纸和纸板

1. 纸和纸板的区别

由纤维原料制浆造纸所得的产品，可以分为纸和纸板两大类。纸和纸板是按定量（即单位面积的重量）或厚度予以区别，但其界限不很严格。定量在225g/m^2以下或厚度小于0.1mm的称为纸，定量在225g/m^2以上或厚度大于0.1mm的称为纸板。但这一划分标准也不是很严格，如有些折叠盒纸板、瓦楞原纸的定量虽小于225g/m^2，通常称为纸板；有些定量大于225g/m^2的纸，如白卡纸、绘图纸等通常也称为纸。

2. 纸和纸板的分类

纸和纸板通常是根据用途分类。纸大致可分为：文化用纸、国防用纸、工农业技术用纸、包装用纸和生活用纸四大类。纸板也大体上分为包装用纸板、工业技术用纸板、建筑用纸板以及印刷与装饰用纸板四大类。在包装方面，纸主要用于包装商品、制作纸袋、印刷装潢商标等，纸板则主要用于生产纸箱、纸盒、纸桶等包装容器。

3. 纸和纸板的规格和尺寸

根据需要，纸和纸板可进行卷筒和平板包装。为适应不同用途，规定了纸和纸板的规格尺寸，这既是造纸机幅面设计依据，又是裁切复卷设备的设计依据。纸制容器规格尺寸的标准化、系列化也和它密切相关。纸和纸板的规格尺寸可根据国家标准、部颁标准的规定选用。

卷筒纸（幅宽尺寸）为1575mm、1562mm、1400mm、1280mm、1230mm、1092mm、1000mm、900mm、880mm、860mm、787mm等，卷筒纸的直径为750~850mm，中间纸芯的直径是75~85mm。卷筒纸有时也可裁切成平板纸，不过要考虑到它们之间的对应关系。如：1575mm的卷筒即是787的双幅，就可裁切成787mm×1092mm的平板纸。

根据我国国家标准《印刷、书写和绘图用原纸尺寸》（GB/T 147—1997）之规定，新闻纸、印刷纸、书皮纸等的尺寸，平板纸（宽度×长度）为1000mm×1400mm、900mm×1280mm、860mm×1220mm、880mm×1230mm、787mm×1092mm等。可是，在印刷业实际上使用最多的平板纸的尺寸是下列四种：787mm×1092mm（俗称小规格，商业上又叫正度）；850mm×1186mm（俗称大规格）；880mm×1230mm（俗称特规格）；889mm×1194mm（俗称超规格，商业上又叫大度）。

4．常用包装用纸及用途

常用的通用包装用纸主要有以下几类。

（1）牛皮纸。牛皮纸是一种高级包装纸。因其纸面呈黄褐色，质地坚韧、强度极大。牛皮纸主要用于包装商品、工业品等，从小五金、汽车零件，到日用百货、纺织品等。由于这种纸质地坚韧，不易破裂，故能起到良好的保护包装物品的作用。此外，牛皮纸还可以再加工制作卷宗、档案袋、信封、唱片袋、砂纸基纸等。

（2）条纹牛皮纸。条纹牛皮纸是一种单面有光泽、质地坚韧、表面带有条纹的包装商品用纸。条纹牛皮纸与牛皮纸的区别是：前者由杨基式圆网纸机或双圆网纸机抄造，后者多用长网造纸机生产；前者要用专织的条纹毛毯压榨，后者则用毛毯压榨；前者用于各类商品（文教、百货等）的零售包装，后者用于批量包装等。条纹牛皮纸主要用于外包装商品的用纸，可以在表面印刷店名、经营范围、地址电话等。

（3）鸡皮纸。鸡皮纸是一种单面光泽性好的薄型包装纸。有白色、粉色或其他浅色等。主要用途是各种商品（非食品）的小包装，因其正面光滑，可以印刷精美的宣传文字和图画。

（4）纸袋纸。纸袋纸是专供化工原料等包装所用的纸袋之制作用纸，主要用于盛装重量大的水泥、化肥、农药等。这种纸不仅是强度比较高，而且还有一定的伸长性，这样才能承受所包封内装物的“负担”，所以又叫重包装纸袋纸。

（5）箱板纸。箱板纸是专门供与瓦楞芯纸裱合制成瓦楞纸箱，盛装产品做长途运输之用的纸板。如用100%未漂硫酸盐长纤维木浆制成的，被叫作牛皮箱板纸，它的强度比一般箱板纸更高。

（6）瓦楞原纸。瓦楞原纸又叫瓦楞芯纸。瓦楞原纸经过瓦楞机加工后形成瓦楞。由此可知，瓦楞原纸成平面状，而经过起楞后即为波浪形。于是就把后一种纸叫作瓦楞纸，以便与瓦楞原纸区分。起楞之后再用胶黏剂和箱板纸复合而成单楞、双楞或多楞的瓦楞纸板。瓦楞纸板可供制作纸盒、纸箱之用，另外也可以用作衬垫，保护商品免遭破损。

（7）瓦楞纸板。瓦楞纸板是商品包装领域应用最广泛的原材料之一。瓦楞纸板具有较高的强度、较好的弹性和延伸性，同时又因其重量轻、价格便宜而受到用户的欢迎。瓦楞纸箱、纸盒可以部分代替木箱、塑料箱、金属箱，保护商品在贮运中不受损坏或减少破损。

（8）蜂窝纸板。蜂窝纸板在我国是一种新型材料。它是利用仿生力学结构，根据蜂窝格六边形结构的受力原理而制成的夹层材料。它是把上下两层面板和中间蜂窝状的芯层，用一定的黏合剂黏合而成的。蜂窝纸板用于包装运输不仅可以保护产品，而且可以减少运输成本。可以用作缓冲衬垫、角撑等，与缓冲衬垫类似，蜂窝纸板也可用作运输包装件的角撑与护棱，这特别适合于集中包装中。蜂窝纸板还可以按器件尺寸冲压成模，给器件定位，也可以用作纸托盘、包装箱等。

二、包装用纸和纸板性能要求

1．纸的结构

（1）纸是一种多相的复合体。在纸的组成中既有较长的纤维，又有较短的纤维，它们是组成纸张结构的“骨架”。还有各种胶料、填料和染料粒子以及微量成分等固相成分，再有水分、空气等液相和气相成分，由此多相部分构成一个整体。所以，影响纸的性能的因素是比较复杂的。其中纤维质量和加工程度，是决定纸张质量好坏的一个很重要的因素。纤维的质量好，成纸的机械、化学、光学、表面性能等也会令人满意。

（2）纸面是非均态的。这与打浆方式、抄纸机械有关。定量小的薄页纸，通常纤维交织为单层；定量大的纸，则为双层甚至多层。纸的方向性和不均一性，常常造成拉伸强度、挺度等纵向比横向大；撕裂度、伸缩性等是反过来，横向比纵向大。不均一性不仅影响纸的外观表面，而且使物理性能和光学性能大打折扣，对印刷产生不良影响。

（3）纸有三维结构。由于在纸内三个相互垂直方向上，纤维和其他成分的分布有差异，排列取向不同，因此使纸的性能呈现于各向异性，不仅纵向和横向，而且竖向的性能彼此都不相同。这对于印刷、包装用纸具有更大的实际意义。印刷对纸的竖向强度有更高的要求。

（4）纸有两面差。纸页的正面和背面不一样。纸的正面比较平滑，反面比较粗糙，被称为纸的两面性。这种性质会引起两面的光学、物理性能出现差别，从而不利于印刷、涂布等作业。可是，对于多层纸板的抄造，两面性却是有利的。

（5）纸有多孔性。纤维之间相互交织，虽有氢键形成，也仍有空隙之处。于是决定了纸张具有透气性、吸收性和变形性。

2．纸的性能

从实际需要出发，纸和纸板的性质大体上可以归纳为下列七个方面：外观质量、物理性能、吸收性能、光学性能、表面性能、适印性能以及其他方面的特殊质量要求。

（1）外观质量。它是指尘埃、孔洞、针眼、透明点、半透明点、皱褶、筋道、网印、毛巾痕、斑点、浆疙瘩、鱼鳞斑、裂口、卷边、色泽不一致等肉眼可以观察到的缺陷。对各种纸和纸板都应该提出一定的外观质量要求。

（2）物理性能。它主要包括定量、厚度、紧度、机械强度（又称物理强度，包括抗张强度、裂断长、耐破度、耐折度、伸长率、环压强度、戳穿强度、抗弯曲性能等）、伸缩性、可压缩性、挺度、透气度（或称气孔度）和柔软性能等。物理性能均需要通过专门仪器进行测定。

（3）吸收性能。吸收性能包括施胶度（指水溶液在纸面上渗透和扩散的程度）、吸水性能、吸墨性能以及吸油性能等。大多数纸需要施胶处理，取得一定的憎液性能。要求具有吸水性能或吸墨性能的纸（例如滤纸、羊皮纸原纸、浸渍加工纸原纸等），则不能施胶。吸收性能可通过化学方法或物理方法进行测定。

（4）光学性能。光学性能是指亮度、白度、色泽、光泽度、透明度等，可通过光学仪器予以检测。纸和纸板的白度是指白色或接近白色的试样表面对蓝光的反射率，以相对蓝光照射氧化镁标准板表面的反射率百分率表示。国内常用 ZBD 型光电白度计测量白度，国外多用光电反射计测量白度。

（5）表面性能。表面性能包括平滑度、抗磨性能、掉毛性能、掉粉性能、黏合性能、压楞性能和粗糙度等，这些项目都需要采用专门仪器进行测定。

（6）适印性能。适印性能是印刷纸的一项重要质量要求。纸和纸板的适印性能主要取决于平滑度、施胶度、可压缩性、不透明度、尺寸稳定性、机械强度、掉毛性能、掉粉性能等，适印性能问题比较复杂。

（7）其他要求。有些纸和纸板还要求具有某些特殊性能，主要有化学性能（如防锈包装纸的耐腐蚀性能、耐碱纸的抗碱性能等）、水溶性（如保密文件用纸等）、水不溶性（如茶叶袋纸等）、电性能（如电气绝缘纸的绝缘性能）等。另外，韧性牛皮纸所具有的张力能量吸收性能又是另一特殊质量要求，可通过破裂功的测定求得。

某些包装用纸和纸板又可通过一定检验方法，以确定其最终使用时的性能，例如多层纸袋纸的摔袋试验、瓦楞纸箱的跌落试验和六角滚筒试验，这些试验测得的结果属于动态强度。

第二节　纸包装制品加工的分类及发展趋势

纸包装制品在包装工业品中用量最大。尽管纸包装制品形式多样，五花八门，但基本上都可归结为纸盒、纸箱、纸袋、纸桶（罐）和纸杯等大类，此外，还有各种用途的包装纸，如礼品包装纸。纸箱是最主要的运输包装形式，而纸盒广泛用作食品、医药、电子等各种产品的销售包装。

一、纸包装制品的分类

1. 纸盒

纸盒的造型和结构设计往往要由被包装商品的形状特点来确定，其式样和类型很多，有长方形、正方形、多边型、异型纸盒、圆筒形等。但其制造工艺过程基本相同，即选择材料→设计图标→制造模板→冲压→接合成盒。包装盒包括药品包装盒、丝绸包装盒、彩色礼品包装盒、屋顶型牛奶包装盒、纸塑彩色包装盒等。

根据纸盒所用的材料，其制造工艺过程略有不同。采用平纸板制盒工艺过程如图 2－1 所示。

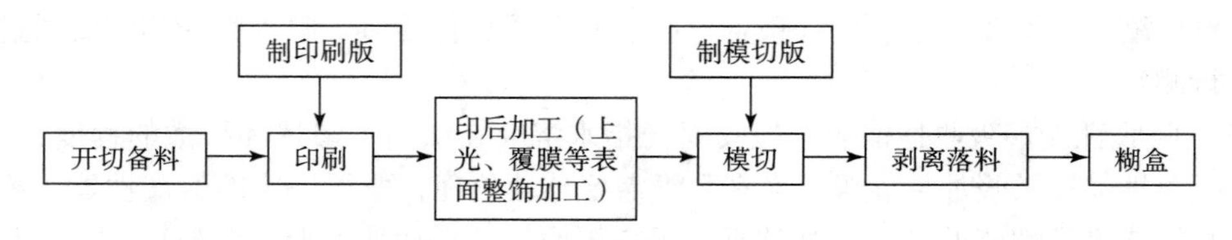

图 2－1　纸盒制盒工艺流程

纸盒大多采用单面白纸板制成，如制作香烟、化妆品、药品、食品、文具等商品的外包装盒。同纸箱相比，纸盒的样式更为复杂多样。虽然可以按照用材和使用目的及用途进行分类，但最常用的方法却是按照纸盒的加工方式来进行区分的，一般分为折叠纸盒和粘贴纸盒。

（1）折叠纸盒。折叠纸盒是用厚度在0.3~1.1mm之间的耐折纸板制造，在装运商品之前可以平板状折叠堆码进行运输和贮存。小于0.3mm厚的纸板制造的折叠纸盒其刚度满足不了要求，而厚度大于1.1mm的纸板在一般折叠纸盒加工设备上难以获得满意的压痕。折叠纸盒选用耐折纸板。耐折纸板品种有马尼拉纸板、白纸板盒纸板、挂面纸板、牛皮纸板、双面异色纸板、玻璃卡纸及其他涂布纸板。

①管式折叠纸盒。从造型上定义：管式折叠纸盒是指盒盖所位于的盒面在诸个盒面中，面积最小的，即$W<L<H$的纸盒，如牙膏盒、胶卷盒等，如图2-2（a）所示。从结构上定义：管式折叠纸盒是指在纸盒的成型过程中，盒体通过一个接头接合，盒盖或盒底都需要有盒板或襟片通过折叠组装、锁、粘等方式固定或封合的纸盒，如图2-2（b）所示。

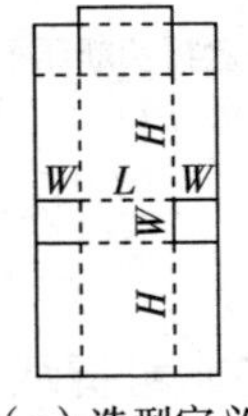

（a）造型定义

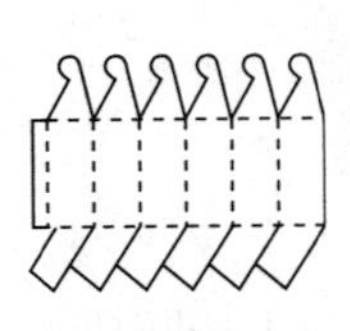
（b）结构定义

图2-2 管式折叠纸盒

这类纸盒与盘式、管盘式和非管非盘式相比，不仅成型特性不同，制造技术也不同。如图2-2（a）所示的纸盒，虽然盒盖所位于的LW面在诸个盒面中面积最小，但其盒体黏合通过两个WH面进行，底板不需折叠固定也不能开启。若按结构定义，则不能将其归入。

②盘式折叠纸盒。从造型上定义，盘式折叠纸盒为盒盖位于最大盒面上的折叠纸盒，即$L>W>H$，也就是高度相对较小，这类盒的盒底负载面大，开启后观察内装物的可视面积也大，有利于消费者挑选和购买。从结构上定义，如图2-3所示，两种盒型盒坯处看是一样的，但是其黏合位置不一样，也就是成型方式有差异，结构特点有区别，成型后图2-3（a）是管式折叠纸盒，图2-3（b）是盘式折叠纸盒。

盘式折叠纸盒是由一页纸板四周以直角或斜角折叠成主要盒型，有时在角隅处进行锁合或黏合；有时需要将这种盒型的一个体板延伸组成盒盖。与管式折叠纸盒不同，这种盒型在盒底上几乎无结构变化，主要结构变化在盒体位置。

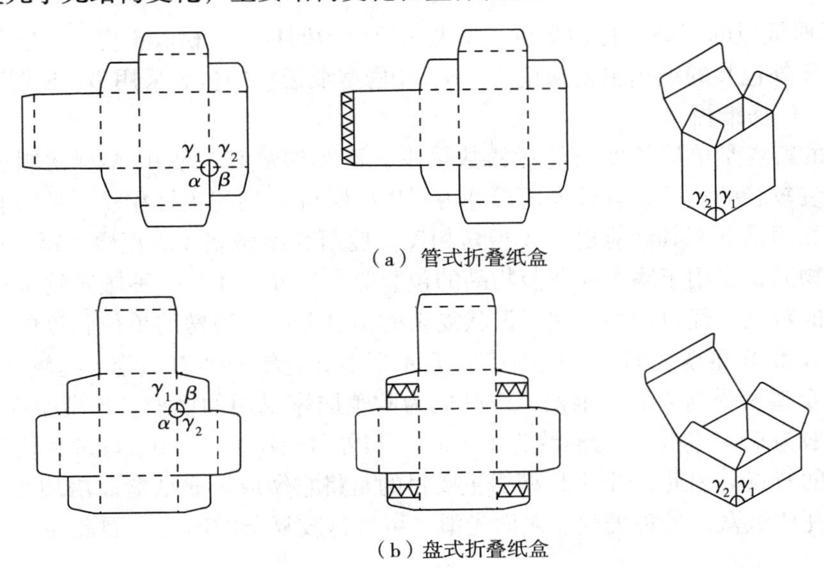

（a）管式折叠纸盒

（b）盘式折叠纸盒

图2-3 盘式折叠纸盒的定义及旋转性

（2）粘贴纸盒。粘贴纸盒是用贴面材料将基材纸板黏合裱贴而成，成型后不能再折叠成平板状，只能以固定的盒型运输和仓储，又名固定纸盒。粘贴纸盒的原材料：基材选择挺度较高的非耐折纸板，常用厚度范围为 1～1.3mm 内衬选用白纸或白细瓦楞纸、塑胶、海绵等。贴面材料较多，但要考虑其印刷适性。

生产流程：如图 2－4 所示。

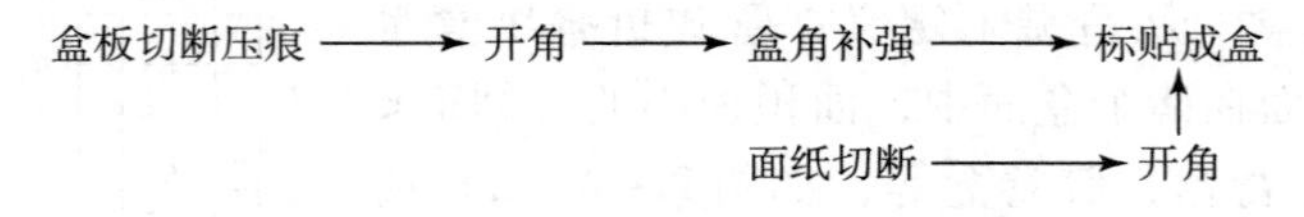

图 2－4　粘贴纸盒的生产流程

①切断压痕。将非耐折纸板以正确的盒坯尺寸在旋转式切断压痕迹上切断。旋转式切断压痕机分为直线型和直角型两种，在直线型机械上纸板一次穿过在一个方向上切断压痕，在直角型机械上纸板一次穿过在两个方向上切断压痕。

②开角。开角使盒坯四角相互之间以及与盒底之间可以折叠成直角。开角机可以一次切去一个角或多个角。

③盒角补强。盒角补强的目的是用胶带纸黏合所有的角以增强纸盒的刚度。胶带选用刷水胶带纸或热熔性树脂涂布胶带纸。设备有单角加固机和四联盒角加固机，后者由四个独立的单角加固机联机组成，并带有自动输纸机构。

④面纸切角。对面纸进行加工以便在自动裱盒机上裱贴纸盒盒坯时能够整齐折入，操作原理同标签冲切机。

⑤成盒。用贴面纸粘盒，在纸盒裱贴机上完成，常配有自动上胶机。

2. 纸箱

瓦楞纸板的核心部分是瓦楞。瓦楞纸在结构上的特征是压成波纹的瓦楞。瓦楞是瓦楞纸的主体。使用质地相同的面纸和芯纸制成瓦楞纸板，瓦楞的形状不同，瓦楞纸板的性能也不同。

（1）瓦楞纸板的楞型。瓦楞纸板的楞型主要分为四种：A 楞、B 楞、C 楞和 E 楞。一般而言，用于外包装的纸箱主要采用 A、B、C 楞型纸板；中包装采用 B、E 楞型；小包装则多使用 E、G 楞纸板。

A 型楞的特点是单位长度内的瓦楞数量少，而瓦楞最高。使用 A 型楞制成的瓦楞纸箱，适合包装较轻的物品，有较大的缓冲力。B 型楞与 A 型楞正好相反，单位长度内的瓦楞数量多而瓦楞最低，其性能也与 A 型楞相反，使用B 型楞制成的瓦楞纸箱，适合包装较重和较硬的物品，多用于罐头和瓶装物品的包装等。另外，还有一种倾向就是利用 B 型楞坚硬不易破的特点，经过冲切后制成形状复杂的组合箱。C 型楞的单位长度的瓦楞数及楞高介于 A 型楞和 B 型楞之间，性能则接近于 A 型楞。近年来随着保管、运输费用的上涨，体积较小的 C 型楞受到人们的重视，现已成为欧美国家采用的楞型。E 型楞在 30cm 长度内的楞数一般为 95 个左右，楞高约为 1.1mm，与外包装用的 A、B、C 型瓦楞相比，具有更薄更坚硬的特点。因此，开发 E 型楞主要目的是将它做成折叠纸盒以增加缓冲性。用 E 型楞制成的瓦楞纸盒，外观美观、表面光滑，可进行较复杂的印刷，因此通常用于装潢性瓦楞纸盒。

（2）瓦楞纸箱的种类。瓦楞纸箱种类较多，新式样、新品种也不断涌现。按国际瓦楞纸箱协会推荐的标准来分，有标准型瓦楞纸箱和非标准型瓦楞纸箱两大类；按加工工艺或箱型结构来分，有普通型瓦楞纸箱、异型瓦楞纸箱和瓦楞纸板结构件三大类；目前常见的结构形式主要有开槽型纸箱、套合型纸箱、折叠型纸箱三种。

开槽型纸箱是指由一张瓦楞纸板经裁切、压痕和折叠成型，侧面折片要钉合或粘接。纸箱不使用时可以折成平板状，存放、储运方便，如02类箱。组合型纸箱一般由两件以上瓦楞纸板构成，箱体、箱盖、箱底分开，使用时需要套合成型。03类纸箱就属于这类。

折叠型纸箱是由一张瓦楞纸板加工、折叠成型、不需要任何钉合或粘接。如02类箱。

我国国家标准GB/T 6543—2008《运输包装用单瓦楞纸箱和双瓦楞纸箱》中将瓦楞纸箱的基本箱型列为三种（见表2－1）：开槽型纸箱（02型）、套合型纸箱（03型）、折叠型纸箱（04型）。同时将瓦楞纸箱的内配件部分以“纸箱附件”的条目单独另列。

瓦楞纸箱的箱型代号由四位数字组成，前两位数字表示箱型种类，后两位数字表示同一类箱型中不同的纸箱式样。

开槽型（02型）：通常由一片瓦楞纸板组成，由顶部及底部折片（俗称上、下翻盖）构成箱底和箱盖，通过钉合或粘接等方法制成纸箱。运输时可以折叠平放，使用时把箱盖和箱底封合。

套合型（03型）：由几片箱坯组成的纸箱，其特点是箱底、箱盖等部分分开。使用时，把箱盖、箱底等几部分套合组成纸箱。

折叠型（04型）：通常由一片瓦楞纸板折叠成纸箱的底、箱体和箱盖，使用前不需要钉合及粘接。

表2－1　我国国家标准箱型代号

分类号	箱型代号
02	0201　0202　0203　0204　0205　0206
03	0310　0325
04	0402　0406
09	0900～0976

① 0201型纸箱。即平口纸箱，是一种用得最多，最基本的箱型，箱顶与箱底结构相同，各由一对内、外摇盖，封合时摇盖对合无缝。通常由一片瓦楞纸板制成，但若箱体尺寸较大或为节约用料，也可用两片或四片纸板拼接。

② 0202型纸箱。即搭口型纸箱，与0201型相比，它的不同之处在于箱的面、底两对摇盖较宽，能够搭口，搭口量为5～11cm。由于有一定宽度的搭口，纸箱中部凸起，且耗料多。

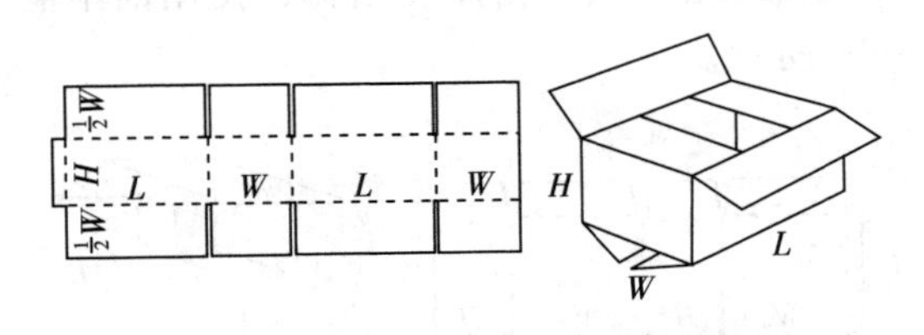

图2－5　0201型瓦楞纸箱（平口纸箱）

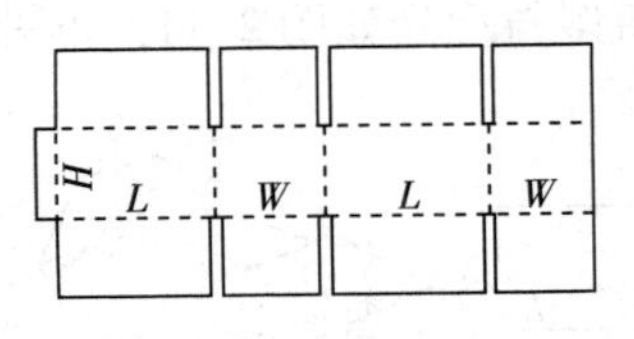

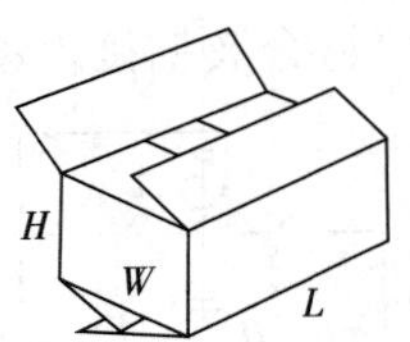

图2－6　0202型瓦楞纸箱（搭口型纸箱）

③ 0203型纸箱。即大盖纸箱。其结构除外摇盖宽度与纸箱宽度相同外，其他与0201

型纸箱相同（见图 2－7）。0203 型纸箱箱面和箱底各增加了一层纸板，对箱内产品保护力度加强，但耗纸量较大。

④ 0204 型纸箱。即内、外平口型，其结构特点是内摇盖宽度为纸箱长度的 1/2，其他与 0201 型纸箱相同（见图 2－8）。摇盖合拢后，纸箱的上、下表面平整，但耗纸量较大。

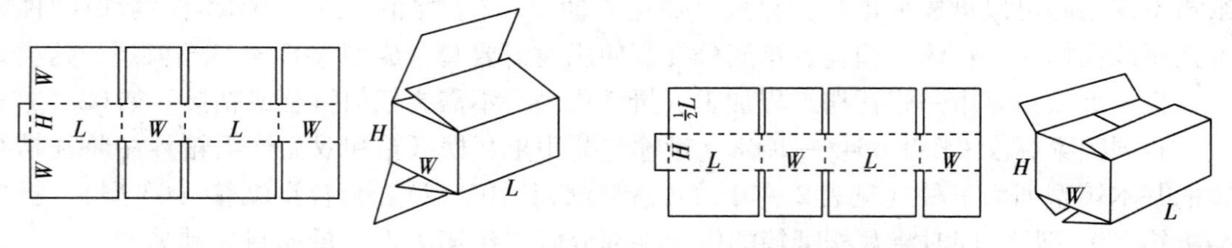

图 2－7　0203 型瓦楞纸箱（大盖纸箱）　　图 2－8　0204 型瓦楞纸箱（内、外平口型纸箱）

⑤ 0205 型纸箱。即内平口、外搭接型，其结构展开图相似于 0201 型纸箱，但内摇盖宽度为纸箱长度的 1/2，外摇盖宽度超过箱宽的 1/2 并小于箱宽（见图 2－9）。这样，合拢后方可做到内平口、外搭接。

⑥ 0206 型纸箱。即内平口、外大盖、全搭接型，如图 2－10 所示。纸箱上、下表面平整且均为三层纸板。

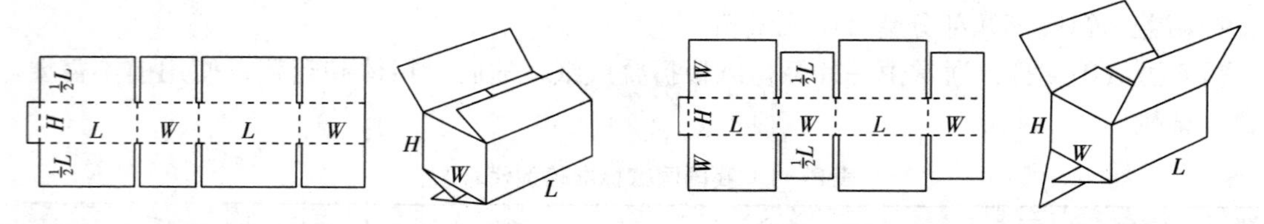

图 2－9　0205 型瓦楞纸箱（内平口、外搭接型）　　图 2－10　0206 型瓦楞纸箱（内平口、外大盖、全搭接型）

⑦ 03 箱型。03 箱型由几片箱坯组成的纸箱，其特点是箱底、箱盖等部分分开。使用时，把箱盖、箱底等几部分套合组成纸箱。箱型与代号如图 2－11 和图 2－12 所示。

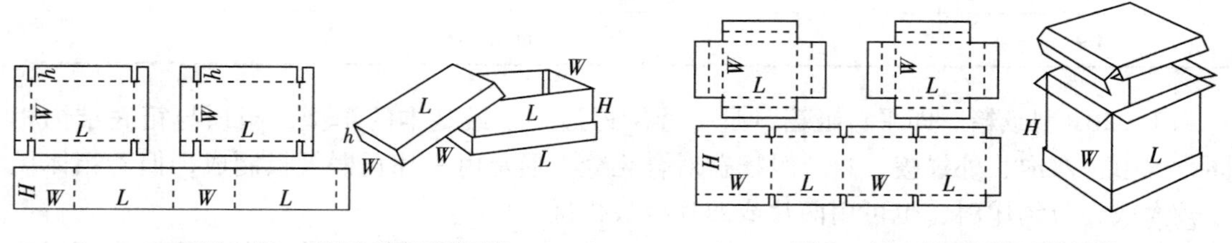

图 2－11　0310 型瓦楞纸箱　　图 2－12　0325 型瓦楞纸箱

⑧ 04 箱型。04 箱型通常由一片瓦楞纸板折叠成纸箱的底、箱体和箱盖，使用前不需要钉合及粘接。箱型与代号如图 2－13 和图 2－14 所示。

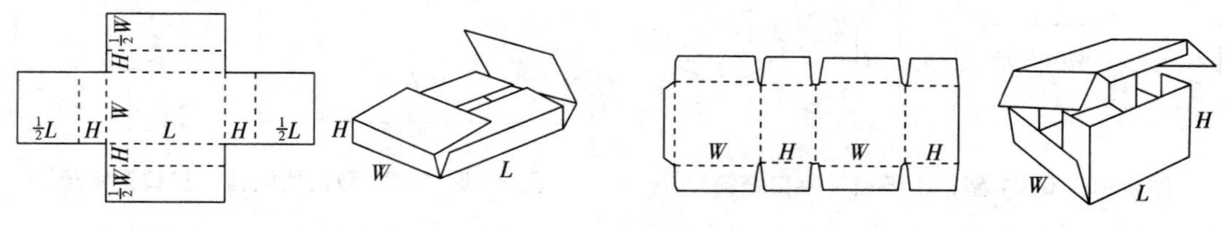

图 2－13　0402 型瓦楞纸箱　　图 2－14　0406 型瓦楞纸箱

⑨ 内配件（09 型）。09 型纸箱附件是瓦楞纸箱的内衬附件包括套板、衬垫、格挡和隔片等，种类式样很多，收入到标准中的共有 77 个品种。纸箱附件的作用在于在包装中分隔、防震、加强、固定包装商品。

3．纸袋

纸袋按照袋边、底部及封底方式不同，分为开口缝底袋、开口黏合角底袋、阀式缝合袋、阀式扁平六角形端底黏合袋四种纸袋型式。根据被包装物的性能，采用不同的纸袋型式。

纸购物袋要求强度高，须印刷，一般用牛皮纸制成，设置有提手。在提手外设有加强筋，也有采用高定量美术铜版纸（涂布胶版印刷纸）制成，经彩印装潢以后美观大方，可反复多次使用。

水泥袋包括复合水泥袋、塑编水泥袋、水泥袋纸。复合袋使用多层纸制袋时为了防潮，在纸袋中层加入塑料膜或沥青防潮纸。

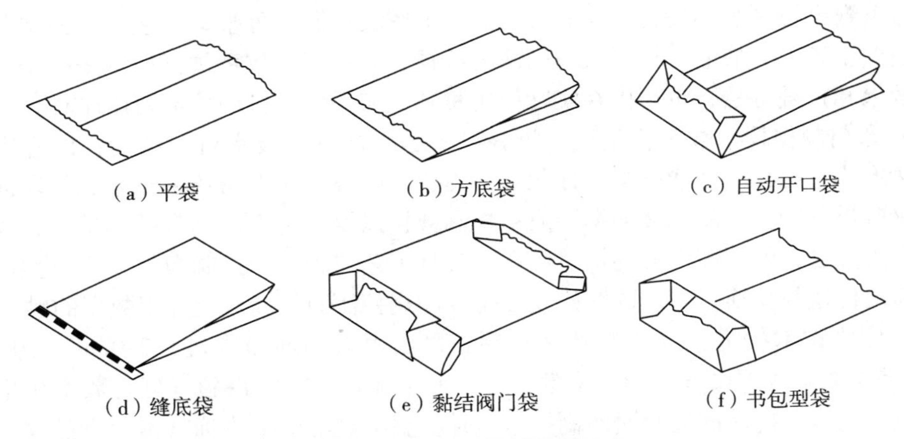

图 2－15 纸制小袋的常用形式

如图 2－15 所示为纸制小袋的常用形式。其中（a）平袋，适用于装扁平的物品；（b）方底袋，因为其两侧有褶，可以装较厚的或较多的物品；（c）自动开口袋，只要拿住开口处一抖，袋口就张开，袋底呈长方形，充填很方便；（d）缝底袋，可装较重的物品；（e）黏结阀门袋，两端均封住，在袋的一端角部装一段充填用的阀管，充填后将阀管折叠封住；（f）书包型袋，两侧无褶，但撑开后与（b）、（c）相似。

4．其他纸包装制品

纸桶（罐）包括纸方桶、纸管、纸筒芯、螺旋纸管。复合罐是近几年来发展较快的一种新型包装制品。它以纸板、塑料膜、铝箔按一定方式绕制成筒，然后封合上金属或塑料盖，制成阻隔性好、耐水耐油的复合罐，广泛用于食品、油脂及膏状、液状物料包装，替代金属、玻璃罐使用，利于废弃物处理，同时降低包装成本。纸杯是一种杯状液体包装容器，有冷热饮杯、快餐食品杯。

二、纸包装制品加工及发展趋势

纸包装制品除印刷外，还需要一系列印后加工工序才能完成。印后加工包括表面整饰和成型加工两大类。常见的表面整饰主要有覆膜、上光、凹凸压印、烫印、全息烫印、复合/转移等，成型加工工艺方法包括横切、软标裁切、模切、压痕、纵切等。

1．折叠纸盒加工技术及发展趋势

目前，折叠纸盒印刷的新技术、新设备以及新工艺不断涌现，技术创新不断，正在向高品质、多色化方向发展，从模拟机械作业向数字自动化作业发展，从独立加工向连线加工发展。其技术特点是面向产品应用的数字化仿真设计、数字色彩管理与印刷流程平台应用、集成化产品生产和 ERP 与 DAM 生产管理。其主要技术及其发展概述如下。

（1）盒型设计及三维数字仿真。折叠纸盒印刷生产在 CIP3/CIP4 数字技术框架下，已经将盒型设计及三维数字仿真纳入其产品生产体系。在盒型设计及三维数字仿真中，设计师应用专业软件，根据用户需求以及印刷生产工艺，将折叠纸盒的生产分解为功能结构及其成型加工设计和表面整饰方法设计两个环节。其中，功能结构及其成型加工设计是为实现折叠纸盒保护被包装产品的需要，以及为确定模切与糊盒的方法而进行的（给出各种满足后工序要求的数字控制线，如模切线、撕裂线、折线等）。而表面整饰方法的设计，则要根据盒型数字控制线来设计美化和展示产品的图案以及各种整饰工艺，使图文与成型相匹配。当两个环节完成后，根据获得的两类数据，利用三维数字仿真技术来模拟折叠纸盒的实际效果和折叠方法，也可以在实际使用材料上应用数字打样技术制作样品。

（2）印前制作技术数字化集成。折叠纸盒的印前制作技术可归纳为：内容表达数字化、表达形式彩色化、功能结构个性化。从而要求折叠纸盒采用数字化集成的印前制作技术，在分析折叠纸盒产品图文数据、成型控制数据以及设备工作基准的基础上，优化图文处理与排版方法，使页面内容的描述数据、各种工艺与管理的控制数据以及成型加工数据能够畅通地传递与变换，实现内容描述数据、印刷控制数据和成型加工数据的融合。

（3）印刷技术的大幅面化与数字控制。采用由大幅面印刷机（740mm × 1050mm 以上）、大幅面数字成像设备、CTP 技术、连线加工技术、数字色彩管理与数字化生产流程的新技术工艺体系构成的大幅面印刷技术，是折叠纸盒的应用目标从美化产品向美化产品和销售展示一体化转变的重要标志。

目前，在全球折叠纸盒从“品质·效率”向“品质·效率·成本·增值”转变以及产品彩色化与高品质的高端需求的快速发展中，市场与产品的竞争直接引发了具有技术增值和产品竞争力提升双重作用的大幅面印刷技术及其数字控制。

（4）印后加工的连线生产与自动排废。在折叠纸盒印后加工中，采用连线生产和自动排废，是提高产品质量与生产效率的技术发展趋势。其中，折叠纸盒印后加工的连线生产主要有连线表面整饰，如烫印、上光、局部 UV 上光等，最具代表性的有 Roland 700 配置的连线冷烫印装置。而自动排废主要有基于产品印刷质量的自动排废和基于定位误差的自动排废两种。基于质量的自动排废是指采用密度检测或色度检测来比较样张与标准的质量偏差，采用双收料方式剔除废品，如 Roland 700 的连线检测装置。基于定位误差的自动排废是指在模切、烫印等折叠纸盒印后加工中，根据样张和标准的位置误差，采用双收料方式剔除废品，如博斯特自动模切机的排废装置。

2．质量控制与生产管理数字化

（1）印刷质量控制的数字化。折叠纸盒印刷质量控制的数字化是建立在对印刷生产系统进行系统反演的基础上，即从印刷反演到设计数据，再采用闭路式基于数字图像采集与处理技术的控制系统对印刷品图像质量进行实时监测、调整与控制，如曼·罗兰 PECOM、海德堡 CPC32。数字化连线印刷质量检测与控制系统采用高清晰度、高分辨力的高速摄像镜头拍摄图像，以标准样张数据为标准，实时对比拍摄的检测图像与标准样张的差异，可准确发现印刷过程中 0.10mm 大小的污迹、墨点和色差等缺陷，彻底消除人为失误。

（2）印刷生产管理的数字化。折叠纸盒印刷生产管理的数字化则是在色彩管理平台上，通过数字化生产体系和企业 ERP 管理体系来建立对折叠纸盒印刷过程的数据流、控制流和管理流的数据优化，从解决折叠纸盒印刷的时间冗余、成本冗余和人员冗余入手，应用数字化生产流程和 ERP 对生产管理、物料管理、品质管理、成本管理、市场开发、财务和人力资源管理进行优化。

第三节　纸包装制品表面整饰加工工艺

一、上光加工

上光是指均匀地在印刷品表面涂布一层无色透明涂料（也称上光油），经热风干燥、冷风冷却或压光后，在印刷品表面形成薄而均匀的透明光亮层的工艺。上光加工是改善印刷品表面性能的一种有效方法，不仅可以增强表面光亮度，而且能够起到防潮、防霉的作用，并具有抗机械摩擦和防化学腐蚀保护印刷图文的作用，因此被广泛地应用于包装纸盒、画册、大幅装饰、招贴画等印刷品的表面加工中。而且上光不影响纸张的回收再利用，可节省资源、保护环境。

由于胶印印刷品墨层比较薄，易造成墨色饱和度不足，印刷品整体光泽效果往往不佳。如果采用上光工艺不仅可改善印刷品的表面光滑度，提高印刷品墨层的亮度，同时又为纸/纸板包装提供了一层有效的防护膜，使其色彩能够在印后加工以及在储运包装中不致因摩擦而脱落。

印刷品上光的目的，可归纳为以下几方面：

（1）增强印刷品的外观效果。印刷品的上光包括整体上光和局部上光，也包括高光泽型和亚光型（无反射光泽）上光。无论哪一种上光形式，均可提高印刷品外观效果，使印刷品质感更加厚实丰满，色彩更加鲜艳明亮，提高了印刷品的光泽和艺术效果，起到美化的作用和功能。纸包装商品经过上光处理后，能使产品更具吸引力，刺激消费者的购买欲。

（2）可以改善印刷品的使用性能。根据不同印刷品的特点，选用适宜的上光工艺和材料，可以明显改善印刷品的使用性能。例如，书籍是长效的信息载体，需要长期保存。经上光处理后，可以达到延长其使用寿命的目的；扑克牌经上光后，可以提高滑爽性和耐折性；电池经过上光后，可以提高它的防潮性能。

（3）可以增进印刷品的保护性能。各种上光方法，都可以不同程度地起到保护印刷品及保护商品的功能。经过上光处理后，一般均可提高印刷品的耐水性、耐化学溶剂性、耐摩擦性、耐热和耐寒性等，使印刷产品得到进一步保护，进而减少产品在运输、储存和使用过程中的损失。因而，在纸盒、纸袋类包装印刷品上大量地采用了上光加工工艺方法。

1．上光油的组成及要求

与油墨相似，上光所用的光油有油性上光油、醇溶性上光油、水性上光油和UV上光油等类型，应根据实际用途来合理加以选择，比如药品、食品、化妆品等商品，就应该选用醇性或水性上光油。

（1）上光油的组成。上光油的类型很多，但组成基本相似，主要由主剂、助剂和溶剂等组成。

①主剂。主剂是上光油的成膜物质，通常为各类天然树脂或合成树脂。印刷品上光后膜层的品质及理化性能，如光泽度、耐折度、耐酸碱性、耐摩擦性以及后加工适性等均与主剂的选择有关。一般地，采用天然树脂作为成膜物质，上光油干燥后透明性差，易泛黄，还易产生反黏现象；而采用合成树脂作为主剂的上光油，具有成膜性好、光泽度和透明度高、耐摩擦性强，且耐水、耐气候，适应性广泛。

②助剂。助剂是为了改善上光油的理化性能及加工特性而添加的物质。各类助剂的用量一般不超过上光油总量的3%，但它对上光油的各项性能指标却有很大影响。常见的助剂有固化剂、表面活性剂、消泡剂、增塑剂和稳定剂等。

③溶剂。溶剂的主要作用是分散、溶解主剂和助剂。上光油对溶剂的溶解性、挥发性等指标要求较高。上光油的毒性、气味、干燥速度、流平性等理化指标同溶剂的选用有直接的关系。目前上光油中常用的溶剂有芳香类（如甲苯）、醇类（如乙醇、异丙醇）、酯类（如醋酸乙酯、醋酸丁酯）等。

（2）对上光油的技术要求。理想的上光油除具有无色、无味、光泽感强、干燥迅速、耐化学等特性外，还必须具备以下性能：

①膜层透明度高、不变色。装潢印刷品要获得优良的上光效果，取决于印张表面形成一层无色透明的膜，并且经干燥后图文不变色，还不能因日晒或使用时间长而变色、泛黄。

②膜层具有一定的耐磨性。有些上光的印刷品要求上光后具有一定的耐磨性及耐刮性。因为采用高速制盒机、纸盒包装机装置、书籍上护封等流水线生产工艺，印刷品表面易受到磨擦，故应有耐磨性。

③具有一定的柔弹性。任何一种上光油在印刷品表面形成的亮膜都必须保持较好的弹性，才能与纸张或纸板的柔韧性相适应，不致发生破损、干裂和脱落。

④膜层耐环境性能要好。上光后的印刷品有些用于制作各类包装纸盒，为了能够对被包装产品起到较好的保护作用，要求上光膜层耐环境性一定要好。例如，食品、药品、卷烟、化妆品、服装等商品的包装必须具备防潮、防霉的性能。另外，干燥后的膜层化学性能要稳定，能抗拒环境中的弱酸、弱碱的侵蚀作用。

⑤对印刷品表面具有一定黏合力。印刷品由于受表面图文墨层积分密度值的影响，表面黏合适性大大降低，为防止干燥后膜层在使用中干裂、脱膜，要求上光膜层黏附力要强，并且对油墨及各类助剂均有一定的黏合力。

⑥流平性好、膜面平滑。印刷品承印材料种类繁多，加之印刷图文的影响，表面吸收性、平滑度、润湿性等差别很大，为使上光涂料在不同的产品表面都能形成平滑的膜层，要求上光油流平性好，成膜后膜面光滑。

⑦印后加工适性广泛。印刷品上光后，一般还须经过后工序加工处理，例如：模压加

工、烫印电化铝等，所以要求上光膜层印后加工适性要宽。例如：耐热性要好，烫印电化铝后，不能产生粘搭现象；耐溶剂性高，干燥后的膜层，不能因受后加工中黏合剂的影响而出现起泡、起皱和发黏现象。

2. 上光油的种类

（1）UV 上光油组成、特点及应用。UV 光油是指在一定波长的紫外光照射下，能够从液态瞬间转变为固态的物质。UV 光油由预聚物（齐聚物）、活性稀释剂、光引发剂和其他助剂组成，其干燥机理是：在一定波长的紫外光照射下，体系内光引发剂被激发出游离基，该活性基团能与预聚物中的不饱和双键快速发生链式聚合反应，使上光油瞬间交联结膜而固化。

①预聚物。它是 UV 上光油中最基本的成分和成膜物质，其性能对固化过程和固化膜的性质起着重要作用。预聚物中含有“C = C”不饱和双键的低分子树脂，如环氧丙烯酸树脂、聚酯丙烯酸树脂。

②活性稀释剂。也叫交联单体，是一种功能性单体，其作用主要是调节上光油的黏度、固化速度和固化膜性能。活性稀释剂大多是含有“C = C”不饱和双键的丙烯酸酯类单体。根据含有的丙烯酰基的数量，活性稀释剂有单官能团、双官能团和多官能团之分。一般来说，官能团越多，固化速度越快，但稀释效果越差。

③光引发剂。光引发剂是能吸收辐射能，经过化学变化产生具有引发聚合能力的活性中间体的物质，它是任何 UV 固化体系都需要的主要成分。光引发剂分为夺氢型和裂解型。夺氢型是含活泼氢的化合物（一般称助引发剂），通常与胺类化合物相配合，通过夺氢反应，形成自由基，是双分子光引发剂，如二苯甲酮（BP）等；裂解型是光引发剂受光激发后，分子内分解为自由基，是单分子光引发剂，如 α - 羟基异丙基苯甲酮等。

④助剂。助剂主要是用来改善上光油的性能，如稳定剂、流平剂、消泡剂等。稳定剂用来减少存放时发生热聚合，提高 UV 上光油储存稳定性。流平剂用来改善上光膜面的流平性，防止缩孔的产生，同时也增加了光泽度。消泡剂是用来防止和消除上光油在制造和使用过程中产生的气泡。

在国外，书刊、杂志、封面和磁带封套等印刷品的光泽加工方面，得到了广泛的应用并且书刊杂志封面的光泽加工普遍采用 UV 上光。

UV 上光迅速兴起并在许多产品上大有取代塑料覆膜和溶剂型上光之势，这主要取决于其本身具有的下列特点：

①UV 上光油几乎不含溶剂，有机挥发物排放量极少，因此减少了空气污染，改善了工作环境，也减少了发生火灾的危险。

②UV 上光油不含溶剂，固化时不需要热能，其固化所需的能耗只有红外固化型油墨和红外固化型上光油的 20% 左右。另外，这种上光油对油墨亲和力强，附着牢固，在80 ~ 120W/cm 紫外线灯照射下固化速度可达 100 ~ 300m/min。

③经 UV 上光工艺处理后的印刷品，色彩明显较其他加工方法鲜艳亮丽，而且固化后的涂层耐磨，更具有耐药品性和耐化学性，稳定性好，能够用水和乙醇擦洗。

④UV 上光油有效成分高，挥发少，所以用量省。一般铜版纸的上光油涂布量仅为 $4g/m^2$ 左右，成本约为覆膜成本 60% 左右。

⑤可以避免塑料覆膜工艺经常出现的缺陷，如翘边、起泡、起皱、脱层等现象，UV

上光产品不粘连，固化后即可叠起放，有利于装订等后工序加工作业。

⑥可以回收利用。解决了塑料复合的纸基不能回收而形成的环境污染问题。

UV 上光的缺点有：UV 光油自身聚合度高，形成表面分子极性差，且无毛细孔，所以 UV 膜层的亲和能力不够，与某些油墨、塑料或金属表面难以亲合，必须在上光前于被涂布物表面打一层黏性底层或用电晕处理。另外，UV 上光油在瞬间干燥过程中会释放出少量臭氧，对空气会有一定污染。上光处理在封闭环境下进行（防止灼伤皮肤），对安全操作提出了更高要求。

UV 上光油可广泛用于辊式涂布机、叼纸牙式涂布机、凹印涂布机及柔性版涂布机等脱机上光。厚纸专用的高效率辊式涂布机，是由同方向旋转的辊组成，根据滚筒的不同组合及滚筒间中心线角度的不同可分为很多型号。叼纸牙式涂布机适合规格在 80～120g/m^2 的纸张；凹印涂布机及柔性版涂布机以局部涂布为主。凹版涂布机涂布能使局部图像鲜明，涂层均匀。但涂布量只能依靠稀释量来调整，只要不改变凹版线数深度及形状，是不能增减涂布量的。而柔性版涂布时，图像边缘容易产生边缘轮廓，缺乏鲜明性。但涂布量的调整及改版相对比较容易。

利用上述任何一种涂布机涂布后，一般还要采用热风烘箱或红外线烘箱使溶剂挥发，然后再通过紫外线固化。纸张涂布 UV 上光油时，可采用先印刷，在后加工时涂布上光油的脱机方式，速度一般为 30～60m/min。

UV 上光（紫外线固化上光）依靠 UV 光的照射，使 UV 涂料内部发生光化学反应，完成固化过程。固化时不存在溶剂的挥发，不会造成对环境的污染。使用 UV 上光油的印刷品表面光泽度高，耐热、耐磨、耐水、耐光，但由于 UV 上光油价格高，目前只用于高档纸制品的上光。

（2）水性上光油。水性上光的包装产品防水性、防潮性、耐折性都较好，但是耐磨性较差。水性上光油主要由主剂、溶剂、辅助剂三大类组成，具有无色，无味、透明感强且无毒、无有机挥发物，成本低，来源广等特点，是其他溶剂性上光油所无法相比的。如果加入其他主剂和助剂，还可具有良好的光泽性、耐磨性和耐化学药品性，经济卫生，对包装印刷尤为适合。

水性上光油以功能性高光合成树脂和高分子乳液为主剂，水为溶剂，无毒无味，消除了对人体的危害和对环境的污染。水性上光油的环保特性越来越受到食品、医药、烟草纸盒包装印刷企业的重视。

水性上光油主要由主剂、溶剂、辅助剂 3 大类组成。

①主剂。水性上光油的主剂是成膜树脂，是上光剂的成膜物质，通常是合成树脂，它影响和支持着涂层的各种物理性能和膜层的上光品质，如光泽性、附着性和干燥性等。

②助剂。助剂是为了改善水性上光油的理化性能及加工特性。助剂中的固化剂能改善水性主剂的成膜性，增加膜层内聚强度；表面活性剂能降低水性溶剂的表面张力，提高流平性；消泡剂能长效控制上光剂的起泡，消除鱼眼、针孔等质量缺陷；干燥剂能增加水性上光剂的干燥速度，改善纸张印刷品适性；助黏剂能提高成膜物质与承印物的黏附能力；润湿分散剂能改善主剂的分散性，防止沾脏和提高耐磨性；其他助剂如能改良耐折性能的增塑剂等。

③溶剂。溶剂的主要作用是分散或溶解合成树脂、各种助剂。水性上光油的溶剂主要

是水。水的挥发性几乎为零，其流平性能非常好。但是，水作为水性上光油的溶剂也有不足之处，如干燥速度较慢、容易造成产品尺寸不稳定等工艺故障。因此，在使用中适当添加乙醇，以提高水性溶剂的干燥性能，改善水性上光油的加工适性。

水性上光油根据产品用途主要分为：高光泽、普通光泽、亚光光泽三种。从加工工艺上可分为：墨斗上光工艺、水斗上光工艺（用普通胶印机的水斗、墨斗）、专用上光机上光工艺以及联机上光工艺。

水性上光的主要特点有：干燥迅速、膜层透明度好、性能稳定，不易变黄、变色；上光表面耐磨性好、不掉色、斥水、斥油，能满足用纸盒高速包装香烟生产线的要求；无毒、无味，特别适合食品、烟草包装纸盒的上光；成品平整度好、膜面光滑；印后加工适性宽，模切、烫印均可加工；耐高温、热封性能好；使用安全可靠、储运方便。

（3）溶剂型上光油。溶剂上光油为醇溶合成树脂，通过醇、酯、醚类溶剂分散成黏稠、透明液体。由于溶剂上光油的耐水性、耐磨性、反黏性、干燥性等方面的功效略差，而且醇类溶剂易于挥发，会影响环境和人身健康。

上光设备有连线上光机组和独立上光机，上光油的选择要与上光设备相匹配。例如，溶剂性上光油只适用于普通上光机；醇溶性或水溶型上光油，上光机一般要求有较长干燥通道。

上光可分为满版上光和局部上光。而上光涂布可采用胶印、凹印、柔印和丝印等方式。上光的优点集中体现在产品的美观性、防水性、防潮性、耐折性及耐磨性等方面。普通上光油一般整体效果不太好。在包装印刷领域，一般只用在功能性要求很普通的包装上，或只是为了防止印刷墨层被划伤。

（4）珠光颜料上光。珠光颜料上光是将一种具有色泽和半透明性、有部分遮盖力的片晶状结构的颜料均匀涂布到印刷品表面。

云母钛型珠光颜料是不同于目前常见的吸收型色料和反射型金属颜料的另一类光学干涉型颜料。珠光效果来自于其云母内核与金属氧化物构成的层状结构，二氧化钛、氧化铁以及氧化铬等，与云母之间的光学折射率差异是形成光干涉效应的主要原因。

层状的珠光颜料如能平行地沿承印物表面分布的话，入射光线就能在这些不同光学折射率的物质组成的层面上发生多重折射，从而产生珠光效果；珠光涂层越厚，颜料越多，珠光效果也就越强。在纸张上形成涂层以后，珠光颜料呈现出一种柔和而富有层次感的视觉效果。珠光颜料既可单独与无色透明连结料调和后印刷，又可与其他油墨混合以后使用，还能与其他墨层叠合使用。在现代印刷业中，珠光效果是一种不可取代的专色光泽效果。在高档包装如香烟、药品、食品、化妆品的包装折叠纸盒和标签印刷领域，有良好的应用前景。

不同的印刷方式有不同的珠光效果。丝网印刷方式油墨层厚实，珠光效果表现最充分；其次是凹版印刷、柔性版印刷和上光；胶印方式的转移油墨量最低，转印到纸面上的颜料也相应最少，另外，由于胶印中有润版液（水）的存在，会影响珠光效果。因此，对于要求珠光效果强、较大批量的印刷品，最好采用凹版或柔性版印刷；对于要求珠光效果强、但批量不大的印刷品，应该考虑用丝网版印刷；如果对珠光效果要求一般，数量有限的急件，可以选用胶印方式。

在涂层中要达到良好效果，需满足珠光颜料的分布特点。设计时要选择不同色彩光泽的珠光颜料、选择不同颗粒度的颜料、合理设计整体或局部上光。在柔性版印刷中，要根据所用珠光颜料的颗粒度合理选择网纹辊，以保证良好的转移率；根据上光油的性能，选用合适的柔性版材，以避免发生堆版。选择上光涂料时，要能最大限度地表现出珠光的光泽，如水性上光涂料是目前胶印上光发展的主流。

3．上光设备

按上光方式的不同，上光设备可分为脱机（离线）上光和联机（在线）上光。脱机上光是印刷、上光分别在专用机械上完成，上光需要使用专用上光机或压光机。而联机上光是印刷、上光一次完成，具有速度快、效率高等特点，不但节省了资金，还提高了工作效率，并减少了因半成品周转而造成的印刷品损失和所带来的麻烦。柔印机、凹印机和部分胶印机目前都采用联机上光。

联机上光设备流行采用辊式涂布装置，将光油转移到承印物上。曼·罗兰公司和海德堡公司采用先进实用的封闭刮墨刀上光系统，由陶瓷网纹辊和封闭式刮墨刀以及柔性树脂涂布版辊组成。该系统的主要优点是通过选择不同的陶瓷网纹辊，精确地按需要的涂布量完成涂布和上光，既能快速更换网纹辊和上光涂布版，又能在整个印刷幅宽内均匀涂布或进行精确的局部上光。使用封闭刮墨刀系统上光，类似于在胶印机的后部配置一个柔印机组，不仅可以获得饱满厚实的上光涂层，又可以灵活地采取局部上光，更为珠光等特殊光泽提供了充分表现的空间。

上光机也称过油机，主要由印刷品传输机构、涂布机构、干燥机构以及机械传动、电气控制等系统组成，其结构如图 2－16 所示。上光机的干燥方式有：固体加热干燥、挥发干燥、紫外线固化干燥、红外线辐射干燥。

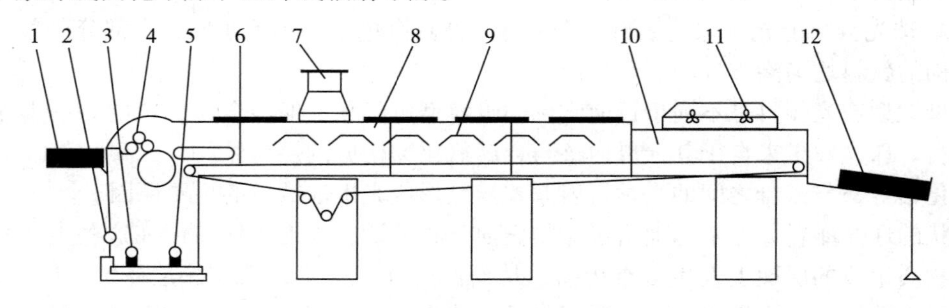

图 2－16　上光涂布机结构

1－输入台；2－涂料输送装置；3－涂布动力机构；4－涂布机构；5－输送带传动机构；6－印刷品输送带；7－排气管道；8－烘干室；9－加热装置；10－冷却室；11－冷却送风系统；12－印刷品收集装置

脱机上光设备是印刷、上光分别在各自的专用机械设备上进行，又分为普通脱机上光设备和组合式脱机上光设备。前者是先上光涂布，待干燥后，再压光。后者上光机、压光机等以积木形式或其他形式组成的上光机组。

压光机的结构如图 2－17 所示。压光机的工作方式通常为连续滚压式。印刷品从输纸台上输送到热压辊与加压辊之间的压光带下，在温度和压力的作用下，涂层贴附于压光带表面被压光。压光后的涂料层逐渐冷却后形成一光亮的表面层。压光带为一经特殊处理的不锈钢环状钢带。热压辊内部装有多组远红外加热源，以提供压光中所需的热量。加压辊的压力多采用电气液压式调压系统，可精确地满足压光中对压力大小的要求。压光速度可由调速驱动电机或滑差电机实现调速控制。

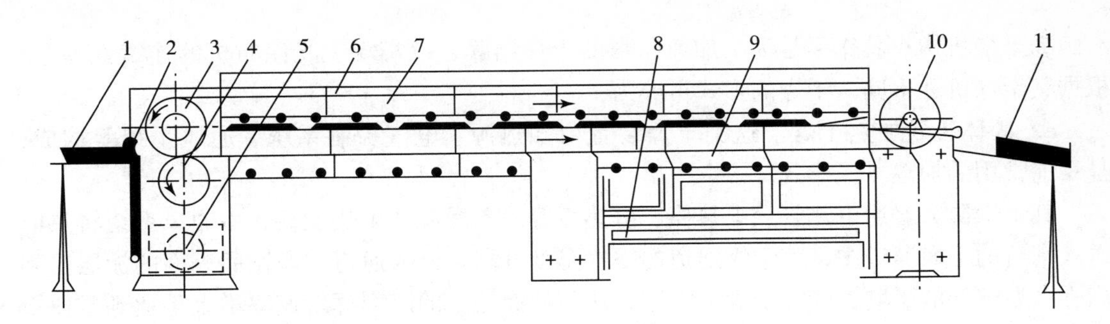

图 2－17　压光机结构

1－印刷品输送台；2－高压油泵；3－热压辊；4－加压辊；5－调速电机；6－压光钢带；7－冷却箱；8－冷却水槽；9－通风系统；10－传输辊；11－印刷品收集台

（1）普通脱机上光设备。上光涂布机，按印刷品输入方式分：半自动和全自动两种。按加工对象范围分：厚纸专用型上光机和通用型上光机。按上光时干燥源的干燥机理分：固体传导加热干燥和辐射加热干燥。压光机是上光涂布机的配套设备。

上光涂布机主要有印刷品输入机构和传送机构、涂布机构、干燥机构以及机械传动机构、电气控制等系统构成。涂布机构的作用是在待涂印刷品的表面均匀地涂敷一层涂料。由涂布系统和涂料输送系统组成。常见的涂布方式：三辊直接涂布式、浸入逆转涂布式。

①涂布机构。

a. 三辊直接涂布式。三辊直接涂布结构如图 2－18 所示。上光涂料由出料孔或喷嘴均匀地喷洒在计量辊与施涂辊之间，两辊反向转动，由计量辊控制施涂辊表面涂层的厚度。而后由施涂辊将其表面涂层转移涂覆到印刷品的待涂表面上。

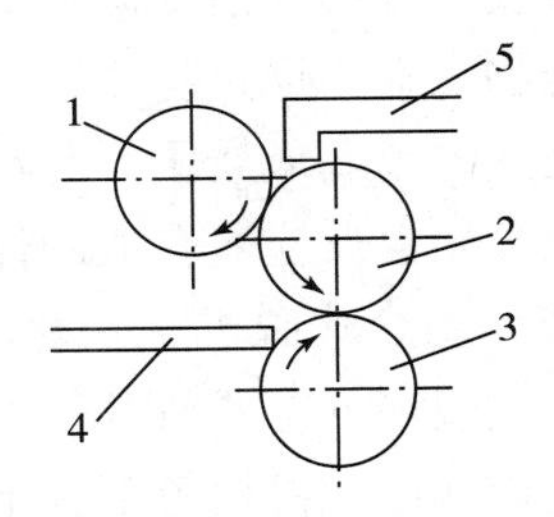

图 2－18　三辊直接涂布示意图

1－计量辊；2－施涂辊；3－衬辊；4－印刷品输送台；5－出料孔

涂布量的大小受施涂辊与计量辊之间的间隙控制，间隙小，涂层就薄。同时还受施涂辊与衬辊两者间的速比控制，这个速比称为“指抹比”，其比值通常在 0.8～4 之间。该比值越大，涂布的涂料量也越大。另外，涂层的厚度还与涂料涂层的流变学性质有关，一般涂层的厚度与涂料黏度成正比例关系。为了适应不同重量印刷品的涂布加工，涂布辊组装有压力调整机构。

b. 浸入逆转式。其涂布部分一般由贮料槽、上料辊、匀料辊、施涂辊和衬辊等组成。其结构与工作原理如图 2－19 所示。

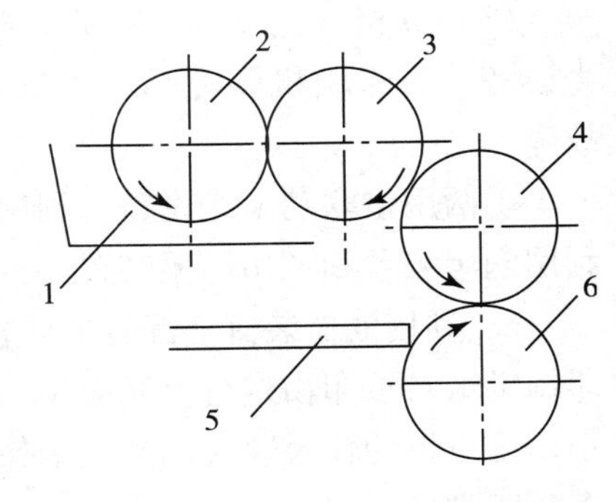

图 2－19　浸入逆转式涂布示意图

1－贮料槽；2－上料辊；3－匀料辊；4－施涂辊；5－输纸台；6－衬辊

涂料由自动输液泵送至贮料槽，上料辊浸入贮料槽中一定深度，辊表面将涂料带起并经匀料辊传至施涂辊。匀料辊的主要作用是将涂料均匀地传给施涂辊以控制涂层的厚度。而后施涂辊将涂料涂敷转移到印刷品的被涂表面上。涂布量的改变可通过调整各辊之间的工作间隙，或改变涂布机速以及涂料的流变特性等方法来实现。

②干燥机构。其作用是为了加速涂料的干燥结膜，以实现上光涂布机的连续性涂布。根据其干燥机理不同，干燥的形式可分为：

a. 固体传导加热干燥。这类干燥装置由加热源、电气控制系统、通风系统等构成，是目前常用的加热干燥形式。

其干燥源为普通电热管、电热棒、电热板等。干燥源产生热能后，由通风系统将热能送入密封的干燥通道中，使干燥通道的空气温度升高。进入通道的印刷品表面的涂层受到周围高温空气的影响，其分子运动加剧，从而使涂层中的溶剂挥发速率增大，达到迅速干燥成膜的目的。

这类干燥装置结构简单，成本低，使用与维修都十分方便；但是其干燥效率不高，能量消耗大。

b. 辐射加热干燥。如红外线辐射、紫外线辐射和微波辐射等。这类干燥装置一般由辐射源、反射器、控制系统以及其他系统构成。这种干燥方式很有发展前途。

红外线干燥机理是进入涂层的红外线部分被涂层吸收后，转变为热能，使涂层的原子和分子在受热时运动加剧，原物质中处于基态的电子，有可能被激发而跃迁到更高的能级。若红外线的波数恰好与涂料分子中原子跃迁的波数相同，则产生激烈的分子共振，使涂料温度升高，起到加速干燥的作用。

可被紫外线辐射干燥的上光涂料，是一些能由自由基激发聚合的活跃的单体或低聚物的混合物。在干燥过程中，上光涂料经紫外光辐射后，光引发剂被引发，产生游离基或离子；这些游离基或离子，与预聚体或不饱和单体中的双键起交联反应，形成单体基团，单体基团开始链反应聚合成固体高分子，从而完成上光涂料的干燥过程。

（2）组合式脱机上光设备。组合式脱机上光设备是以上光机、压光机中的基本机构或装置，按模块的方式或其他形式组合而成的上光机组。一般由自动输纸机构、涂布机构、干燥机构和压光机构等部分组成。其各部分机构及原理与普通上光设备基本相同。可根据被加工印刷品的工艺性质，形成不同的组合形式。如由输纸机构、涂布机构、干燥机构和压光机构组成整机，使上光涂布、压光一次完成；由输纸机构、涂布机构、干燥机构组成的机组，完成上光涂布的加工；由输纸机构、压光机构实现压光加工。

（3）联机上光设备。联机上光设备是将上光机组连接于印刷机组之后组成整套印刷上光设备。当印刷机印完后，立即进入上光机组上光，消除了有喷粉而引起的各类质量故障。

①两用型联动上光设备。利用印刷机组的润湿装置或输墨装置进行上光涂布，又分为利用润湿装置和利用输墨装置。

a. 利用润湿装置。配置能转换的润湿与上光装置，通过作业状态转换，利用现成的印刷机组对承印物进行上光涂布。可根据印刷作业的实际需要，交换润湿与上光功能。这个印刷机组的输墨装置仍然完全保留输墨功能。如图 2－20 所示为高宝 Rapida 单张纸平版多色印刷机。

顺向运转上光的形式：着液（水）辊与传液（水）辊呈顺向运转状态，液（水）斗辊将以传液辊 1/3～2/3 的转速运转，通过这种转速差就形成预上光，而真正的上光量还是需要通过调整液斗辊的转速来实现。

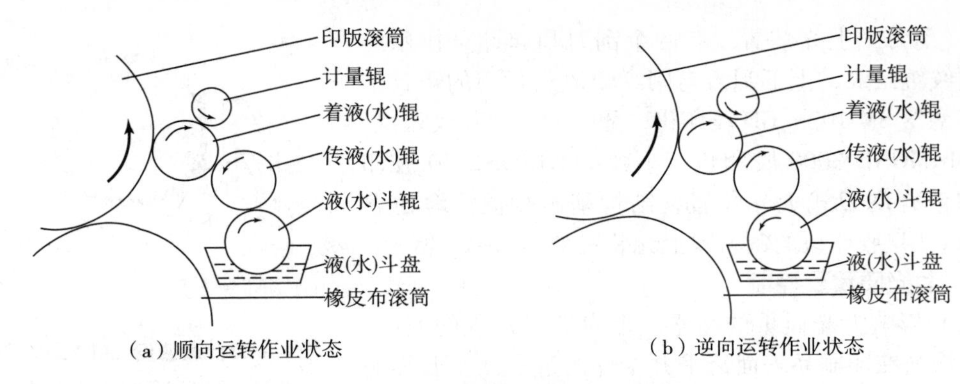

图 2-20　利用润湿装置的上光设备

逆向运转上光的形式：着液（水）辊与传液（水）辊呈逆向运转状态。通过这种逆向运转处理，能获得更为均匀的上光墨层，并更好地消除鬼影现象，特别在进行局部上光时，这种上光形式的优越性更为明显。

b. 利用输墨装置。像印刷油墨一样，将上光液在墨辊上打匀后便可进行上光。上光液经墨辊传递，先被转移到印版上，再由印版转移到橡皮布上，最后再转移到承印物上。

②专用型联动上光装置。在印刷机组之后，安装专用的上光涂布机构。整面或局部上光，上光既可用橡皮布，也可用柔性版进行精细的局部上光；既可从事水性上光，也可从事 UV 上光。另外，上光滚筒清洗装置可在印刷单元自动清洗橡皮布时自动清洗上光滚筒的橡皮布。

a. 辊式上光装置。海德堡 SM 102V CD 胶印机［如图 2-21（a）所示］、曼·罗兰 700 胶印机、三菱 DIAMOND 3000 胶印机、小森 LITHRONE 40 胶印机的辊式上光装置。

高宝利必达 105 胶印机配置的上光机组可作为顺向运转的两辊式系统，也可作为逆向运转的三辊式系统使用，如图 2-21（b）所示。两辊式，计量辊被脱开，上光液斗辊和着液辊之间的压力来调节上光涂布量，结构简单。逆向运转时，上光滚筒和液斗辊逆向运转，可得到很好光亮度的上光膜层；同时在使用高黏度上光液时，不必靠过于提高辊子间的压力来达到薄而匀的涂布目的。

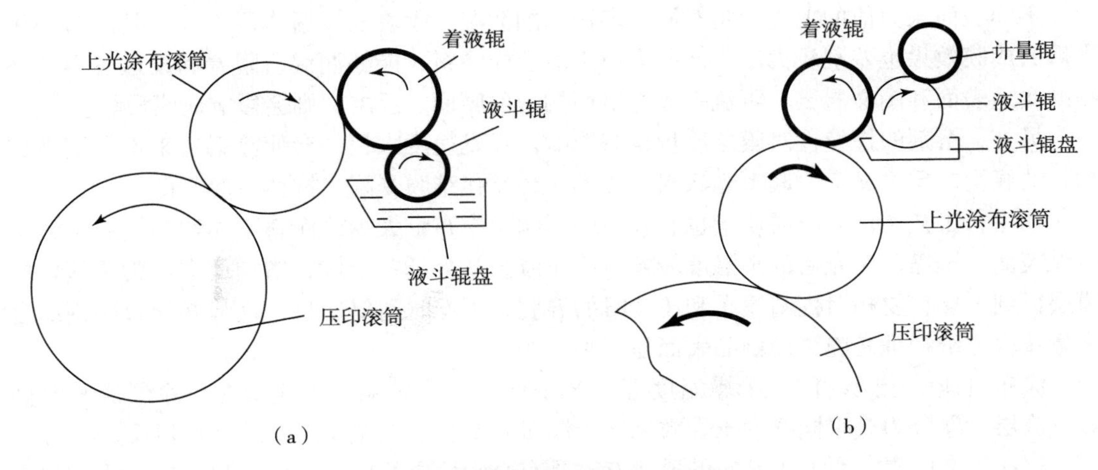

图 2-21　辊式上光设备结构简图

b. 刮刀式上光装置。有两个刮刀和起计量作用的陶瓷网纹辊组成，上下刮刀与网纹辊组成封闭的箱式结构。海德堡SM 102V CD胶印机、曼·罗兰700胶印机、三菱DIAMOND 3000胶印机、小森LITHRONE 40胶印机等均带有刮刀式上光装置，结构基本相同。海德堡SM 102V CD胶印机的刮刀式上光装置如图2－22所示。

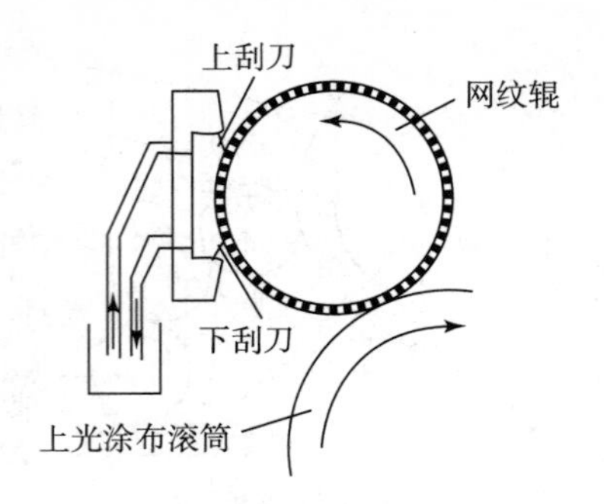

图2－22　海德堡SM 102V CD胶印机的刮刀式上光装置

4. 上光质量及控制

(1) 影响上光质量的因素。上光涂布过程的实质，是上光涂料在印刷品表面流平并干燥的过程。主要影响因素有印刷品的上光适性、上光涂料的种类和性能以及涂布加工工艺条件等。

①印刷品上光适性。是指印刷品承印的纸张及印刷图文性能对上光涂布的影响。在上光涂布中，上光涂料容易在高平滑度的纸张表面流平。在干燥过程中，随着上光涂料的固化，能够形成平滑度较高的膜面，故纸张表面平滑度越高，上光涂布的效果越好，反之亦然。

纸张表面的吸收性过强，纸纤维对上光涂料的吸收率高，溶剂渗透快，导致涂料黏度值变大，涂料层在印刷品表面流动的剪切应力增加，影响了上光涂料的流平而难以形成较平滑的膜层；相反，吸收过弱，使上光涂料在流平中的渗透、凝固和结膜作用明显降低，同样不能在印刷品表面形成高质量的膜层。

印刷品油墨的质量也直接影响上光涂料的涂布质量和流平性。油墨的颗粒细，其分散度高，图文墨层就容易被上光涂料所润湿，在涂布压力作用下，流平性好，形成的膜层平滑度高。反之则膜层质量较差。

②上光涂料的种类和性能不同，即使工艺条件相同，涂布、压光后得到的膜层状况也不一样。如上光涂料的黏度对涂料的流平性、润湿性有很大影响。同一吸收强度的纸张对上光涂料的吸收率与涂料黏度值成反比，即涂料黏度值越小，吸收率越大，会使流平过早结束，导致印刷品表面某些局部因欠缺涂料而影响到膜层干燥和压光后的平滑度与光亮度。

不同表面张力值的上光涂料对同一印刷品的润湿、附着及浸透作用不同，其涂布和压光后的成膜效果也差别较大。表面张力值小的上光涂料，能够润湿、附着和浸透各类印刷品的实地表面和图文墨层，可流平成光滑而均匀的膜面。反之，则会影响成膜质量。

另外，溶剂的挥发性对膜层质量也有影响。挥发速度太快，会使涂料层来不及流平成均匀的膜面。反之又会引起上光涂料干燥不足，硬化结膜受阻，抗粘污性不良。

③涂布工艺条件对膜层质量也有较大的影响。涂布量太少，涂料不能均匀铺展于整个待涂表面，干燥、压光后的平滑度较差。涂布量太厚会延缓干燥，增加成本。为了使较厚膜层得到干燥，要相对提高涂布和压光时的温度，干燥时间要加长，这势必导致印刷品含水量减少，纸纤维变脆，印刷品表面易折裂。

涂布机速、干燥时间、干燥温度等工艺条件也互相影响。机速快时，涂层流平时间短，涂层就厚，为获得同样的干燥效果，干燥时间要长、温度要高；反之则相反。

这些工艺因素，对上光涂布的质量有时具有交联性质的影响。实际生产中，为获得良好的上光膜层，需对这些因素进行综合考虑，以求得各因素之间的适当匹配。

（2）影响压光质量的因素。

①压光温度。适当的压光温度，可以使上光油膜层分子热运动能力增加，扩散速度加快，有利于涂料中主剂分子对印刷品表面二次润湿、附着和渗透。适当的温度也会使上光油膜层塑性提高，在压力的作用下，使膜层表面平滑度大大改善。另外，适当的温度还有利于提高压光膜层质量。上光油压光的热辊温度通常为100～200℃，温度过高，上光油层黏附强度下降，且纸张含水量急剧降低，不利于上光和剥离。温度太低，上光油层不能完全塑化，故其不能很好地黏附于压光板和印刷品表面，导致压光效果不理想，压光膜层平滑度不够。

②压力。压力的作用是将上光油层压紧变薄，使其形成光滑的表面层。但若压力过大，会使印刷品的延伸性、可塑性和韧性变差。压力过小，又难以使印刷品表面形成高光泽表面。

③速度。压光速度即上光油在压光中的固化时间。如果固化时间短（速度快），上光油分子同印刷品表面墨层不能充分作用，干燥后膜层表面平滑度不够，上光油层与油墨层的结合强度不够，易使上光油层脱落。若固化时间太长（速度慢），上光油层的可塑性会变差，脆性增强，还可能导致墨层干裂，严重影响上光效果。

压光操作时，要根据上光油的种类、印刷品的上光适性等综合考虑压光温度、压力和压光机速。

（3）上光工艺常见的故障及排除方法。

①上光油发黄。主要由上光油的原料即树脂胶和溶剂中的杂质所致，在购买原料时需注意其纯度和质量。

②脏版。上光后的印刷品表面有小颗粒状的杂物出现，可能是上光油中混入了杂质。排除方法：将上光油过滤后再使用；上光前应把上光机的墨斗和着墨辊清洗干净，避免脏物混入墨斗。

③条痕。是指上光后的印刷品表面出现条状或其他印痕的现象。主要原因是上光机的着墨辊和压印滚筒间的压力不均匀所致，应适当调整压力，排除条痕。

④膜层光泽度差。上光油的质量、涂层厚度、涂布干燥和压光时的温度偏低、压光压力小均可造成成膜膜层光泽度不够，必须做出相应的调整。

⑤印刷品与上光带黏附不良。涂层太薄、上光油黏度太低、压光温度不足、压力过小是造成这种故障的主要原因。应增大涂布量、提高涂料的黏度值、提高压光时的温度、增加压光压力，才能使印刷品较好地附着在上光带上。

⑥脱色。油墨未干，耐溶剂性差；上光油溶剂对油墨有侵蚀作用是造成脱色的主要原因。解决方法：增加印刷品的干燥时间；调换上光油。

⑦上光后印刷品相粘连。引起该故障的原因可能是：上光油干性慢，造成干燥不良；涂布层太厚或烘道温度不够。更换上光油或加快上光油的干燥速度；调薄涂布量，提高烘道温度等可以解决印刷品相粘连的问题。

⑧上光涂层发花。上光油对油墨的黏着力较差，上光油黏度太低，印刷墨层表面已晶化是造成涂层不均、发花的主要原因。排除方法：调换上光油，增加上光油的黏度，在上光油中加入5%的乳酸。

（4）上光技术有待解决的问题和发展方向。上光工艺是表面处理技术中最常用的技术，但是它仍然存在着很多技术问题有待解决。

①环境保护。虽然上光能产生高附加价值，不过也对环境及作业人员有所损害。因为涂料的化学组成具有挥发性，例如甲苯、乙醇等物质挥发时产生的气体，会对周边环境及操作人员都具有危害性。另外UV涂料对人的皮肤具有一定的刺激作用，应尽量避免皮肤与涂料的直接接触。除此之外，光固时强烈的紫外线除大部分被涂料吸收外，一小部分会被反射出来，久而久之也会对人体会产生危害。

②作业自动化。随着印刷技术的不断提高，上光工艺也将向着节约能源、提高自动化的方向发展。例如现在很多品牌的印刷机都加装了随机上光设备，使印刷上光一体化，大大提高了工作效率，节约了人力资源。

二、覆膜工艺

覆膜也称贴塑，是将涂有黏合剂的塑料薄膜覆盖在印刷品表面，经过加热、加压处理，使塑料薄膜与印刷品黏合在一起，成为纸塑合一成品的加工技术，覆膜工艺实际属于复合工艺中的纸/塑复合。通过覆膜，不但可以保护印刷品表面不受损伤，而且可以增加印刷品的光泽度。覆膜工艺可以分为预涂覆膜和即涂覆膜。预涂覆膜工艺是将黏合剂预先涂布在塑料薄膜上，经烘干、收卷，作为产品出售，也称干式覆膜。即涂覆膜工艺是指操作时现涂布黏合剂，经烘干后再热压完成覆膜，故也称湿式覆膜。按使用胶黏剂的种类分类：有油性覆膜和水性覆膜。油性覆膜即采用溶剂溶解合成胶黏剂的覆膜，水性覆膜即采用热塑性树脂的覆膜。

传统的即涂型覆膜黏合剂材料正在被高质量的环保型新型黏合剂所取代。经覆膜的印刷品，表面色泽亮度增强，且增添图像的质感，可以满足印刷品所要求的高光泽透明、防脏污、耐油脂和化学药品、耐压折痕、耐折叠、耐穿透性、耐气候性、防水性和食品保鲜性。

覆膜技术曾经被广泛应用于书籍封面、高级包装盒面、精美画册等方面，是国内最常见的一种印后表面处理工艺。但在欧美发达国家，由于覆膜技术和环保原因导致覆膜技术在印后表面处理的应用越来越少。覆膜技术受到很多因素如纸张种类、油墨用量、黏合剂、工作温度以及环境气候等因素的影响，可能出现黏合不良、起泡、涂覆不均、皱膜、弯曲不平、脱落分离等故障。覆膜的危害主要源于塑料薄膜，用于覆膜的塑料薄膜透明、光泽好，而且价格便宜。但不可降解、难以回收利用，易造成白色污染，长期使用还会危害工人的健康。由于覆膜后的纸张难以回收再生，使上光工艺的使用越来越广泛，特别是具有环保概念的水性上光油越来越表现出竞争优势。

1．覆膜材料的性能要求

（1）塑料薄膜。用于覆膜的塑料薄膜主要有：聚丙烯薄膜（PP）、双向拉伸聚丙烯薄膜（BOPP）、聚氯乙烯薄膜（PVC）、聚乙烯薄膜（PE）、聚酯薄膜（PET）、聚碳酸酯薄膜（PC）。对复合用薄膜，不论采用何种类型和体系，均应符合下列基本要求：

①厚度。薄膜的厚度直接关系到它的透光度、折光率、覆膜牢度、机械强度等方面的指标。根据薄膜本身的性能和使用目的，复合用薄膜的厚度一般控制在10～20μm之间较为合适。进口薄膜稍薄，为10μm。

②表面张力。用于复合用的塑料薄膜必须经过电晕处理，使处理过的表面张力降至

$40dyn/cm^2$，以便有较好的润湿性和黏合性；同时，电晕处理面要均匀一致。

③透明度。在印刷品表面进行覆膜，一般要求塑料薄膜的透明度越高越好，以保证覆膜后的印刷品表面清晰度和光亮度较高。透明度用透光率表示，即透射光与入射光的百分比。PET 薄膜的透光率一般为 88% ~99%，BOPP 膜的透光率稍高一些，可达 93% 左右。

④耐光性。它是指塑料薄膜在光线的长时间照射下抗拒变色的程度。用于复合的塑料薄膜应具有较好的耐光性，以保持覆膜印刷品表面光泽度较高的特性。

⑤机械性能。塑料薄膜在覆膜工艺操作中要经受机械拉力的作用，因此薄膜应具有一定的机械强度和柔韧性能，其机械强度可用抗张强度、冲击强度、弹性模数和耐折次数等表示。

⑥几何尺寸稳定性。在覆膜操作中，若塑料薄膜的几何尺寸不稳定、伸缩率过大，在产品覆膜冷却之后，易出现皱纹、卷曲等质量问题。通常可用吸湿膨胀系数、热膨胀系数、热变形温度、抗寒性等指标来表示薄膜的几何尺寸稳定性。

⑦化学稳定性。塑料薄膜在覆膜操作中要和一些溶剂、黏合剂以及印刷品的油墨层接触，因此，要求它必须具有一定的化学稳定性，不受化学物质的影响。

⑧外观。塑料薄膜应该膜面平整、无凹凸不平及皱纹。膜面凹凸不平或有皱纹，会使涂胶不均匀，低凹处难以黏结，严重影响覆膜质量；同时，还要求薄膜无气泡、缩孔、针眼和麻点等，膜面清洁、无灰尘、无杂质、无油斑等污染问题。

⑨其他。塑料薄膜还须厚薄均匀，横、纵向厚度偏差小；另外，复卷要整齐，两端松紧要一致，因为覆膜机调节有限，一端松一端紧会使上胶不均匀。

（2）黏合剂。黏合剂一般由主体材料（主剂）和辅助材料（助剂）组成。主体材料是黏合剂的主要成分，能起到黏合作用，作为主体材料的物质有合成树脂、合成橡胶、天然高分子物质以及无机化合物。黏合剂的黏合力及其他物理化学性能都是由组分中的主体材料所决定。黏合剂与被黏合材料之间产生黏合力的首要条件是黏合剂能润湿被黏合材料，并且要求黏合剂具有一定的流动性，主体材料要有良好的润湿性和黏附性。主体材料的结晶性可以提高其内聚强度和初黏力，因而有利于黏合。主体材料分子中化合物基团的极性大小和数量会影响到黏合力。一般地，基团极性较大，数量较多，黏合剂的黏合力就越强。但若极性基团数量过多，又可能因相互作用而约束链段的扩散能力，从而降低黏合力。主体材料的分子量也会影响黏结强度。对于某聚合物，当其聚合度在一定范围，或缩聚后在一定范围内的分子量时，才能有良好的黏附性和内聚强度。

助剂，是为了改善主体材料的性能或便于覆膜操作而加入的辅助物质，常用的助剂有固化剂、增塑剂、填料和溶剂等。固化剂是一种可以使低分子聚合物或单体经化学反应，生成高分子化合物或使线型高分子化合物交联成体型高分子化合物的物质。固化剂的选择应根据黏合剂主体材料的品种和性能要求而定，加入量也应严格控制。增塑剂是一种能降低高分子化合物玻璃化温度和熔融温度，改善胶层脆性，增进熔融流动性的物质。增塑剂还可以增加高分子化合物的韧性、延伸率和耐寒性，降低其内聚强度。填料则是一种可以改变黏合剂性能，降低其成本的固体材料，它不和主体材料发生化学反应。黏合剂中添加填料是为了降低固化过程的收缩率和放热量，提高黏合剂层的抗冲击韧性和机械强度。溶剂的主要作用就是降低黏合剂的黏度，便于涂布，并能增加黏合剂的润湿能力和分子活性，提高黏合剂的流平性，避免黏合剂层厚薄不均匀。

覆膜时常用的黏合剂，一般是溶剂型黏合剂，它以EVA为主体树脂，属于热熔型。EVA树脂处于熔融状态时，其表面张力较低，因此与非极性的聚烯烃（如BOPP薄膜）有较好的黏合力，且无色透明，不影响图像的色彩；稳定性高，不受日光影响而变色，流动性好，便于涂布；使用设备简单，能耗较低。但由于黏合剂中含有以芳香烃为主的溶剂，略有毒性，其挥发物有碍操作者的健康，也污染环境，不利于环保。而且耐油墨性较差，易受油墨中石油溶剂的侵害。

现开发出的醇溶型、水溶型胶黏剂，虽然稳定性不如溶剂型胶黏剂，黏合强度还有待加强，但其无毒无味，不易燃烧，对环境污染小，非常有利于环保。

用于覆膜的胶黏剂除了应具有一般胶黏剂的基本性能外，还必须满足覆膜的要求，以及适合覆膜工艺的性能。因此，用于覆膜的胶黏剂必须具有以下特点。

①无色透明，稳定性好。不影响印刷品图文色彩，不因光照和日久而返黄、变色，特别是透明度要高，不能因为胶黏剂的涂布而影响图文的清晰再现，不能使图像的色彩在覆膜后产生偏色。

②能在纸张、油墨层及表面形成良好的润湿和扩散，并对其具有良好的黏结性能和持久的黏合力。

③具有较好的耐油墨性。不易受印刷品油墨的影响而引起颜色的变化和黏合力的下降，覆膜产品长期放置不返黄、不起皱、不起泡、不脱层。

④有较好的抗增塑剂能力。不因塑料中析出增塑剂而影响黏合力。

⑤有较好的柔性和韧性。具有较高的耐折力，在使用过程中不致因折叠、磨损影响黏结力。

⑥溶剂无毒性或毒性小，并能耐高温、抗低温、耐酸碱，并适合于覆膜操作。

黏合剂性能对覆膜质量的影响，主要是指黏合剂内聚能、分子量和分子量分布以及黏合剂内应力、黏度值、表面张力等对黏合强度的影响。吸附理论认为，黏合剂主体材料的基团极性的大小和数量的多少与黏合剂的黏合强度成正比。但覆膜生产实践表明，此观点仅适用于高表面能被粘物的黏结。对于低表面能被粘物，黏合剂极性的增大往往会因其基团互相约束使链段的扩散能力减弱，导致黏合剂的润湿性能变差，而使黏合强度降低。因为覆膜生产中，塑料薄膜及印刷品不同，其表面能亦不相同，因此应选用不同的黏合剂。

一般情况下，黏合强度随分子量的增大而升高，升高到一定范围后逐渐趋向一稳定值。如果分子量过大，黏合剂的润湿性能下降，而使黏合强度严重降低；黏合剂的黏度对黏合剂的流动性、润湿性、涂布的均匀程度等都有很大影响，因此，在涂布、干燥、复合等过程中黏度的变化会影响到黏合强度；黏合剂的表面张力也是影响黏合剂润湿及渗透的一个重要因素。实际生产中，往往采用黏合强度高的黏合剂，并在其中加入少量表面活性剂，适当降低黏合剂的表面张力。

2．覆膜加工设备

覆膜设备有即涂型覆膜机和预涂型覆膜机两大类。即涂型覆膜机适用范围宽、加工性能稳定可靠，是广泛使用的覆膜设备。预涂型覆膜机，无上胶和干燥部分，体积小、造价低、操作灵活方便，不仅适用大批量印刷品的覆膜加工，而且适用自动化桌面办公系统等小批量、零散的印刷品覆膜加工。目前国内已生产出采用计算机控制的先进的预涂型覆膜机。

预涂型覆膜机具有广阔的应用前景和普及价值，是覆膜机的发展方向。但是，受预涂塑料覆膜等一些条件的限制，国内现在采用的仍很少。

（1）即涂覆膜设备。即涂型覆膜机是将卷筒塑料薄膜涂敷黏合剂后经干燥，由加压复合部分与印刷品复合在一起的专用设备。即涂型覆膜机有全自动机和半自动机两种。各类机型在结构、覆膜工艺方面都有独到之处，但其基本结构及工作原理是一致的，主要由放卷、上胶涂布、干燥、复合和收卷五个部分以及机械传动、张力自动控制、放卷自动调偏等附属装置组成，如图 2－23 所示。

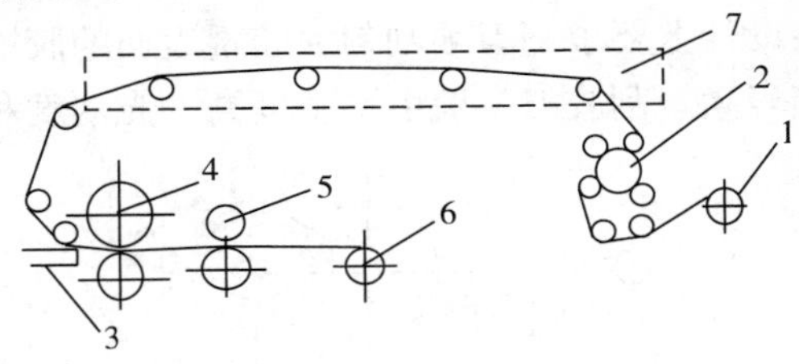

图 2－23　即涂型覆膜机结构简图

1－塑料薄膜放卷部分；2－涂布部分；3－印刷品输入台；4－热压复合部分；5－辅助层压部分；6－印刷品复卷部分；7－干燥通道

①放卷部分。塑料薄膜的放卷作业要求薄膜始终保持恒定的张力。张力太大，易产生纵向皱褶，反之易产生横向皱褶，均不利于黏合剂的涂布及同印刷品的复合。为保持合适的张力，放卷部分一般设有张力控制装置，常见的有机械摩擦盘式离合器、交流力矩电机、磁粉离合器等。

②上胶涂布部分。薄膜放卷后经过涂辊进入上胶部分。涂布形式有：滚筒逆转式涂胶、凹式涂胶、无刮刀直接涂胶以及有刮刀直接涂胶等。

a. 滚筒逆转式涂胶。属间接涂胶，是各机型采用最多的一种。结构原理如图 2－24 所示。供胶辊从贮胶槽中带出胶液，刮胶辊、刮胶板可将多余胶液重新刮回贮胶槽。薄膜反压辊将待涂薄膜压向经匀胶后的涂胶辊表面，并保持一定的接触面积，在压力和黏合力作用下胶液不断地涂敷在薄膜表面。涂胶量可通过调节刮胶辊与涂胶辊、刮胶辊与刮胶板之间的距离来改变。

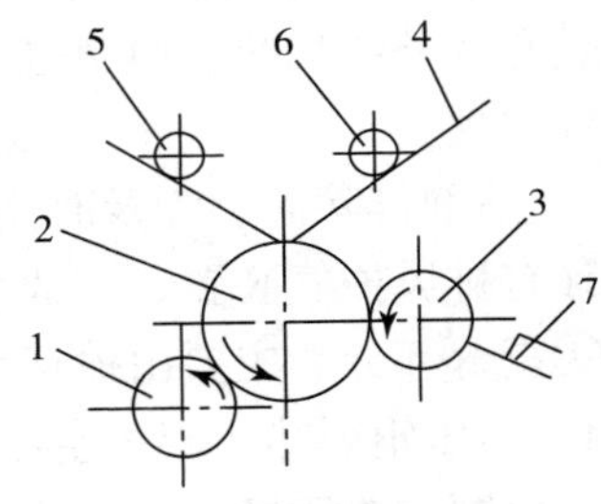

图 2－24　滚筒逆转式涂胶示意图

1－供料辊；2－涂胶辊；3－刮胶辊；4－塑料薄膜；5, 6－反压辊；7－刮胶板

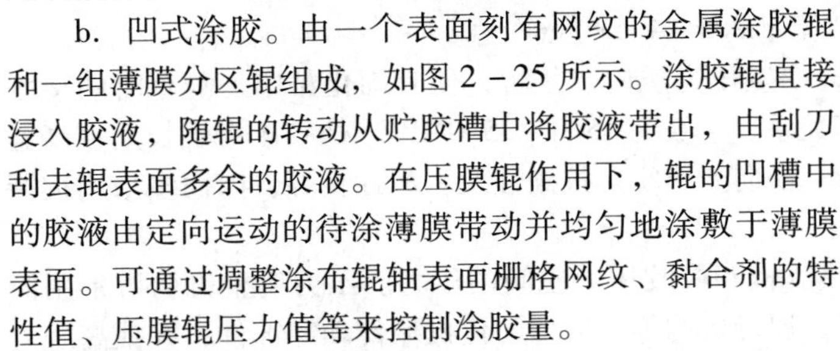

b. 凹式涂胶。由一个表面刻有网纹的金属涂胶辊和一组薄膜分区辊组成，如图 2－25 所示。涂胶辊直接浸入胶液，随辊的转动从贮胶槽中将胶液带出，由刮刀刮去辊表面多余的胶液。在压膜辊作用下，辊的凹槽中的胶液由定向运动的待涂薄膜带动并均匀地涂敷于薄膜表面。可通过调整涂布辊轴表面栅格网纹、黏合剂的特性值、压膜辊压力值等来控制涂胶量。

凹式涂胶的优点是能够较准确地控制涂胶量，涂布均匀；但是网纹辊加工困难、易损坏，需要经常清洗，另外涂布时对黏合剂要求较高。

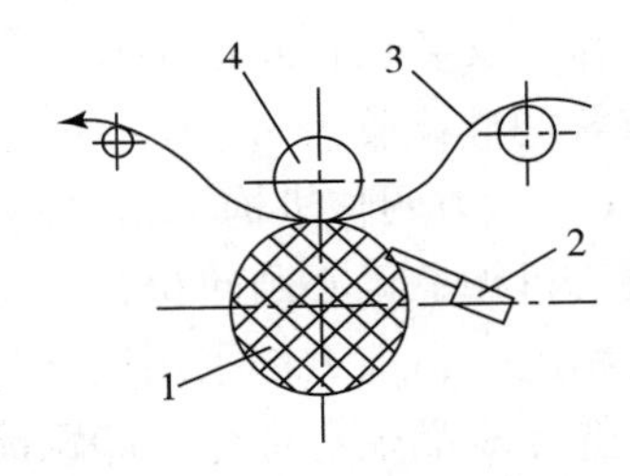

图 2－25　凹式涂胶示意图

1－网纹涂胶辊；2－刮胶刀；3－塑料薄膜；4－反压辊

c. 无刮刀挤压式涂胶。涂胶辊直接浸入胶液，涂布时，涂胶辊带出胶液经匀胶辊匀胶后，靠压膜辊与涂胶辊间的挤压力完成涂胶，如图 2－26 所示。挤压时，压力、黏合剂性能指标及涂布车速等决定胶层厚度。涂胶量通过调节涂胶辊与匀胶辊、涂胶辊与压膜辊之间的挤压力实现。因此，对各辊表面精度、圆柱度及径向跳动公差等都有较高的要求。

d. 有刮刀直接涂胶。涂胶辊直接浸入胶液，并不断转动，从胶槽中带动胶液，经刮刀除去多余胶液后，同薄膜表面接触完成涂胶。如图 2－27 所示。有刮刀直接涂胶方式，在设计上要求刮刀须刮匀涂胶辊表面的胶液，即要求刮胶刀刃口直线度、涂胶辊表面精度相当高。刮胶刀一般由平整度高、光洁度和弹性好的不锈钢带制成。

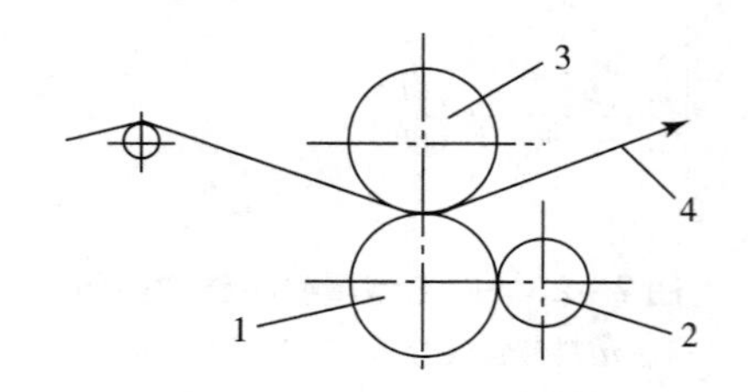

图 2－26　无刮刀挤压式涂胶示意图

1－涂胶辊；2－匀胶辊；3－压膜辊；4－塑料薄膜

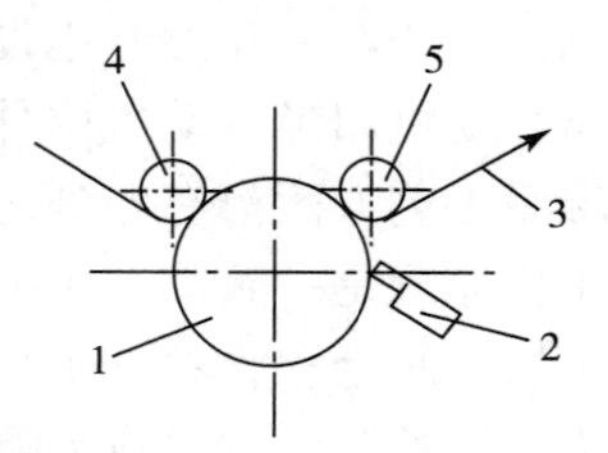

图 2－27　有刮刀直接涂胶示意图

1－涂胶辊；2－刮胶刀；3－塑料薄膜；4, 5－反压辊

③干燥部分。涂敷在塑料薄膜表面的黏合剂涂层中含有大量溶剂，有一定的流动性，复合前必须通过干燥处理。干燥部分多采用隧道式，依机型不同干燥道长度在 1.5～5.5m 之间。根据溶剂挥发机理，干燥道设计成三个区。

a. 蒸发区。该区应尽可能在薄膜表面形成紊流风，以利溶剂挥发。

b. 熟化区。根据薄膜、黏合剂性质设定自动温度控制区，一般控制在 50～80℃，加热方式有红外线加热、电热管直接辐射加热等，自动平衡温度控制由安装在熟化区的热敏感元件实现。

c. 溶剂排除区。为及时排除黏合剂干燥中挥发出的溶剂，减少干燥道中蒸汽压，该区设计有排风抽气装置，一般为风扇或引风机等。

④复合部分。主要由镀铬热压辊、橡胶压力辊及压力调整机械等组成。

a. 热压辊。热压辊为空心辊，内装电热装置，滚筒温度通过传感器和操作台的仪器仪表来控制。热压辊的表面状态和热功率密度对覆膜产品质量有很大影响。一般覆膜工艺要求热压温度为 60～80℃，面积热流量 2.5～4.5W/cm^2。

b. 橡胶压力辊。将被覆产品以一定压力压向热压辊，使其固化粘牢。复合时的接触压力对黏合强度及外观质量有密切关系，一般为 15.0～25.0MPa。橡胶压力辊长期在高温下工作，又要保持辊面平整、光滑、横向变形小，抗撕性及剥离性良好，因而多采用抗撕性较好的硅橡胶。

c. 压力调整机构。用以调节热压辊和橡胶压力辊间的压力。压力调整机构可采用简单偏心机构、偏心凸轮机构、丝杆、螺母机构等；但为简化机械传动零部件，并提高压力控制精度，目前大都采用液（气）压式压力调整机构。

⑤印刷品输送部分。印刷品的输送有手工输送和全自动输送两种方式。全自动输送方式又分为气动与摩擦两种类型。气动式是在印刷品前端或尾部装上一排吸嘴，依靠吸嘴的“吸”“放”和移动来分离、递送印刷品。摩擦式输送主要靠摩擦头往复移动或固定转动与印刷品产生摩擦，将印刷品由贮纸台分离出来，并向前输送；摩擦轮作间歇单向转动，每转动一次分离一张印刷品。

⑥收卷部分。覆膜机多采用自动收卷机构，收卷轴可自动将复合后的产品收成卷状。为保证收卷松紧一致，收卷轴与复合线速度必须同步，收卷时张力要保持恒定。随着收卷

直径的增大，其线速度又必须与复合的线速度继续同步，一般机器采用摩擦阻尼改变收卷轴的角速度值达到上述要求。为提高工作效率，有些覆膜机还在收卷部分配有快速卸卷及成品分切装置。

（2）预涂覆膜设备。预涂型覆膜机是将印刷品同预涂塑料复合到一起的专用设备。同即涂型覆膜机相比，其最大特点是没有上胶涂布、干燥部分，因此该类覆膜机结构紧凑、体积小、造价低、操作简便、产品质量稳定性好。

预涂型覆膜机由预涂塑料薄膜放卷、印刷品自动输送、热压区复合、自动收卷四个主要部分，以及机械传动、预涂塑料薄膜展平、纵横向分切、计算机控制系统等辅助装置组成。

①印刷品输送部分。自动输送机构能够保证印刷品在传输中不发生重叠并等距地进入复合部分，一般采用气动或摩擦方式实现控制，输送准确、精度高，在复合幅面小的印刷品时，同样可以满足上述要求。

②复合部分。包括复合辊组和压光辊组（如图 2－28 所示）。复合辊组由加热压力辊、硅胶压力辊组成。热压力辊是空心辊，内部装有加热装置，表面镀有硬铬，并经抛光、精磨处理。热压辊温度由传感器跟踪采样、计算机随时校正；复合压力的调整采用偏心凸轮机构，压力可无级调节，原理简图如图 2－29 所示。

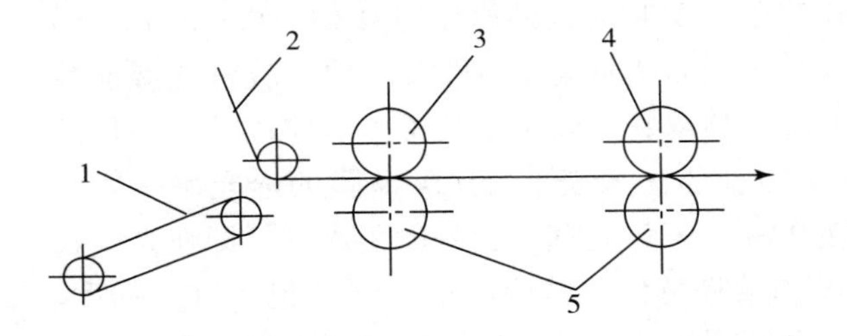

图 2－28　预涂型覆膜机复合部分机构

1－自动输纸部分；2－预涂薄膜；
3－热压力辊；4－压力辊；5－硅胶压力辊

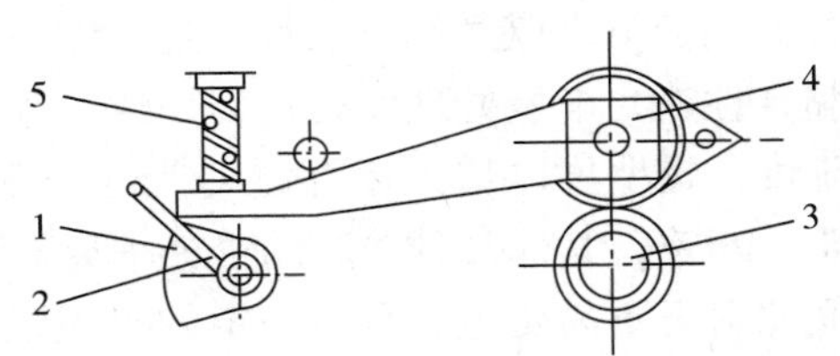

图 2－29　复合压力调整机构图

1－离合凸轮；2－手柄；3－硅胶辊；
4－热压辊；5－压簧

压光辊组与复合辊组基本相同，即由镀铬压力辊同硅胶压力辊组成，但无加热装置。压光辊组的主要作用是：预涂塑料薄膜同印刷品经复合辊组复合后，表面光亮度还不高，再经压光辊组二次挤压，表面光亮度及黏合强度大为提高。

③传动系统。传动系统是由计算机控制的大功率步进电机驱动，经过一级齿轮减速后，通过三级链传动，带动进纸机构的运动和复合部分及压光机构的硅胶压力辊的转动。压力辊组在无级调节的压力作用下保持合适的工作压力。

④计算机控制系统。计算机控制系统采用微处理机，硬件配置由主机板、数码按键板、光隔离板、电源板、步进电机功率驱动板等组成。

3．覆膜加工工艺

即涂覆膜的工艺流程为：工艺准备→安装塑料薄膜滚筒→涂布黏合剂→烘干→设定工艺参数（烘道温度和热压温度、压力、速度）→试覆膜→抽样检测→正式覆膜→复卷或定型分割。即涂覆膜工艺流程图如图 2－30 所示。

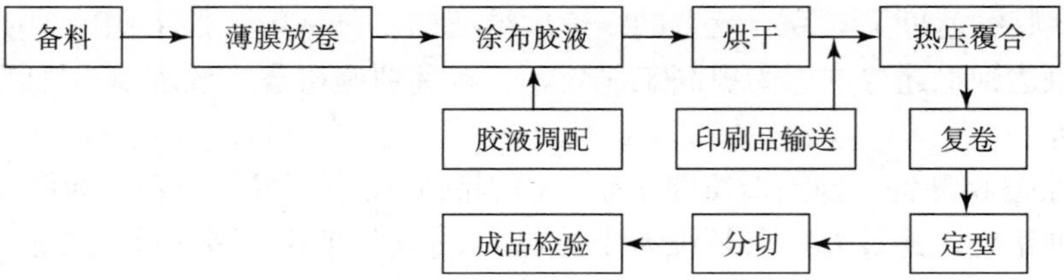

备料 → 薄膜放卷 → 涂布胶液 → 烘干 → 热压覆合

胶液调配　印刷品输送　复卷

成品检验 ← 分切 ← 定型

图2-30　即涂覆膜工艺流程图

（1）工艺准备工作。准备工作是否充分，对保证覆膜生产的正常进行，提高生产效率和产品质量有很大影响。覆膜生产的准备工作一般应包括：待覆印刷品的检查、塑料薄膜的选用以及黏合剂的配制等。

①待覆印刷品的检查。对待覆膜印刷品的检查，有别于对普通印刷品的质量检查。主要应针对覆膜影响较大的项目，如表面是否有喷粉、墨迹是否充分干燥、印刷品是否平整等，一旦发现问题，应及时采取处理措施。

②塑料薄膜的选用。塑料薄膜的选用包括塑料薄膜的选定及质量检查和分切卷料。覆膜材料是否恰当是关系产品质量的一个重要因素。

覆膜工艺对塑料薄膜的质量要求是：厚度直接影响薄膜的透光度、折光度、薄膜牢度和机械强度等，根据薄膜本身的性能和使用目的，覆膜薄膜的厚度以0.01~0.02mm之间为宜。须经电晕或其他方法处理过，处理面的表面张力应达到4Pa，以便有较好的湿润性和黏合性能，电晕处理面要均匀一致。透明度越高越好，以保证被覆盖的印刷品有最佳的清晰度。透明度以透光率即透射光与投射光的百分比来表示。PET薄膜的透光率一般为88%~90%，其他几种薄膜的透光率通常在92%~93%之间。良好的耐光性，即在光线长时间照射下不易变色。具备一定的机械强度和柔韧特性，薄膜的机械强度包括抗张强度、断裂延伸率、弹性模量、冲击强度和耐折次数等项技术指标。几何尺寸要稳定，常用吸湿膨胀系数、热膨胀系数、热变形温度等指标来表示。覆膜薄膜要与溶剂、黏合剂、油墨等接触，须有一定的化学稳定性。外观膜面应平整、无凹凸不平及皱纹，还要求薄膜无气泡、缩孔、针孔及麻点等，膜面无灰尘、杂质、油脂等污染。厚薄均匀，纵、横向厚度偏差小；因覆膜机调节能力有限，还要求复卷整齐，两端松紧一致，以保证涂胶均匀。当然，成本要低。

塑料薄膜的质量检查方法，除上述表面处理等几项外，大都可以用手感或目测来解决。宽幅薄膜卷料还须按所要求的宽度分切成窄幅卷料才能用于覆膜，分切后的窄幅卷料要求边缘平齐、两端子齐、卷曲张力一致。

③黏合剂的配制。国内使用的黏合剂品种较多，主要有聚氨酯类、橡胶类以及热塑高分子树脂等。其中以热塑性高分子类黏合剂使用效果最好。

溶剂型黏合剂应用较广泛，常用的溶剂有酯类（如醋酸乙酯）、醇类、苯类（如甲苯）。溶剂型黏合剂有单组分和双组分之分。单组分黏合剂使用方便，成本较低，虽黏结强度略低于双组分黏合剂，但可以采取其他工艺措施加以弥补，使用较普遍。双组分黏合剂虽黏结强度较高，但成本高，使用较麻烦。

各种黏合剂应符合以下要求：色泽浅、透明度高；无沉淀杂质；使用时分散性能好，易流动，干燥性好；溶剂无毒性或毒性小；黏附性能持久良好，对油墨、纸张、塑料薄膜均有良好的亲附性；覆膜产品长期放置不泛黄、不起皱、不起泡和不脱层；并要求黏合剂具有耐高温、抗低温、耐酸碱以及操作简便、价格便宜等特点。

单组分黏合剂可直接使用。双组分或多组分黏合剂，一经混合后即进行反应，而且黏合剂的黏合力随贮存时间的增加会因表面老化而下降，所以，配制好的黏合剂不宜长时间贮存，应当天用完。覆膜质量的好坏与黏合剂的配制质量优劣有很大关系，配制时要细心谨慎。

（2）安装塑料薄膜卷筒。将选定的薄膜按印刷品的幅面切割成适当宽度后，安装在覆膜机的出卷装置上，并将塑料薄膜穿至涂布机构上。要求薄膜平整无皱，张力均匀适中。如覆膜印刷品要做成纸盒，则须考虑留出接口空隙，否则粘接不牢。

（3）涂布黏合剂。首先，黏合剂的黏稠度应视纸质好坏、墨层厚薄、烘道温度及烘道长短、机器转动速度等因素而定。当墨层厚、烘道温度低、烘道短、机速快时，黏合剂的黏度应适当增大，反之则相反。其次应掌握涂布胶层的厚度，使之达到均匀一致。涂层厚度应视纸质好坏及油墨层厚薄而定：表面平滑的铜版纸，涂布量一般为 3 ~ 5g/m^2（厚约 5μm）；表面粗糙、吸墨量大的胶版纸、白板纸，涂布量为 7 ~ 8g/m^2（厚约 8μm）。当然，墨层厚，涂布量应稍大，反之则相反。但涂层过厚，易起泡、起皱，反之则覆膜不牢。

（4）烘干。其目的是去除黏合剂中的溶剂，保留黏合剂的固体含量。烘道温度应掌握在 40 ~ 60℃之间，主要由过塑黏合剂中溶剂的挥发性快慢来确定。胶层的干燥度一般控制在 90% ~ 95%，此时黏结力大，纸塑复合最牢。涂层不平或过干，会使黏结力下降，造成覆膜起泡、脱层。

（5）调整热压温度和辊之间的压力。

①热压温度。根据印刷品墨层厚度、纸质好坏、气候变化等情况来调整，一般应控制在 60 ~ 80℃。温度过高会超过薄膜承受范围，薄膜等受高热而变形，极易使产品曲卷、起泡、皱褶等，且橡胶辊表面易烫损变形；温度过低，覆膜不牢，易脱层。一般铜版纸的热压温度较低，胶版纸、白板纸及墨层厚的印刷品的热压温度偏高。

②辊间压力。应视不同纸质及纸张厚度正确调整。压力过大，纸面稍有不平整或薄膜张力不完全一致时，会产生压皱或条纹的现象；压力长期过大，会导致橡胶辊变形，辊的轴承也会因受力过大而磨损。压力过高或不均匀，则会造成覆膜不牢、脱层现象。一般覆膜表面光滑、平整、结实的印刷品，压力为 19 ~ 20MPa；覆膜粗糙松软的印刷品，压力为 22 ~ 23MPa。

（6）机速的控制。机速越快，热压时间也就越短，因此温度可调高些，压力可加大些，黏合剂的黏度应大些；反之亦然。机速一般控制在 6 ~ 10m/min 为宜，机速过快或过慢都会影响覆膜质量。

（7）试样检测。试覆膜后抽出样张，按照产品标准，对抽样产品进行关键性能检测，要求达到表面光亮、平滑，以及无褶皱、气泡、脱层等。

（8）定型分割。覆膜后的产品如果是白板纸印刷品，应立即分割，膜面朝上放置。如果是铜版纸、胶版纸印刷品，应先复卷并放置 24h 后，才能分割，这样既可提高黏结度，又可防止单张纸卷曲。

预涂覆膜工艺比较简单，只需将印刷品与预涂塑料薄膜进行热压即可，相对即涂覆膜工艺流程，它省却了涂布胶液和胶液烘干的步骤，其他工艺基本一致。

4．覆膜质量及控制

（1）印刷对覆膜质量的影响。覆膜效果，不仅同覆膜原材料、覆膜操作工艺方法有关，更重要的，还同被粘印刷品的墨层状况有关。印刷品的墨层状况主要由纸张的性质、油墨性能、墨层厚度、图文面积以及印刷图文积分密度等决定，这些因素影响黏合机械结合力、物理化学结合力等形成条件，从而引起印刷品表面黏合性能的改变。

①印刷品墨层厚度。墨层厚实的实地印刷品，往往很难与塑料薄膜黏合，不久便会脱层、起泡。这是因为，厚实的墨层改变了纸张多孔隙的表面特性，使纸张纤维毛细孔封闭，严重阻碍了黏合剂的渗透和扩散。黏合剂在一定程度内的渗透，对覆膜黏合是有利的。

另外，印刷品表面墨层及墨层面积不同，则黏合润湿性能也不同。实验证明，随着墨层厚度的增加或图文面积的增大，表面张力值明显降低。故不论是单色印刷还是叠色印刷，都应力求控制墨层在较薄的程度上。

印刷墨层的厚度还与印刷方式有直接关系，印刷方式不同，其墨层厚度也不同。如平印的印刷品的墨层厚度为1～2μm，凸印时为2～5μm，凹印时可达10μm。从覆膜的角度看，平印的印刷品是理想的，其墨层很薄。

②印刷油墨的种类。需覆膜的印刷品应采用快固着亮光胶印油墨，该油墨的连结料是由合成树脂、干性植物油、高沸点煤油及少量胶质构成。合成树脂分子中含有极性基团，极性基团易于同黏合剂分子中的极性基团相互扩散和渗透，并产生交联，形成物理化学结合力，从而有利于覆膜；快固着亮光胶印油墨还具有印刷后墨层快速干燥结膜的优势，对覆膜也十分有利。但使用时不宜过多加放催干剂，否则，墨层表面会产生晶化，反而影响覆膜效果。

③油墨冲淡剂的使用。油墨冲淡剂是能使油墨颜色变淡的一类物质，常用的油墨冲淡剂有白墨、维利油和亮光油等。

白墨属油墨类，由白墨颜料、连结料及辅料构成，常用于浅色实地印刷、专色印刷及商标图案印刷。劣质白墨有明显的粉质颗粒，与连结料结合不紧，印刷后连结料会很快渗入纸张，而颜料则浮于纸面对黏合形成阻碍，这就是某些淡色实地印刷品常常不易覆膜的原因。印刷前应慎重选择白墨，尽量选用均匀细腻、无明显颗粒的白墨作为冲淡剂。

维利油是氢氧化铝和干性植物油连结料分散轧制而成的浆状透明体，可用以增加印刷品表面的光泽，印刷性能优良。但氢氧化铝质轻，印刷后会浮在墨层表面，覆膜时使黏合剂与墨层之间形成不易察觉的隔离层，导致黏合不上或起泡。其本身干燥慢，还具有抑制油墨干燥的特性，这一点也难以适应覆膜。

亮光油是一种从内到外快速干燥型冲淡剂，是由树脂、干性植物油、催干剂等混合炼制而成的胶状透明物质，质地细腻、结膜光亮，具有良好的亲和作用，能将聚丙烯薄膜牢固地吸附于油墨层表面。同时，亮光油可以使印迹富有光泽和干燥速度加快，印刷性能良好。因此，它是理想的油墨冲淡剂。

④喷粉的加放。为适应多色高速印刷，胶印中常采用喷粉工艺来解决背面蹭脏之弊。喷粉大都是谷类淀粉及天然的悬浮型物质组成，喷粉的防粘作用主要是在油墨层表面形成一层不可逆的垫子，从而减少粘连。因颗粒较粗，若印刷过程中喷粉过多，这些颗粒浮在印刷品表面，覆膜时黏合剂不是每处都与墨层黏合，而是与这层喷粉黏合，从而造成假粘

现象，严重影响了覆膜质量。因此，若印后产品需进行覆膜加工，则印刷时应尽量控制喷粉用量。

⑤印刷品表面里层干燥状况。印刷品墨层干燥不良对覆膜质量有极大影响。影响墨层干燥的因素，除了有油墨的种类、印刷过程中催干剂的用量与类型及印刷、存放间的环境温湿度外，纸张本身的结构也相当重要。如铜版纸与胶版纸其结构不同，则墨层的干燥状况亦有区别。

无论是铜版纸还是胶版纸，在墨迹未完全彻底干燥时覆膜，对覆膜质量的影响都是不利的。油墨中所含的高沸点溶剂极易使塑料薄膜膨胀和伸长，而塑料薄膜膨胀和伸长是覆膜后产品起泡、脱层的最主要原因。

⑥燥油的加放量。油墨中加入燥油，可以加速印迹的干燥，但燥油加放量过大，易使墨层表面结成光滑油亮的低界面层，黏合剂难以润湿和渗透，影响覆膜的牢度，因此要控制燥油的加放量，一般在2%左右。

⑦金、银墨印刷品。金、银墨是用金属粉末与连结料调配而成的，这些金属粉末在连结料中分布的均匀性和固着力极差，墨层干燥过程中很容易分离出来，从而使墨层和黏合剂层之间形成了一道屏障，影响了两个界面的有效结合，易引起起皱、起泡等现象，因此，应避免在金、银墨印刷品表面进行覆膜。

（2）覆膜工艺参数对覆膜质量的影响。

①温度对覆膜质量的影响。在热压复合下，黏结层处于熔融状态，分子运动加剧，提高了反应分子的活化能，参加成键的分子数量增加，使塑料薄膜、印刷品、黏合剂层界面间达到最大黏合力，因此复合温度的提高有助于黏合强度的增加，但控制范围必须合理。热压温度根据印刷品墨层厚度、纸质好坏、气候变化、机型、压力、机速和黏合剂等情况来调整，一般控制在60～80℃。若温度过高，会超出薄膜承受范围，薄膜等受高热而变形，极易使产品皱折、卷曲及局部起泡。

②复合压力对覆膜质量的影响。复合压力是使印刷品与塑料薄膜牢固黏合的外部力量。压力大些，有助于提高薄膜和印刷品的黏合强度，但压力过大，易使薄膜变形、皱折；压力过小，则黏合不牢。合理压力的确定应以覆膜后印刷品与塑料薄膜黏合牢固且表面光滑、平整为准。压力不当，不仅损坏产品，还会磨损设备。当压力过大时，若纸面、膜面不平整，或薄膜张力不完全一致时，会产生压皱或条纹现象，尤其是在拖梢部位；压力长期过大，会导致橡胶辊变形。轴两端的轴承因受力过大而磨损。实际生产中，要根据复合件的特性以及其他工艺因素条件具体调节辊压力。一般覆膜表面光滑、平整、结实的印刷品压力为19～20MPa；覆膜粗糙松软的印刷品，压力可大些，一般为22～23MPa。

（3）操作环境湿度对覆膜质量的影响。覆膜车间的环境相对湿度对覆膜质量有影响，主要是因为黏合剂与塑料薄膜及印刷品之间，随空气中相对湿度的变化而改变含水量。对湿度敏感的印刷品会因尺寸的变化而产生内应力。例如，印刷品纵向伸长率为0.5%，BOPP薄膜纵向热收缩率为4%，如果印刷品吸水量过大而伸长，与薄膜加热收缩之间造成内应力，会导致覆膜产品卷曲、起皱、黏合不牢。另外，在湿度较高的环境中，印刷品的平衡水分值也将改变，从空气介质中吸收的大量水分，在热压复合过程中将从表面释放出来，停滞于黏合界面，在局部形成非黏合现象。况且，印刷品平衡水分值（从空气介质中吸湿或向空气中放湿）多发生在印刷品的边缘，使其形成“荷叶边”或“紧边”，在热压复合中都不易与薄膜形成良好的黏合，因而产生皱褶，使生产不能顺利进行。

（4）覆膜工艺常见的故障。影响覆膜质量的因素较多，除纸张、墨层、薄膜、黏合剂等客观因素外，还受温度、压力速度、胶量等主观因素影响。覆膜工艺常见的故障有如下几种。

①黏合不良。因黏合剂选用不当、涂胶量设定不当、配比计量有误而引起的覆膜黏合不良故障，应重选黏合剂牌号和涂布量，并准确配比；若是印刷品表面状况不佳，如有喷粉、墨层太厚、墨迹未干等而造成黏合不良，则可用干布轻轻地擦去喷粉，或增加黏合剂涂布量、增大压力，或改用固体含量高的黏合剂，或升高烘道温度等办法解决；若是因黏合剂被印刷油墨或纸张吸收而造成涂布量不足，可考虑重新设定配方和涂布量。

②起泡。其原因若是印刷墨层未干透，则应先热压一遍再上胶，也可以推迟覆膜日期，使之干燥彻底；若是印刷墨层太厚，则可增加黏合剂涂布量，增大压力和复合温度；若是复合辊表面温度过高，则应采取冷风、关闭电热丝等措施。覆膜干燥温度过高，会引起黏合剂表面结皮而发生起泡现象，此时应适当降低干燥温度；由于薄膜有皱褶或松弛、薄膜不均匀或卷边而引起的起泡故障，可通过调整张力大小，或更换薄膜来解决；黏合剂浓度过高、黏度大或涂布不均匀、用量少，也易引起起泡现象，这时应利用稀释剂降低黏合剂浓度，或适当提高涂布量和均匀度。

③涂布不匀。塑料薄膜厚薄不均匀、复合压力太小、薄膜松弛、胶槽中部分黏合剂固化、胶辊发生溶胀或变形等都会引起涂布不匀；应调整牵引力、加大复合压力，或是更换薄膜、胶辊或黏合剂来解决该故障。

④纸张起皱。覆膜用的纸张一般是铜版纸、胶版纸和白板纸等，由于车间的温度湿度控制不当、覆膜温度偏高、滚筒压力不均匀、胶辊本身不平、胶辊上有污物、输纸歪斜和拉力过大等均可能引起纸张起皱的故障，只要采取相应的调整措施即可避免该故障的产生。

⑤皱膜。薄膜传送辊不平衡、薄膜两端松紧不一致或呈波浪边、胶层过厚或电热辊与橡胶辊两端不平、压力不一致、线速度不等都可能引起皱膜故障，应采取调整传送辊至平衡状态，更换薄膜、调整涂胶量并提高烘道温度、调节电热辊和橡胶辊的位置及工艺参数等措施。

⑥发翘。原因是印刷品过薄，张力不平衡、薄膜拉得太紧，复合压力过大或温度过高等；解决方法是尽量避免对薄纸进行覆膜加工；调整薄膜张力，使之达到平衡；适当减小复合压力，降低复合温度。

三、烫印工艺

借助一定压力，将金属箔或颜料箔烫印到纸类、塑料印刷品或其他承印物表面的工艺，称为烫印工艺，俗称烫箔、烫印。这是一种表面整饰加工工艺，目的是提高产品包装的装饰效果，提高产品的附加值，并更有效地进行防伪。其使用范围正在越来越广泛，形式越来越多样。烫印一直是印后加工的关键环节，我国包装产品大多采用这一工艺。

烫印工艺有多种分类方式，常见的分类方法主要有以下几种。根据烫印版是否加热，可分为热烫印和冷烫印两种；根据烫印材料的类型，可分为全息烫印和非全息烫印；根据烫印后的图文形状，可分为凹凸烫印和平面烫印；根据烫印材料在印刷面上是否需要套准，分为定位烫印和非定位烫印；根据烫印工位与印刷机是否连线，分为连线烫印和不连线烫印。

普通烫印是指借助压力，利用温度对烫印版加热，来实现非全息类箔材平面烫印的工艺。它也被称为热烫印，是最常见的烫印方式。普通烫印工艺有平压平烫印和圆压平烫印。由于圆压平烫印为线接触，具有烫印基材广泛、适于大面积烫印、烫印精度高等特点，应用比较广泛。而冷烫印是不用加热金属印版，而是利用涂布黏合剂来实现金属箔转移的方法。冷烫印工艺成本低，节省能源，生产效率高，是一种很有发展前途的新工艺。

常用的烫印工艺主要有普通烫印、冷烫印、凹凸烫印和全息烫印等方式。

1．普通烫印

(1) 烫印机的类型及特点。烫印机就是将烫印材料经过热压转印到印刷品上的机械设备。烫印设备按烫印方式分平压平、圆压平、圆压圆三种烫印机，平压平式较为常用；按自动化程度分手动、半自动、全自动三种；根据整机型式的不同，烫印机又有立式和卧式之分。

手动式（手续纸）平压平式烫印机的机身结构与手压式凸印机大同小异，无墨斗、墨辊装置，改装了电化铝箔上下卷辊。其特点是操作简便、烫印质量容易掌握，机器体积小，但机速受到一定的限制，每小时为 1000 ~ 2000 印。

自动平压平式烫印机的机身结构和装置，与手动手压平式烫印机基本相同，区别是输纸和收纸均由机械咬口速送。其特点是自动化程度高，劳动强度低，时速为 1200 ~ 2000 印。

圆压圆式烫印机的机身结构与一般回转式凸印机大同小异，不同的是去除了墨斗、墨辊装置，改装了电化铝箔前后收卷辊。由于烫印机与烫印部位为线接触，其压力大于平面接触的烫印方式，同时，因往复旋转，速度也可大于平压平的往复直线运动，一般时速可达 1500 ~ 2000 印。圆压圆式烫印机，烫印方式也为“线接触”的连续旋转运动。

手动及半自动机多用于交货期短、数量不太大的产品。精细高档且批量大的产品可采用高精度的卧式平压平自动机；立式自动烫印模切两用机可用于量大、调版较频繁的产品；圆压平自动机精度较好，但由于压力不是太大，因此，选用时要注意印刷品的要求。

(2) 烫印机的基本结构。以目前广泛采用的立式平压平烫印机为例，其主要组成部分有：

①机身机架。包括外型机身及输纸台、收纸台等。

②烫印装置。包括电热板、烫印版、压印版和底版。电热板固定在印版平台上，内装有大功率的迂回式电热丝；底版为厚度为 7mm 的铝板，用来粘贴烫印版；烫印版是深蓝色铜版或锌版，特点是传热性好，不易变形，耐压、耐磨；压印版通常为铝版或铁版。

③电化铝传送装置。由放卷轴、送卷辊和助送滚筒、电化铝收卷辊和进给机构组成。电化铝被装在放卷轴上，烫印后的电化铝在两根送卷辊之间通过，由凸轮、连杆、棘轮、棘爪所构成的送卷机构带动送卷辊间歇转动，以进给电化铝，进给的距离设定为所烫印图案的长度。烫印后电化铝卷在收卷辊上。

一般的烫印机基本上都具有上述结构。较先进的烫印机则除了具有上述共同部分外，还有一些特殊的装置和功能。如 P801 – TB 型手续纸平压烫印机，可以一次装上三组不同的电化铝，其中一组有间隔跳步功能，由集成电路控制跳步，荧光数码显示，使跳步精确，误差极小；压印板一开一合地摆动，即完成一次烫印行程。

（3）烫印工艺。普通烫印的箔材是电化铝。电化铝箔由基膜层、离型层、保护层、镀铝层和色层构成。基膜层通常为 PET 薄膜，厚度为 12 ~ 16μm，是支撑材料。色层为醇溶性染色树脂层，主要决定电化铝的颜色，由三聚氰胺醛类树脂、有机硅树脂等材料和染料组成，主要颜色有金、银、蓝、红、绿等。镀铝层使用纯度为 99.9% 的铝，在真空状态和高温（温度为 1400 ~ 1500℃）下进行气态喷涂而成。铝反射性好，可以使颜色呈现金属光泽。烫印时，胶黏层能保证在压力作用下铝层能黏结在被烫印材料上，其成分主要是甲基丙烯酸酯、硝酸纤维素、聚丙烯酸酯和虫胶等，要根据需要选择。

电化铝应满足以下基本技术要求：色泽均匀，无明显色差，亮度高；胶黏层涂布均匀、平滑，无明显条纹、氧化现象和砂眼；在烫印温度下可保持色泽和光亮度。电化铝材料的烫印，电化铝箔是一种在薄膜片基上真空蒸镀一层金属箔而制成的烫印材料。

第一层是基膜层，也称为片基层，它起支撑其他各层的作用，厚度为 12μm、16μm、18μm、20μm、25μm 的聚酯薄膜或涤纶等。

第二层是隔离层（脱离层），烫印时便于基膜与电化铝箔分离。

第三层是染色层（保护层）：提供多种颜色效果，同时保护铝层。

第四层是镀铝层：反射光线，呈现金属光泽，采用真空镀铝的方法。具体原理是将涂有色料的薄膜，置于真空连续镀铝机内的真空室内，在一定的真空度下，通过电阻加热，将铝丝熔化并连续蒸发到薄膜的色层上，便形成了镀铝层。

第五层是胶黏层，将镀铝层粘到纸张等承印物上。电化铝箔主要以金色和银色为多，具有华丽美观、色泽鲜艳、晶莹夺目、使用方便等特点，适于在纸张、塑料、皮革、涂布面料、有机玻璃、塑料等材料上进行烫印，是现代烫印最常用的一种材料。

电化铝烫印是利用热压转移的原理，将铝层转印到承印物表面。即在一定温度和压力作用下，热熔性的有机硅树脂脱落层和黏合剂受热熔化，有机硅树脂熔化后，其黏结力减小，铝层便与基膜剥离，热敏黏合剂将铝层黏结在烫印材料上，带有色料的铝层就呈现在烫印材料的表面。由此可知，电化铝烫印的要素主要为被烫物的烫印适性、电化铝材料性能以及烫印温度、烫印压力、烫印速度，操作过程中要重点对上述要素进行控制。

电化铝烫印的方法有压烫法和滚烫法两种。无论采用哪种方法，其操作工艺流程一般都包括：烫印前的准备工作→装版→垫版→烫印工艺参数的确定→试烫→签样→正式烫印。

①烫印前的准备工作。有准备烫料及烫印版两项任务。

a. 烫料的准备。包括电化铝型号的选择和按规格下料。型号不同，其性能和适烫的材料及范围也有所区别，如白纸与有墨层的印刷品、实地印刷品与网点印刷品、大字号与小字号等，对电化铝型号的选择就要有所区别。如当烫印面积较大时，要选择易于转移的电化铝；烫印细小文字或花纹，可以选择不易于转移的电化铝；烫印一般的图文，应选择通用型的电化铝等。

使用前，要根据所烫印的面积，将大卷的电化铝材分切成所需要的规格。分切时既要留有一定余地，又要避免浪费原材料，必须事先计算准确。

b. 烫印版的准备。烫印所用版材为铜版，其特点是传热性能好，耐压、耐磨、不变形。

当烫印数量较少时，也可以采用锌版。铜版、锌版要求使用1.5mm以上的厚版材，通过照相制版加工成凸版，图文腐蚀深度一般应达到0.5～0.6mm。加工时，要腐蚀得略深，图文与空白部分高低之差要尽可能拉大，这样在烫印时可以减少出现连片和糊版，以利于保证烫印质量。

②装版。将制好的铜或锌版固粘在机器上，并将规矩、压力调整到合适的位置。印版应粘贴、固定在机器底版上，底版通过电热板受热，并将热量传给印版进行烫印。印版的合理位置应该是电热板的中心，因中心位置受热均匀，当然还应该方便进行烫印操作。印版固定的方法是：把定量为130～180g/m^{2}的牛皮纸或白板纸裁成稍大于印版的面积，均匀地涂上牛皮胶或其他黏合剂，并把印版粘贴上，然后接通电源，使电热板加热到80～90℃，合上压印平板，使印版全面受压约15min，印版便平整地粘牢在底版上了。

③垫版。印版固定后，即可对局部不平处进行垫版调整，使各处压力均匀。平压平烫印机应先将压印平板校平，再在平板背面粘贴一张100g/m^{2}以上的铜版纸，并用复写纸碰压得出印样，根据印样轻重调整平板压力，直至印样清晰、压力均匀。可根据烫印情况在平板上粘贴一些软硬适中的衬垫。必须掌握衬垫厚度，以免造成印迹变形；同时要掌握衬垫的软硬性，以适应不同印刷品烫印的需要。使用衬垫的目的是使印刷品与印版版面具有良好的弹性接触，从而提高电化铝烫印的质量。

④烫印工艺参数的确定。正确地确定工艺参数，是获得理想的烫印效果的关键。烫印的工艺参数主要包括：烫印温度、烫印压力及烫印速度，理想的烫印效果是这三者的综合效果。

当一定的温度把电化铝胶层熔化之后，须借助于一定的压力才能实现烫印，同时，还要有适当的压印时间即烫印速度，才能使电化铝与印刷品等被烫物实现牢固黏合。

a. 温度的确定。烫印温度对烫印质量的影响十分明显。温度过低，电化铝的隔离层和胶黏层熔化不充分，会造成烫印不上或烫印不牢，使印迹不完整、发花。烫印温度一定不能低于电化铝的耐温范围，这个范围的下限是保证电化铝粘胶层熔化的温度。温度过高，则使热熔性膜层超范围熔化，致使印迹周围也附着电化铝而产生糊版，还会使电化铝染色层中的合成树脂和染料氧化聚合，致使电化铝印迹起泡或出现云雾状；高温还会导致电化铝镀铝层和染色层表面氧化，使烫印产品失去金属光泽，降低亮度。

确定最佳烫印温度所应考虑的因素，包括电化铝的型号及性能、烫印压力、烫印速度、烫印面积、烫印图文的结构、印刷品底色墨层的颜色、厚度、面积以及烫印车间的室温。烫印压力较小、机速快、印刷品底色墨层厚、车间室温低时，烫印温度要适当提高。烫印温度一般为70～180℃。最佳温度确定之后，应尽可能自始至终保持恒定，以保证同批产品的质量稳定。

当同一版面上有不同的图文结构时，选择同一烫印温度往往无法同时满足要求。这种情况有两种解决办法：一是在同样的温度下，选择两种不同型号的电化铝；二是在版面允许的条件下（如两图文间隔较大），可采用两块电热板，用两个调压变压器控制，以获得两种不同的温度，满足烫印的需要。

b. 压力的确定。施加压力的作用，一是保证电化铝能够黏附在承印物上，二是对电化铝烫印部位进行剪切。烫印工艺的本身就是利用温度和压力，将电化铝从基膜上迅速剥离下来而转粘到承印物上的过程。在整个烫印过程中存在着三个方面的力；一是电化铝从基膜层剥离时产生的剥离力；二是电化铝与承印物之间的黏结力；三是承印物（如印刷品墨层、白纸）表面的固着力。故烫印压力要比一般印刷的压力大。烫印压力过小，将无法使电化铝与承印物黏附，同时对烫印的边缘部位无法充分剪切，导致烫印不上或烫印部位印迹发花。若压力过大，衬垫和承印物的压缩变形增大，会产生糊版或印迹变粗。

设定烫印压力时，应综合考虑烫印温度、机速、电化铝本身的性质、被烫物的表面状况（如印刷品墨层厚薄、印刷时白墨的加放量、纸张的平滑度等）等影响因素。一般在烫印温度低、烫印速度快、被烫物的印刷品表面墨层厚以及纸张平滑度低的情况下，要增加烫印压力，反之则相反。

c. 烫印速度的确定。烫印速度决定了电化铝与承印物的接触时间，接触时间与烫印牢度在一定条件下是成正比的。烫印速度稍慢，可使电化铝与被承印物黏结牢固，有利于烫印。当机速增大，烫印速度太快，电化铝的热熔性膜和脱落层在瞬间尚未熔化或熔化不充分，就导致烫印不上或印迹发花。印刷速度必须与压力、温度相适应，过快、过慢都有弊病。

上述三个工艺参数确定的一般顺序是：以被烫物的特性和电化铝的适性为基础，以印版面积和烫印速度来确定温度和压力；温度和压力两者首先要确定最佳压力，使版面压力适中、分布均匀；在此基础上，最后确定最佳温度。从烫印效果来看，以较平的压力、较低的温度和稍慢的车速烫印是理想的。

⑤试烫、签样、正式烫印。烫印工艺参数确定之后，可进行印刷规矩的定位。烫印规矩也是依据印样来确定的。平压平烫印机是在压印平板上粘贴定位块，定位块必须采用较耐磨的金属材料，如铜块、铁块等，然后试烫数张，烫印质量达到规定要求，并经签样后，即可进行正式烫印。影响烫印质量的关键要素有烫印温度、烫印压力和烫印时间。这三个因素不是相互独立的，要综合判断和确定。

电化铝烫印质量与电热温度密切相关。温度过低会使胶黏层熔化不充分，导致无法烫印或烫印不牢；温度过高会使胶黏层过度熔化，导致糊版、发花和变色。一般情况，烫印温度应控制在 70 ~ 180℃。实际温度的确定要根据电化铝的型号和性能、烫印面积、烫印压力、烫印时间、承印材料的种类、印刷墨层的厚度等因素来综合考虑。

烫印压力比一般的印刷压力要大，它一要保证电化铝能够黏附在承印材料表面，二要对烫印部位的电化铝进行剪切。压力过小则电化铝无法和承印材料黏附，同时烫印边沿发花；压力过大则会造成糊版，并可能导致发生变形。一般应将压力控制在 2450 ~ 3430kPa（25 ~ 35kgf/cm^2）范围内。

烫印时间是指电化铝与承印材料的接触时间。在一般情况下，电化铝烫印时间与烫印牢度成正比。

（4）电化铝烫印常见故障及处理。在电化铝烫印操作中，经常会遇到一些烫印故障，如：烫印不上、烫印不牢、反拉、烫印字迹发毛、缺笔断画等。下面分析这些故障产生的原因以及提出相应的解决办法。

①烫印不上（或不牢）。烫印不上是电化铝烫印中最常见的故障之一。电化铝烫印不上或烫印不牢，首先要从烫印的印刷品底色墨层上找原因。被烫物的印刷品油墨中不允许加入含有石蜡的撤黏剂、亮光浆之类的添加剂。因为电化铝的热熔性黏合剂即便是在高温下施加较大的压力，也很难与这类添加剂中的石蜡黏合。调整油墨黏度最好加放防黏剂或

高沸点煤油，若必须增加光泽可用19#树脂代替亮光浆。

厚实而光滑的底色墨层会将纸张纤维的毛细孔封闭，阻碍电化铝与纸张的吸附，使电化铝附着力下降，从而导致电化铝烫印不上或烫印不牢。所以，在工艺设计时要为烫印电化铝创造条件，使烫印电化铝部位尽量少叠墨，特别要禁止三层墨叠印。对于深色大面积实地印刷品，印刷时可采取深墨薄印的办法，即配色时，墨色略深于样张，印刷时墨层薄而均匀，也可以采取薄墨印两次的办法，这样既可以达到所要求的色相，同时又满足了电化铝烫印的需要。

印刷时由于油墨干燥速度过快，在纸张表面会结成坚硬的膜，轻轻擦拭会掉下来，这种现象称为“晶化”。墨层表面晶化是印刷时燥油加放过量所致，尤其是红燥油，会在墨层表面形成一个光滑如镜面的墨层，无法使电化铝在其上黏附，从而造成烫印不上或不牢。故应避免使用红燥油或严格控制其用量。

科学合理地选用电化铝是增加烫印牢度、提高烫印质量的先决条件。每一型号的电化铝都与一定范围的被烫物质相适应，选用不当，无疑会直接影响烫印牢度。目前，被烫印的物质大致可以分为大面积烫印、实地、网纹、细小文字，花纹烫印等几个档次。在选用电化铝材料时，除了要参照电化铝的适用范围，同时要考虑上述被烫印物质的具体情况。

如前所述，只有当烫印温度、压力合适时，才能使电化铝热熔性膜层胶料起作用，从而很好地附着于印刷品等承印物表面。反之，压力低、温度不够必然会导致烫印不上或烫印不牢。

②反拉。反拉也是较常见的烫印故障。所谓反拉，是指在烫印后不是电化铝箔牢固地附着在印刷品底色墨层或白纸表面，而是部分或全部底色墨层被电化铝拉走。反拉与烫印不上从表面上看不易区分，往往被误认为烫印不上，但两者却是截然不同的故障，若将反拉判断为烫印不上或烫印不牢，盲目地提高烫印温度和压力，甚至更换黏附性更强的电化铝，则会适得其反，使反拉故障愈发严重。因此必须首先把反拉与烫印不上严格区分开来。区分的简单方法是：观察烫印后的电化铝基膜层，若其上留有底色墨层的痕迹，则可断定为反拉。

产生反拉故障的原因，一是印刷品底色墨层没有干透：二是在浅色墨层上过多地使用了白墨做冲淡剂。

烫印电化铝不同于一般的叠色印刷，它在烫印过程中存在剥离力，这种剥离力要比油墨印刷时产生的分离力大得多。印刷品上的油墨转印到纸面后，只有充分干燥才能在纸面上有较大的附着力，在墨层没有完全干透之前，电化铝烫印分离时的剥离力要远大于墨层的固着力，这样底色墨层便会被电化铝拉走。因此，电化铝烫印工艺要求印刷品表面的油墨层必须充分干透，以保证在其纸面上很好地固着。

操作中常会感到印刷品的深色墨层比淡色墨层容易烫印，这是因为，淡色墨多用白墨冲淡调配而成，由于白墨颜料易浮在表面产生粉化，常用手便可擦掉，这种状况是很难烫印的，电化铝不能被分离下来黏附于纸面，相反，粉化层会被电化铝带走。

预防反拉故障的根本措施，一是掌握印刷品印刷后到烫印电化铝的间隔时间，这就要求印刷时要控制好燥油的加放量，一般在0.5%左右。二是禁止印刷时单独用白墨做冲淡剂，由于白墨的冲淡效果不错，完全不使用是不可能的，折中的办法是将撤淡剂与白墨混合使用，但白墨的比例应控制在60%以下。

当然，在工艺允许的情况下，为避免反拉（包括烫印不上）故障的发生，最好在底色墨层的烫印部位在制版时就留出空白，使烫印电化铝不与墨层黏合，而与留出的空白黏合。

③烫印图文失真。烫印图文失真常表现为烫印字迹发毛、缺笔断画、光泽度差等。

烫印字迹发毛是因温度过低所致，应将电热板温度升高后再进行烫印。若调整后仍发毛，则多因压力不够，可再调整压印板压力或加厚衬垫。

字迹缺笔断画是电化铝过于张紧所致。电化铝的安装不可过松、过紧，应适当调整开卷滚筒压力和收卷滚筒的拉力。

烫印字迹、图案失去原有金属光泽或光泽度差，多为烫印温度太高所致。应将电热板温度适当降低，注意操作时尽量少打空车和减少操作过程中不必要的停车，因空车、停车均会增加电热板热量。停车时应将电热板开关断开。

电化铝安装松弛或揭纸方式不正确，也会产生字迹不清或糊版现象。同样应该适当调整开卷滚筒的压力及收卷滚筒的拉力；或者改变揭纸方式，如顺势缓缓揭取。

2. 冷烫印

冷烫印技术是近年来出现的新科技成果，它取消了传统烫印依靠热压转移电化铝箔的工艺，而采用一种冷压技术来转移电化箔。冷烫印技术可以解决许多传统工艺难以解决的工艺问题，不仅可节省能源，并避免了金属印版制作过程中对环境的污染。

传统烫印工艺使用的电化铝背面预涂有热熔胶，烫印时，依靠热滚筒的压力使黏合剂熔化而实现铝箔转移。而冷烫印所使用的电化铝是一种特种电化铝，其背面不涂胶。印刷时，胶黏剂直接涂在需要整饰的位置上，电化铝在胶黏剂作用下，转移到印刷品表面上。

冷烫印工艺过程是在印刷品需要烫印的位置先印上 UV 压敏型黏合剂，经 UV 干燥装置使黏合剂干燥，而后使用特种金属箔与压敏胶复合，于是金属箔上需要转印的部分就转印到了印刷品表面，实现冷烫印。

由于转移在印刷品上的铝箔图文浮在印刷品表面，牢固度很差，所以必须给予保护。在印刷品表面上光或覆膜，以保护铝箔图文。

与传统烫印工艺相比，冷烫印工艺具有烫印速度快、材料适用面广、成本低、生产周期短、消除了金属版制版过程的腐蚀污染等特点。但也存在一些缺点，如明亮度较差、冷烫印后需要上光或涂蜡，以保护烫印图文。

（1）冷烫印工艺。冷烫印技术是指利用 UV 胶黏剂将烫印箔转移到承印材料上的方法。冷烫印工艺又可分为干法冷烫印和湿法冷烫印两种。

①干覆膜式冷烫印。干覆膜式冷烫印工艺是对涂布的 UV 胶黏剂先固化再进行烫印。其工艺原理如图 2－31 所示。10 年前，当冷烫印技术刚刚问世时，采用的就是干覆膜式冷烫印工艺，其主要工艺步骤如下：在卷筒承印材料上印刷阳离子型 UV 胶黏剂；对 UV 胶黏剂进行固化；借助压力辊使冷烫印箔与承印材料复合在一起；将多余的烫印箔从承印材料上剥离下来，只在涂有胶黏剂

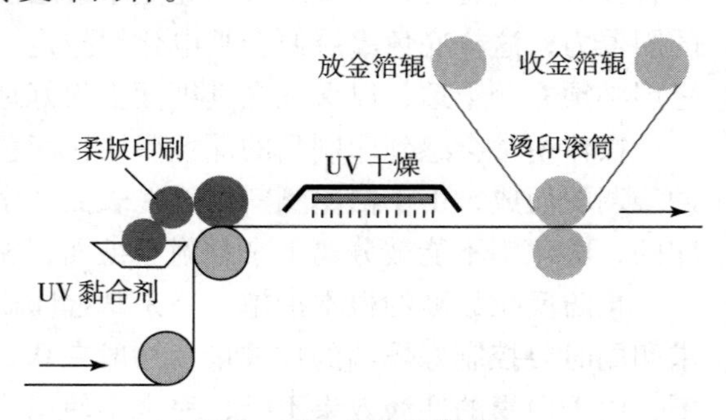

图 2－31　干法冷烫印

的部位留下所需的烫印图文。

值得注意的是，采用干法冷烫印工艺时，对 UV 胶黏剂的固化宜快速进行，但不能彻底固化，要保证其固化后仍具有一定的黏性，这样才能与烫印箔很好地黏结在一起。

②湿法冷烫印。湿法冷烫印工艺是在涂布了 UV 胶黏剂之后，先烫印然后再对 UV 胶黏剂进行固化，其工艺原理如图 2－32 所示。主要工艺步骤如下：在卷筒承印材料上印刷自由基型 UV 胶黏剂；在承印材料上复合冷烫印箔；对自由基型 UV 胶黏剂进行固化，由于胶黏剂此时夹在冷烫印箔和承印材料之间，UV 光线必须要透过烫印箔才能到达胶黏剂层；将烫印箔从承印材料上剥离，并在承印材料上形成烫印图文。

需要说明的是：湿法冷烫印工艺用自由基型 UV 胶黏剂替代传统的阳离子型 UV 胶黏剂；UV 胶黏剂的初黏力要强，固化后不能再有黏性；烫印箔的镀铝层应有一定的透光性，保证 UV 光线能够透过并引发 UV 胶黏剂的固化反应。

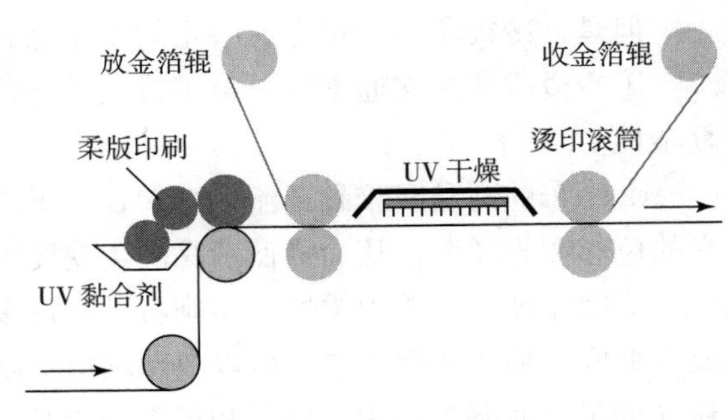

图 2－32　湿法冷烫印

湿法冷烫印工艺能够在印刷机上连线烫印金属箔或全息箔，其应用范围也越来越广。目前，许多窄幅纸盒和标签柔性版印刷机都已具备这种连线冷烫印能力。

（2）冷烫印注意事项。卷筒纸印刷机上最简单、最有效的烫印工艺是冷烫印。从根本上说，冷烫印其实就是专业的 UV 复合，配有 UV 固化灯箱和复合单元的柔版印刷机就能够完成冷烫印。此外还需要合适的压印辊，简单的印刷机复卷装置，UV 冷烫印黏合剂，冷烫箔辊。

具备上述条件，即可进行冷烫印工艺。

①选择合适的油墨。选择专用的复合用印刷油墨。比如，UVitec 公司针对此用途专门开发的 UV 油墨。一般的水性油墨含有蜡或硅酮，不适合用于复合。大多数 UV 油墨不含硅酮，比较适合冷烫印工艺。

②为 UV 湿复合做好准备。采用柔印机对冷烫箔进行湿复合。首先，将烫印图像涂布 UV 冷烫印黏合剂，然后由压印辊使冷烫箔压合，进入 UV 干燥箱完成固化，最后剥离冷烫箔排废。

③选择合适的网纹辊。冷烫印其实就是 UV 复合，所以必须确保选择合适的网纹辊。网纹辊每英寸的线数决定图像分辨率，由于冷烫箔工艺比常规的柔版印刷需要更多的涂料，所以要求尽量润湿标签材料和烫印箔，因此必须选择网穴容积大的网纹辊。4.25～5bcm 的网纹辊适用于薄膜材料的冷烫箔工艺，而对于纸张类标签材料则应选择 5.5～7bcm 的网纹辊。半高光纸需要预先打底，以确保没有针孔，达到最佳的黏合剂涂布量。

④选择合适的刮墨刀。能达到更好的柔印质量的工艺才能保证得到更好的冷烫效果。高密度贴版胶带可以实现最佳的实地效果，而采用中密度胶带则可以使网目调效果更好。较轻的压力能够令包装图像的边缘锐利和清晰。

（3）冷烫印优缺点。冷烫印技术的突出优点主要包括以下几方面：

①无须专门的烫印设备，而且，这些设备通常都比较昂贵。

②无须制作金属烫印版，可以使用普通的柔性版，不但制版速度快，周期短，还可降低烫印版的制作成本。

③烫印速度快，最高可达10000张/小时。

④无须加热装置，并能节省能源。

⑤采用一块感光树脂版即可同时完成网目调图像和实地色块的烫印，即可以将要烫印的网目调图像和实地色块制在同一块烫印版上。当然，跟网目调和实地色块制在同一块印版上印刷一样，两者的烫印效果和质量可能都会有一定的损失。

⑥烫印基材的适用范围广，在热敏材料、塑料薄膜、模内标签上也能进行烫印。

但是，冷烫印技术也存在一定的不足之处，主要包括以下两点：

①冷烫印的图文通常需要覆膜或上光进行二次加工保护，这就增加了烫印成本和工艺复杂性。

②涂布的高黏度胶黏剂流平性差，不平滑，使冷烫印箔表面产生漫反射，影响烫印图文的色彩和光泽度，从而降低产品的美观度。

冷烫印技术能够为柔性版印刷者带来许多优势，其中包括：设备初始投资更少，制版成本更低，烫印速度更快，可以在印刷机上联机完成，可以在不适合采用热烫印工艺的材料（如没有底基的薄膜、PET和塑料袋等）上进行烫印等。

在薄膜和非吸收性纸张材料上，冷烫印技术能够实现最佳的烫印效果，相反，在渗透性较强的多孔材料上进行冷烫印时，效果并不是太理想。但是，有时在亚光PSA材料上进行烫印，反馈结果也相当不错。还有一些通过在亚光纸张材料上打底漆和涂胶的方式，也能够获得较好的冷烫印效果。

目前，冷烫印技术已成为热烫印技术的强大竞争对手，而且冷烫印技术正从窄幅柔性版印刷领域向其他印刷工艺范围扩展，如宽幅柔性版印刷、凸版印刷、卷筒纸胶印及单张纸胶印等。

冷烫印技术为广大印刷企业提供了新的机遇。其最大的优势就是投资少，甚至根本无须投资。另一个突出优点就是性价比高，这也是冷烫印技术最大的卖点。另外，由于冷烫印技术无须制作昂贵的烫印版，因此非常适合于短版活、质量要求不高的标签及打样生产。但是，同热烫印技术相比，冷烫印技术在质量方面还存在着一定的缺陷，有待进一步提高，因此，冷烫印技术并不太适合于高质量包装和标签产品的加工。

（4）冷烫印和热烫印的选用。采用热烫印技术能够达到最佳的烫印质量和烫印效果，但是成本要更高一些。冷烫印的质量虽然也不错，但比热烫印要逊色一些，但成本更低一些。不论采用哪种烫印技术，对这两种烫印技术都应当予以关注，因为热烫印的价格正在不断地下调，而冷烫印的质量也在不断提高，两种烫印技术都处于不断的进步与发展之中。

印刷企业在决定是否投资冷烫印技术时，必须结合本企业的实际情况，了解本企业印刷机的情况，因为采用冷烫印工艺就意味着一个印刷单元要被冷烫印单元取代，而且还需要加装剥离装置，如果印刷机的色组数不够多，就可能会影响活件的正常印刷。

另外，还要判断活件是否适合采用冷烫印工艺。对图文进行仔细研究，判断其经过冷烫印之后能否获得预期的效果。印刷企业可以同UV胶黏剂供应商一起研究，对冷烫印进行试验，为客户提供更多的选择，提高为客户服务的能力。在现有的客户基础上，还可以提高企业自身的竞争实力以及为客户的产品创造消费需求的潜力。

3. 凹凸烫印

凹凸烫印目前有两种方法，一种是先烫印，后压凹凸。这种工艺要经过两道工序完成，需要一套烫印版和一套凹凸版，烫印图案面积较大（4cm^2 以上）时一般采用这种工艺，视觉效果强，立体感强，一般用于包装盒的主图案部分；不足之处是需要套准，由于平压平烫印机精度误差产生的废品较多，且两道工序会加大成本。另一种方法是凹凸烫印一次成型，是利用现代雕刻技术制作的一对上下配合的阴模和阳模，烫印和压凹凸工艺一次性完成的工艺方法，提高了生产效率。电雕刻制作的模具可以曲面过渡，达到一般腐蚀法制作的模具难以实现的立体浮雕效果。凹凸烫印的出现，使烫印与压凹凸工艺同时完成，减少了工序和因套印不准而产生的废品。但凹凸烫印也有其局限性，需要根据实际生产的工艺要求来决定。比如印刷品表面需要压光处理或者上 UV 光时，由于烫印的压力会破坏凹凸效果，且凹凸对铝箔有特殊要求，通常还是将烫印与压凹凸分开，即先烫印，后上光/压光，再压凹凸或压凹凸与模切一次完成。

由于立体烫印是烫印与凹凸压印技术的结合，形成的产品效果是呈浮雕状的立体图案，不能在其上再进行印刷，因此必须采用先印后烫的工艺过程，同时由于它的高精度和高质量要求，不太适合采用冷烫印技术，而比较适合用热烫印技术。立体烫印技术及特点立体烫印技术较普通烫印有很大区别，除了能形成浮雕状的立体图案外，在制版、温度控制和压力控制上都有所不同。

（1）制版。

①普通烫印版。高质量的烫印版是烫印质量的保证，普通烫印版的制作比较简单，主要采用照相腐蚀制版工艺和电子雕刻制版工艺。常用的版材是铜版或锌版。铜版由于质地细腻、表面光洁、传热性能好、耐磨耐压和不易变形，是目前主流的烫印版。采用优质的铜版可提高烫印图文的光泽和清晰度。而对一些烫印数量较少，质量要求不高的包装印刷品烫印时也可采用锌版。照相腐蚀制版是一种传统的制作方法，工艺简单、成本低、精度较低，主要适用于文字、粗线条和质量要求不高的图像。而电子雕刻制作的烫印版则能丰富细腻地表现图像层次，对精细线条和粗细不均匀的图文都能很好地再现，但是相对成本较高。

②立体烫印版。立体烫印版的制作原理与普通烫印版一样，但要比普通版复杂，因为其要形成立体浮雕图案，烫印版一般都是凹下的，而且具有深浅层次变化，深度也比普通烫印版深些，精度更高。目前国内主要采用的是紫铜版照相腐蚀法。这种方法的优点是成本低、工艺简单，但是它只适用于平面烫印，由于立体感差、使用寿命短、耐印力只有 10 万印左右，因此常用在一些对浮雕效果要求不高的包装产品上。目前国外已经普遍采用雕刻黄铜版，用扫描仪先将要烫印的图案进行扫描，将数据储存进电脑，然后通过电脑及软件的控制进行立体雕刻，形成有丰富层次立体图案的阴模凹版。由于是用电脑控制，可形成非常精细的图案，对细微部分的表现更为理想，耐印力可达 100 万印以上，因此非常适合用来制作要求质量高、印量大的立体烫印阴模凹版。

当然，由于需配备高档的电子雕刻机、扫描仪、电脑及软件、工程技术人员等，其制作成本要比照相腐蚀法高。而正是因为其制作复杂，技术难度大，可以较好地防止一些不法厂商的假冒行为，有一定的防伪功能。因此对一些高质量又要求有防伪功能的长版活，如烟包、酒包、保健品包装及贺卡等，很适合采用立体烫印。以前，这种烫印版都需要到国外加工，成本高，交货不及时，设计效果也难以令人满意。目前，国内已有少量厂商能加工这种烫印版，有效地降低了成本，尤其是加工厂商与设计人员直接交流，能正确理解设计意图，从而获得满意效果。

③底模凸版立体烫印。普通烫印的底版是平的，不需要特别制作，而立体烫印不同于普通烫印，其底版必须是与烫印版相对应的阳模凸版，即烫印版凹下的部位在底版上应是凸起的，而凸起的高度与烫印版凹下的深度是相对应的。制作底模凸版的方法与凹凸压印的阳模凸版制作方法是一样的，常用的材料有石膏和玻璃纤维。

若采用石膏则须在机器上完成制作，因此工艺较复杂，更换底版麻烦，但成本较低，现在国内较为常用。若用玻璃纤维则可以根据烫印版的模型预先制作，并配合加工的铜版制作定位孔，方便更换定位。底模凸版是为配合烫印凹版来形成立体浮雕图案的，其必须与烫印版精确对应。但是立体烫印不同于凹凸压印，凹凸压印多数不需要加热，而立体烫印则必须高温加热。在烫印时，随着温度升高，烫印版会发生膨胀，而底模凸版的温度却基本保持不变，这就会造成烫印版与底模凸版的不配套，造成压碎底模或无法烫印的现象。因此在制作底模凸版时要充分考虑烫印版的膨胀率，以制作出精确的底模凸版。

（2）立体烫印的工艺要求。

①电化铝箔。电化铝箔一般由 4 ~ 5 层不同材料组成，如基膜层（涤纶薄膜）、剥离层、着色层（银色电化铝没有着色层）、镀铝层、胶黏层。

各层的主要作用是：基膜层主要起支撑其他各层的作用。剥离层的作用是使电化铝箔层与基层分离，其决定了电化铝层的转移性。

着色层主要作用是显示电化铝的色彩和保护底层。常见的色彩有：金、银、棕红、浅蓝、黑色、大红和绿色等，其中金色和银色是最常用的两种。镀铝层的作用是呈现金属光泽。胶黏层的作用是起黏结烫印材料的作用。组成胶黏层的胶黏材料不同，其黏结性也不同。为适应不同烫印材料的不同表面性能，电化铝就会采用不同的黏结层，从而构成了不同型号的电化铝。烫印速度和质量主要受剥离层和胶黏层的影响，如果这些涂层对热的敏感度不够，则烫印速度会相应降低。

由于立体烫印形成的是浮雕图案，温度、速度和压力的控制与普通烫印都有差别，因此对烫印箔的要求与普通烫印也是有所差异，在选用烫印箔时应选用立体烫印专用的烫印箔，而不能将普通烫印箔用作立体烫印，否则会产生烫印质量不好或其他意想不到的现象。

②热烫印三大要素。温度、压力和速度是热烫印技术的三大要素，只有控制好三者之间的关系，才能控制好烫印质量，立体烫印也一样。由于立体烫印是一次完成烫印和凹凸压印，对温度的要求就更高，普通烫印温度只要 70 ~ 90℃，而立体烫印则在 150℃左右才能完成。若温度太低则可能出现电化铝胶黏层和剥离层不能充分熔化，烫印时电化铝箔不能完整转移，产生烫印不上或露底。而温度太高则会出现纸张变形过度，图文糊并，字迹不清，甚至出现电化铝变色的现象，同时还可能会由于温度过高而使烫印版膨胀过多，而不能精确与底模配合，产生烫印不良现象。因此温度的控制是三大要素之首。

烫印压力则是指烫印瞬间烫印版版面所受到的压力。在烫印过程中，熔化后的电化铝胶黏层是靠压力来完成电化铝转印的，因此压力的大小和均匀性就直接影响了烫印的质量。而立体烫印除了要求电化铝箔转移到印刷品表面外，还要用巨大的压力在烫印部位压出立体浮雕图案，因此压力要比普通烫印更大，这也就要求烫印箔的强度要更好，以能经受强大压力的挤压。当然这并不是说压力越大越好，必须要合适，压力的过大过小都不能得到精美的图案。压力过大可能会压破烫印箔，甚至压坏底模和待烫印刷品；而压力过小，则可能会产生烫印箔转移不完全或烫印不上，使压凹凸的立体感浮雕达不到质量要求。因此压力控制同样很关键。

烫印速度实际上就是烫印物与电化铝的接触时间，即电化铝的受热时间。烫印速度快，受热时间短，烫印温度下降快，造成温度过低，烫印牢度就会受影响；烫印速度慢，受热时间长，烫印温度下降慢，烫印牢度好，但若控制不好则会造成烫印温度过高的故障。因此合适的烫印速度也是获得高质量烫印效果的保证。

（3）立体烫印设备。立体烫印的设备通常有平压平和圆压圆两种，圆压平不适合用来立体烫印。平压平立体烫印设备以瑞士博斯特设备为代表，其正向高速、高精度、使用方便的方向发展，是立体烫印的主要机种。博斯特烫印机已达到7500张/时的烫印速度，精度可保持在0.1mm以内，是目前世界上最先进的烫印机之一。圆压圆烫印方法通常用于卷筒纸连线加工。由于圆压圆是线接触，可以完全避免在平压平烫印中可能存在的起泡现象，同时速度快，质量好。但是由于其烫印版和底模凸版都是圆的，加工难度大、成本高，圆形烫印版的传热效果也不是很理想，因此使用并不广泛，常在一些产量大、质量高的长版活，如烟包、酒包、保健品包装等上使用。烫印和凹凸压印技术都是传统的印后加工技术，是包装装潢中不可或缺的工序，现在两者结合在一起使用，不仅减少了生产工序，提高了生产效率，在商品包装的质量、装潢效果和防伪功能上有了更大的提高。

因此这种技术现在表现出了强劲的发展势头，随着各方面条件的成熟，它将会逐渐取代原先须由烫印和凹凸压印两个工序来形成立体金色（或彩色）图案的过程。立体烫印工艺将会成为印后包装装潢领域非常有前途的装潢技术。

目前，国内市场上大量使用的模切机和烫印机都是圆压平或平压平类型的。一般平压平设备的上机调整相对容易一些，而圆压平烫印机的烫印速度从理论上讲要快一些，圆压圆烫印机的烫印速度就更快了，因为烫印后的电化铝箔更容易剥离。

①采用圆压平烫印时，凸模的厚度应减小一些，凹凸模的凹凸深度也应减小一些，这样效果更好。

②对凹凸模板而言，上机调整的主要内容是使凹凸模板上的凹凸图案与印刷图案的位置保持一致。一般可先用一层薄胶皮代替凸模，待凹凸位置调整好后再上凸模，这样调整会更方便、省时。

③凹模一般用锁版专用螺丝或调整螺丝锁住，而凸模则用专用双面胶来固定。一般双面胶的黏性不够好，可采用在衬纸板上用单面胶粘贴凸模的做法，这样衬纸板背后还可以垫版，以便有针对性地调节部分凹凸图案的压凹凸深浅。

④国外有用千分卡尺调整压凹凸位置的专用工具。在凹模打入模板后，在模板或凹模的铝质底座上打出专用的调整孔。用专用千分卡尺调整，可以大大缩短调整时间。

⑤凹凸烫印版的上机问题比凹凸模板要多一些。除了调整深浅与位置外，还要考虑烫印中的糊版（连烫）、部分脱落（烫不上）及烫印不牢等问题。解决这些问题，除了靠调

节温度、压力外，烫印凹模边缘的隆起高度、烫印箔与印刷油墨的亲和性等也都对其有影响。

4. 全息烫印

随着高新技术和防伪技术的发展，一种主要用于有价证券和商品包装印刷的新技术——全息定位烫印技术已越来越引起人们的重视，它不但提供了商品包装装饰，而且具有很好的防伪效果，由于全息定位烫印是一项高新技术，它涉及全息烫印箔材料、烫印机械及定位装置等方面，因此要充分认识和掌握这些材料、设备的特点，才能更好的工作。

全息烫印是一种将烫印工艺与全息膜的防伪功能相结合的工艺技术。

激光全息图是根据激光干涉原理，利用空间频率编码的方法制作而成。由于激光全息图具有色彩夺目、层次分明、图像生动逼真、光学变换效果多变、信息及技术含量高等特点，因此，在20世纪80年代就开始用于防伪领域。全息烫印的机理是在烫印设备上，通过加热的烫印模头将全息烫印材料上的热熔胶层和分离层加热熔化，在一定的压力作用下，将烫印材料的信息层全息光栅条纹与PET基材分离，使铝箔信息层与承烫面黏合，融为一体，达到完美结合。

对于全息烫印，要求记录全息图的介质具有很高的分辨力，通常要能够达到3000 l/mm以上，并要求全息烫印箔的成像层能够保证高分辨力激光全息图的信息不损失，以保证烫印后的全息图仍具有很高的衍射效率。

常用的全息烫印主要有：连续全息标识烫印、独立全息标识烫印和全息定位烫印三种型式。

①连续全息标识烫印。由于全息标识在电化铝上呈有规律的连续排列，每次烫印时都是几个文字或图案作为一个整体烫印到最终产品上，对烫印精度无太高要求。连续全息标识烫印是普通激光全息烫印的换代产品。

②独立全息标识烫印。将电化铝上的全息标识制成一个个独立的商标图案，且在每个图案旁均有对位标记，这就对烫印设备的功能与精度提出了较高的要求，既要求设备带有定位识别系统，又要求定位烫印精度能达到±0.5mm以内。否则，生产厂商设计的高标准的商标图案将出现烫印不完全或偏位现象，以致达不到防伪效果及增加包装物附加价值的目的。

③全息定位烫印。在烫印设备上通过光电识别，将全息防伪烫印电化铝上特定部分的全息图准确烫印到待烫印材料的特定位置上。全息图定位烫技术难度很高，不仅要求印刷厂配备高性能、高精度的专门定位烫设备，还要求有高质量的专用定位烫印电化铝，生产工艺过程也要严格控制才能生产出合格的烟包产品。由于定位烫印标识具有很高的防伪性能，所以在钞票和重要证件等场合都有采用。

全息定位烫印技术要求最高、防伪力度最大，需要保证在较高的生产效率条件下，将全息图完整、准确地烫印在指定的位置上，定位精度已可达到不低于±0.25mm。

（1）全息定位烫印的主要技术方法。目前，全息烫印主要有三种类型，即普通版全息图无定位烫印、专用版全息图无定位烫印、专用版全息图定位烫印。在这三种类型中，普通版全息图无定位烫印和专用版全息图无定位烫印的防伪效果还不太理想，所以只应用于对防伪要求并不太高的商品包装上，而专用版全息图定位烫印具有较好的防伪效果，因此近年来被广泛应用于钞票及有价证券以及高档烟、酒及贵重商品的包装印刷上。

专用版全息图定位烫印，是指在烫印设备上通过光电识别，将全息防伪烫印电化铝上特定部分的全息图准确烫印到烟包的特定位置上，全息图定位烫技术难度很高，不仅要求印刷厂配备高性能、高精度的专门定位烫设备，还要求有高质量的专用定位烫印电化铝，生产工艺过程也要严格控制才能生产出合格的烟包产品。由于定位烫印标识具有很高的防伪性能，所以在钞票和重要证件等场合都有采用。

在全息定位烫印技术中，定位技术主要为消除烫印过程对烫印精度误差的逐步积累，独立图案全息烫印箔需要用定位光标及时修正全息图案在间距上的误差。每个烫印箔上的全息图案都需要有一个与之相匹配的方形光标，全息图案与其光标的中心线一致，距离保持至少 3mm 的恒定相对位置。为保证光标的准确性，光标的边缘应非常直，光学特性敏锐且一致。

目前用于定位系统的技术有基本型、与烫印版同位型和智能型三种。

①基本型定位系统。它是定位烫印技术中最简单的一种。探测器距离烫印版有一定距离，识别的图案不是正在烫印的图案。因而这种定位技术必须要求所有的全息图之间的间距完全相符，否则，任何误差都会反映为定位烫印上的误差。

②与烫印版同位型定位技术。这种定位技术其探测器紧邻烫印版，定位的图案与烫印图案一致，是最准确的一种定位技术，特别适用于小型平压平烫印机。

③智能型定位技术。智能型定位技术其探测器的位置虽与烫印版有一定距离，但使用了微处理器进行控制，以保持对光标间距的跟踪，并拉动烫印箔来改变图案的位置，提高了定位的准确性。这种定位方式对烫印箔的张力控制比较敏感。

为了将多个独立全息图案一次烫印在基材上，需要预先计算出全息图案的排列方式。假设一次有 5 个图案需要烫印，而每对相邻印版间只有 2 个图案，则烫印箔拉动的一般顺序为：走过 1 个图案 – 烫印；走过 1 个图案 – 烫印；走过 3 个图案 – 烫印。但是，以这样烫印顺序做大小跳步时，会使箔片膜基的张力出现很大的差别，导致定位误差。所以，应当合理计算全息图案的排列方式，使每次拉动都能走过 5 个图案，避免出现大小跳步引发的误差。

在全息对位烫印中，目前研制成功更先进的双对位密码全息烫印新技术，这种高新技术更增添了全息防伪的效果。双对位密码全息烫印是将经过特殊处理含有密码的图像，对位直接烫印在基材指定的位置上，使密码全息图与包装物直接形成一体，不会分离。双对位密码全息烫印技术难度大，工艺要求高，要有特殊的设备，要根据烫印基材的不同性质制作不同的全息烫印膜和烫印胶，同时要制定相应的操作工艺参数，非一般防伪产品生产厂家能够生产。由于其技术的特殊性和复杂性，使它成为目前又一理想防伪手段。这一新技术可广泛应用于信用卡、优惠卡、有价证券、各种包装彩盒、烟盒、服装吊牌和产品包装纸上，能大大增强防伪性能，防伪效果良好。

全息定位烫印技术不仅在我国的烟包印刷中得到了非常广泛的应用，还正在逐步被药品、高档日化用品和化妆品包装采用。

全息定位烫印技术发展过程中，又出现了所谓定位镂空定位烫印技术。它是采用全息镂空技术在全息烫印箔固定的位置上刻蚀出透明的花纹、图案或文字，然后烫印在包装上，它更能展现出特殊视觉的防伪效果。

（2）全息定位烫印的主要材料和设备。

①全息烫印箔。全息烫印箔是对具有烫印功能的薄膜箔进行全息激光处理，以其二维、三维、二维/三维、点阵、旋转、合成全息等，具有高光泽、五彩缤纷并可变幻万千的色彩二维、三维全息图、线性几何全息图、分色阴影效果全息图、线状勾勒全息图、双通道效果全息图、旋转全息图等图像，对印刷品或纸张进行表面整饰。与普通电化铝烫印箔相比，全息烫印箔的厚度刚刚可以满足烫压的基本要求，且结构与普通电化铝烫印箔也有差异。电化铝烫印箔主要由两个薄层即聚酯薄膜基片和转印层构成。其基本结构为基膜层、醇溶性染色树脂层、镀铝层、胶黏层，其染色层为颜料。印刷时依靠高温和压力将金色电化铝箔烫印在承印物上，也称烫印。而全息烫印箔染色层是光栅。显示色彩或图像的不是颜料，而是激光束作用后在转印层表面微小坑纹（光栅）形成的全息图案，其生成相当复杂。烫印时，在烫印印版与全息烫印箔相接触的几毫秒时间内，剥离层氧化，胶黏层熔化。通过施加压力，转印层与基材黏合，在箔片基膜与转印层分离的同时，全息烫印箔上的全息图文以烫印印版的形状转移烫印在基材上。

此外，全息烫印箔还有普通全息烫印箔和透明全息烫印箔，与普通烫印箔相比，透明全息烫印箔应用了先进的磁控溅射技术，用高折射率的介质替代了常规镀铝技术中的铝层，其最大的特点是能在不影响原有印刷品所携带信息（如文字、图案）的整体效果条件下，叠加上激光全息图案（即透明全息图），也就是说，透过全息图可看到被烫物上的原有信息。

在全息烫印箔中，不同的全息效果之间可以互相组合，同时还可以加上双通道、部分镀铝、分色效果、微刻字、隐藏信息等多种防伪元素，在对印刷品和纸张进行表面整饰的加工中，以有效的高等级的防伪手段达到其独特的版权保护。全息烫印箔面进行的技术处理，既可为定位的独立图案，也可为不需定位可有自由空间位置的连续性图案，应用范围已从早期政府文件和钞票的防伪扩大到价值较高、生产量较大的产品，如烟、酒、药品、化妆品、时装、钟表、电脑软件等的包装、标签印刷后的表面特殊整饰，已成为形象的重要部分。

②主要烫印设备。根据全息烫印箔烫印方法的不同，可使用不同的烫印设备。例如，连续全息标识烫印箔的烫印，其全息标识在电化铝箔上呈有规律的连续排列。每次烫印时都是几个文字或图案作为一个整体烫印到最终产品的表面，一般对烫印位置的精度并无特定要求，即对烫印设备选择没有特殊要求，因此就可以在一般的平压平型烫印机、圆压平型烫印机、圆压圆型烫印机上进行，其操作技术相对就简单容易些。而独立图案全息标识烫印箔的烫印，必须针对每一个独立的商标图案，而且每个图案旁均有对位标记，要求烫印在指定位置，与印刷图相对应。这就对烫印设备的功能与精度提出了较高的要求，既要求烫印设备带有定位识别系统，又要求定位烫印精度误差小于±0.5mm，还要求设备具有可烫印不同面积大小的性能，如烫印单个烟盒上的小标记和整条烟盒上的大标记时，机械必须有可微调的温度、压力、速度控制装置及灵敏反应性等。此外，它对操作技术的要求也相对较高。

四、其他加工工艺

1．扫金工艺

扫金工艺是将扫金图案制成扫金 PS 版安装在胶印机上，在印刷品需要上金粉的部位印上一层薄而均匀的黏性油墨（俗称“扫金涂底”），再通过单张纸传送装置或扫金机的传纸器，将其送到扫金部分的吸气式橡皮传送带上进行扫金。

扫金机的涂布装置由金粉填充器、涂布器、匀粉辊和涂布辊组成。涂布辊转动很慢，辊内装有新型自动换气装置，当涂布辊上吸附金粉的一面转到纸张上方时，该装置由吸气转为吹气，将金粉均匀地喷撒在纸张整个表面上。之后，扫金机上的抛光器与纸张上的金粉相擦、抛光，金粉牢牢地粘在纸张上印有黏性油墨的地方，而多余的金粉则由四根揩金带清除。这四根揩金带的运转方向相反，通过与纸张摩擦，可将多余的金粉揩下。其中后两根揩金带还带有强力吸气管道，可吸走金粉，因此可干净迅速地扫清纸张上多余的金粉。

扫金产品独特的防伪效果和广告效应，使应用此技术的印刷厂家可以获得较高的利润。德国 Dreissig 公司开发的 2500 型扫金机拥有多项专利技术，广泛应用于香烟、雪茄、化妆品、巧克力和酒类的纸盒包装以及请柬贺卡类产品，具有光彩夺目的广告效果。

2. 压凹凸

凹凸压印又称压凸纹印刷，是印刷品表面装饰加工中一种特殊的加工技术，它使用凹凸模具，在一定的压力作用下，使印刷品基材发生塑性变形，从而对印刷品表面进行艺术加工。压印的各种凸状图文和花纹，显示出深浅不同的纹样，具有明显的浮雕感，增强了印刷品的立体感和艺术感染力。

凹凸压印是浮雕艺术在印刷上的移植和运用，其印版类似于我国木版水印使用的拱花方法。印刷时，不使用油墨而是直接利用印刷机的压力进行压印，操作方法与一般凸版印刷相同，但压力要大一些。如果质量要求高，或纸张比较厚、硬度比较大，也可以采用热压，即在印刷机的金属底版上接通电流。

凹凸压印工艺在我国的应用和发展历史悠久。早在 20 世纪初便产生了手工雕刻印版、手工压凹凸工艺；40 年代，已发展为手工雕刻印版、机械压凹凸工艺；50 ~ 60 年代，基本上形成了一个独立的体系。

近年来，印刷品尤其是包装装潢产品高档次、多品种的发展趋势，促使凹凸压印工艺更加普及和完善，印版的制作以及凹凸压印设备正逐步实现半自动化、全自动化。国外已实现了包括多色印刷机组在内的全自动印刷、凹凸压印生产线。

3. 滴塑

滴塑技术是利用热塑性高分子材料具有状态可变的特性，即在一定条件下具有黏流性，而常温下又可恢复固态的特性，并使用适当的方法和专门的工具喷墨，在其黏流状态下按要求塑造成设计的形态，然后在常温下固化成型。滴塑工艺已广泛应用于各种商标铭牌、卡片、日用五金产品、旅游纪念证章、精美工艺品及高级本册封面等的装饰上。滴塑又称为微量射出，可在针织棉布和各种化纤织物、纺织物的表面滴有白色或彩色的滴胶饰品，也有一种 PVC 硅胶类似的产品，箱包、背包、服饰上用的商标，大部分是这种类型。加工比较复杂，我们常说的矽利康商标、矽利康滴塑标、滴塑无纺布、滴塑 TC 布等就属于这种滴塑。PVC 滴塑还可以制成滴塑鞋、鞋垫、托鞋底、沙发靠背、扶手、餐桌台布、麻将桌布、汽车内装饰等系列产品。

4. 压花

压花是将植物材料包括根、茎、叶、花、果、树皮等经脱水、保色、压制和干燥处理而成平面花材，经过巧妙构思，制作成一幅幅精美的装饰画、卡片和生活日用品等植物制品，融合植物学与环保学于一体的艺术。

第四节　纸包装制品成型加工工艺

一、模切压痕加工

利用钢刀、钢线排成模版，在模切机上通过压印版施加一定的压力，将承印物轧切成所要求的形状或在承印物上压出痕迹、槽痕的工艺过程，就称为模切压痕。

模切压痕技术是纸箱、纸盒、文件袋、塑料、皮革、不干胶标签等成熟的加工方法。模切压痕是包装产品印后加工的一项重要生产工艺，其工艺效果不仅影响着包装印刷产品的生产效率，而且也直接影响产品质量和使用效果。模切压痕可提高产品的外观质量和市场竞争力。

模切压痕前，需要先根据产品设计要求，用钢刀、钢线排成模切压痕版，简称模压版，将模压版装到模压机上，在压力作用下，将纸板坯料轧切成型，并压出折叠线或其他模纹。其中，钢刀进行轧切，是一个剪切的物理过程，而钢线则对坯料起到压力变形的作用，橡皮用于使成品或废品易于从模切刀刃上分离出来，而垫板的作用类似于砧板。模切压痕的工作原理图如图 2－33 所示。

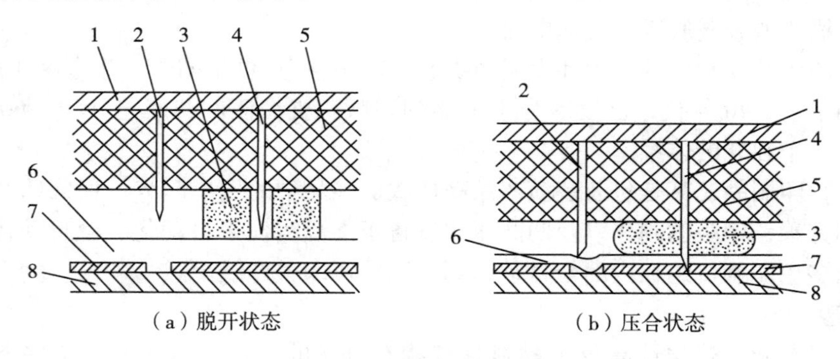

图 2－33　模切压痕原理图

1－版台；2－钢线；3－橡皮；4－钢刀；5－衬空材料；6－纸制品；7－垫版；8－压板

1. 模切压痕设备

用来进行模切、压痕加工的设备称为模切机或模压机，它主要由模切版台和压切机构两部分组成。

模切机按照压印方式可分为平压平模切机、圆压平模切机、圆压圆模切机。

(1) 平压平模切机。该模切机根据版台及压版的位置，又可分为卧式和立式两种。

由曲柄连杆带动的弹踢送纸机构把印刷品勾入送纸器，接着被间歇运动的带有 6 只铁夹的夹持棒带入冲切部位进行模切，排屑机构发生动作将清除纸屑废料，上模随即升起，夹持棒便将成品拉出。卧式和立式平压平模切机如图 2－34 和图 2－35 所示。

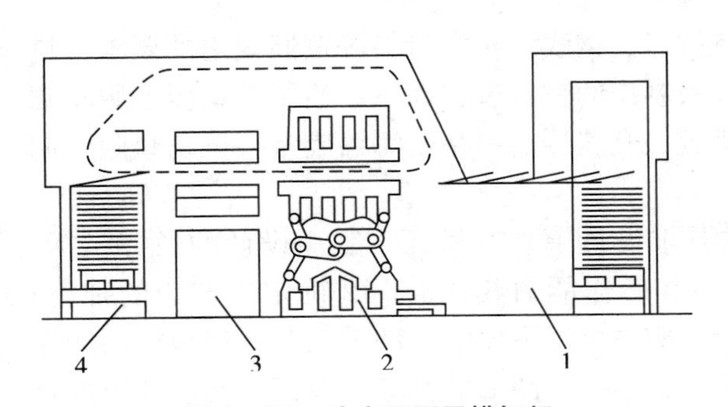

图 2－34　卧式平压平模切机

1－送纸部分；2－模压部分；

3－排屑部分；4－出纸堆垛部分

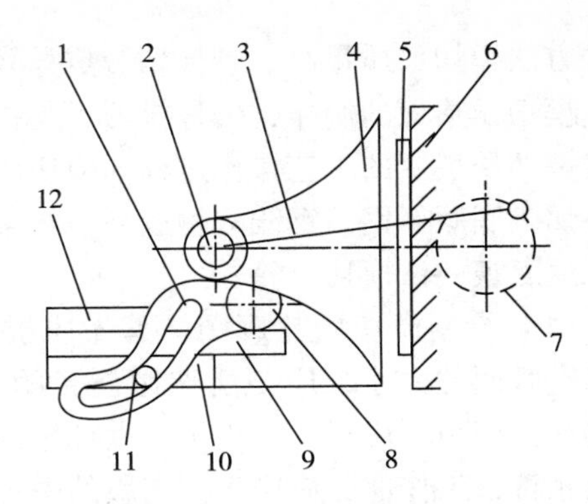

图 2－35　立式平压平模切机

1－曲线滑槽；2－压板轴；3－连杆；4－压板；

5－模压板；6－版台；7－曲柄齿轮；8－圆柱滚子；

9－平导轨；10, 12－定位滑块；11－定位圆柱销

（2）圆压平模切机。模切版嵌装在往复运动的平台上，连续旋转的滚筒夹持印刷品与模切版接触，模切后滚筒升起，模切版台退回。另外有一种圆压平模切机，是由做往复运动的平面型安装有压线模的版台和转动的安装有滚筒形印版专用钢刀和钢线的模压版的圆筒形压力滚筒组成，如图 2－36 所示。

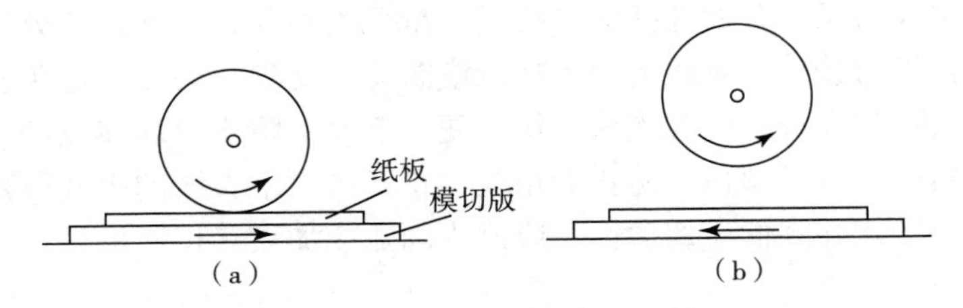

图 2－36　圆压平模切工作原理图

（3）圆压圆模切机。圆压圆模切是利用一组或多组模切辊，对卷筒纸印刷品进行精确的、连续的、高速旋转的模切压痕和压凸等。圆压圆模切可与印刷线同步运转，成为线内一个单元，实现卷筒纸从印刷、模切直到除废的一次完成过程，因此生产效率极高，最高可达 350m/min。圆压圆模切分为压切式和剪切式两种，如图 2－37 所示。

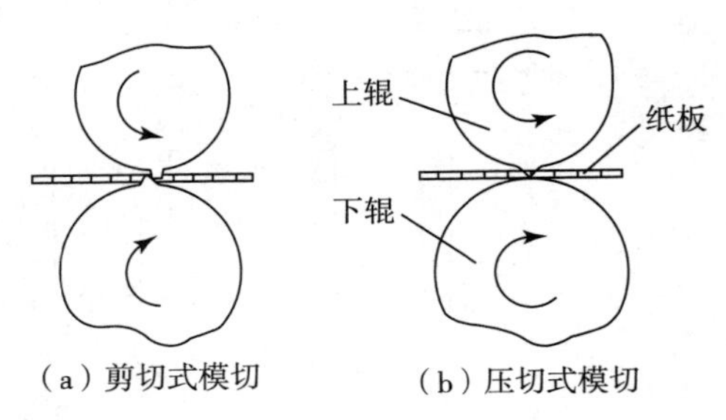

图 2－37　圆压圆模切原理图

2. 模切压痕版的制作

制作模压版要先做好底版，然后将钢刀、钢线按要求的刀型弯制好，排放在底版内，底版有金属底版和木板底版两种。

金属底版又分为铅空排版、浇铅版、钢型刻版、钢板刻版等多种，目前多采用铅空排版。用大小不一的铅空组排成版面，其特点是排版操作简单方便、改版灵活性好、重复使用率高、成本低以及实用性强等特点。

木板底版有胶合板、木板、锌木合钉板等几种，现在常用的是胶合板。把设计图案转移到胶合板上，在线条处钻洞锯缝，再把模压用的钢刀和钢线嵌进去制成模切压痕印版。

这种方法模切的质量高，且模切版重量轻，制版时间短。

模切压痕版的制作，俗称排刀，是指将钢刀、钢线、衬空材料等按照规定的要求，拼组成模切压痕版的工艺操作过程。模切压痕版制作的一般过程如下：绘制模切压痕版轮廓图→切割底版→钢刀钢线裁切成型→组合拼版→开连接点→粘贴海绵胶条→试切垫版→制作压痕底摸→试模切、签样。

（1）绘制模切版轮廓图。首先应根据要求设计模切版版面，版面设计的任务包括：①确定版面的大小，应与所选用设备的规格和工作能力相匹配。②确定模切版的种类。③选择模切版所用材料及规格。设计好的版面应满足以下要求，即模切版的格位应与印刷格位相符；工作部分应居于模切版的中央位置；线条、图形的移植要保证产品所要求的精度；版面刀线要对直，纵横刀线互成直角并与模切版侧边平行；断刀、断线要对齐等。

模切版轮廓图是整版产品的展开图，是模切版制作的第一个关键环节。如果印刷采用的是整页拼版系统，可以在印刷制版工序直接输出模切版轮廓图，可以有效保证印刷版和模切版的统一。如果印刷采用的是手工软片拼版，就需要根据印样排版的实际尺寸绘制模切版轮廓图。在绘制过程中，为了保证在制版过程中模切版不散版，要在大面积封闭图形部分留出若干处“过桥”，过桥宽度对于小块版可设计成3～6mm，对于大块版可留出8～9mm。为使模切版的钢刀、钢线具有较好的模切适性，在产品设计和版面绘图时应注意以下问题，如图2－38所示。开槽开孔的刀线应尽量采用整线，线条转弯处应带圆角，防止出现相互垂直的钢刀拼接；两条线的接头处，应防止出现尖角现象；避免多个相邻狭窄废边的联结，应增大连接部分，使其连成一块，便于清废；防止出现连续的多个尖角，对无功能性要求的尖角，可改成圆角；防止尖角线截止于另一个直线的中间段落，这样会使固刀困难、钢刀易松动，并降低模切适性，应改为圆弧或加大其相遇角。

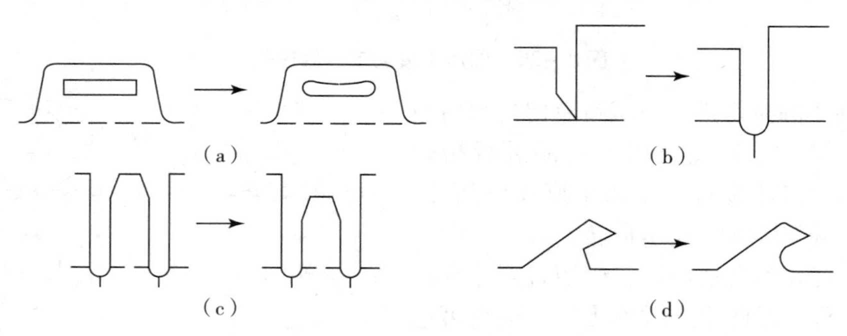

图2－38　模切适性

（2）切割模版（开槽）。模切版常用的衬空材料（底版）有金属衬空材料和非金属材空材料；其中多层胶合板使用最多，胶合板的厚度一般为18～20mm。底版（衬空材料）的切割主要有锯床切割、激光切割等方式。

①锯床切割。锯床切割是目前中小企业自行加工模切版的主要方法，锯床的工作是利用特制锯条的上下往返运动，在底版上加工出可装钢刀和钢线的窄槽，锯条的厚度等于相应位置钢刀和钢线的厚度。锯床上配有电钻，可以在底版上钻孔，钻孔后，将锯条穿过底版，再进行切割。现在的锯床根据使用的场合和制版种类不同，规格丰富且功能完善，有的锯床配有吸尘系统，可以把锯切的锯末自动收集；锯条可以进行电动装夹；有些大版面

锯床工作台面上还配有气浮系统。可以使大版面锯割轻快灵活。近年来，CAD/CAM 技术也已应用于模切版的制作，其原理是利用 CAD/CAM 技术和计算机控制技术，控制锯床完成切割，开槽质量有较大提高。

②激光切割。激光切割底板是从激光器发出波长为 10.6μm 的 CO_2 激光束，经导光系统传导到被切割材料表面，光能被吸收变成热能。光束经透镜聚焦后，焦斑直径只有 0.1~0.2mm，功率密度可超过 $10^6W/cm^2$。这样高的功率密度能使材料表面温度瞬间就达到沸点以上，形成过热状态，引起熔融和蒸发。由于热传导，表面的热能很快传到材料内部，使温度升高，也达到熔点。此时，材料中易气化的成分产生一定的气压，使熔融物爆炸性去除。木材用激光切割时，去除的材料以气化为主并产生烟尘。因此，在切割过程中，需要喷吹一定压力的气体，以辅助加工的进行。

激光切割是在由电脑控制的激光切割机上进行的，它是以激光作为能源，通过激光产生的高温对底版材料进行切割。进行激光切割首先需要将整版模切轮廓图输入电脑，由电脑控制底版的移动，用激光进行切割。但在切割过程中需要的参数较多，如材料质量参数、板材厚度、激光输出功率、辅助气体的种类和压力、喷嘴的直径、口径、材料与喷嘴的距离间隙、透镜的焦距、焦点的位置以及切割速度等。所以，在实际生产中，借鉴以往经验来确定加工效果是极其重要的。激光切割的主要不足是激光切割机价格昂贵，切割成本较高，从而使模切版制作成本较高，因此，这种模切版一般由专业厂家生产，用户直接定做。

模切压痕版的制作，大致分为底版切割和刀线镶嵌两个阶段。底版切割是制作的关键，因为切割结果基本上决定着模切压痕版的质量。激光切割在模切压痕版的制作中显示出较强的技术优势，可产生传统方法无法达到的技术和经济效果。

a. 切割速度快、周期短。激光切割比手工钻洞锯缝的效率高几倍到十几倍。一般地，一块复杂的十联版不到半小时就可切完。制版周期大大缩短，适应小批量多品种的要求。

b. 重复性好。计算机编制的程序可以存储，大批量生产时，需要多块相同的模压版或相隔一段时间再次制作同一模压版时，只需调出原程序进行切割便可，制出来的模压版完全一样，有极好的重复性。

c. 质量好、精度高。激光切割制作模切版由计算机控制，尺寸精度可提高一个数量级，误差 ±0.05mm，任何复杂的形状和图案均能加工。对于异型版、多联版及一刀分两色、两边无杂色的模压版，激光切割工艺更显其先进性，成品非常精美。用该工艺方法制作纸盒，可大大提高商品包装的档次，同时满足自动包装生产线的要求。

d. 适应面广。用激光切割制作的模压版，不仅用于各类纸板、瓦楞纸箱等材料的模压，还可应用于其他行业，如模切制作汽车内饰板，电冰箱后背板等。

e. 环保性能好。制作过程无毒无害，对工人的技术要求特别是经验方面的要求不高，间接地降低了制作的人力资源成本。

（3）钢刀和钢线的成型与组合拼版。首先要进行钢刀和钢线的裁切和成型加工，即按照要求将钢刀和钢线进行裁切、弯曲成相应的长度和形状。这一工序的完成一般有两种方法：手工单机成型加工和自动弯刀机成型加工。

①手工单机成型加工。手工单机成型加工的专用设备主要有刀片裁切机、刀片成型机（弯刀机）、刀片冲孔机（过桥切刀机）、刀片切角机等。其中，刀片裁切机用于钢刀和钢线的长度裁切；刀片成型机用于钢刀和钢线的圆弧或角度的精确成型；刀片冲孔机用于过

桥部分刀、线的冲孔；刀片切角机用于刀、线相交处钢刀的切角（保证有效切断）。这种加工方法速度较慢、生产效率低，不能加工精细复杂图形，重复性差，且对人工的熟练程度和技术水平依赖性很大；但成本相对较低，适合质量要求不高、工期不紧的模切版的加工。

②自动弯刀机成型加工。自动弯刀机成型加工是近几年逐步兴起的钢刀和钢线的成型加工方法，一般是和激光切割机相配合使用，共同完成模切版的制作。全自动电脑数控弯刀机把裁切、弯刀、冲孔、切角整合在一台机器上一次性完成，可以说是弯刀工艺的一次质的飞跃。自动弯刀所用的弯刀图形直接取自产品的图形设计，工作时，只需调入图形，输入要成型的数量，机器即可完成弯刀成型。处理时，刀片被送进特制的通道，此通道紧紧握住刀片，可用运转如飞、精确无误来形容。机器可接受直条刀线，但最好用卷装刀线，这样既可提高速度，又可节省材料。

钢刀和钢线成型加工好以后，安装时要求将切割好的底版放在版台上，将一段加工好的刀线背部朝下，对准相应的底版位置，用专用刀模锤锤打上部刃口，将其镶入模版。锤打时一定要用专用的刀模锤或木锤，刀模锤头部采用高弹橡胶制成，在打刀线刃口时，可以保证不伤刃口。近年来，自动装刀机也已出现，使装刀速度和质量都有了很大的提高。

（4）开连点。在模切版制版过程中，开连点是一项必不可少的工序。连点就是在模切刀刃口部开出一定宽度的小口，使废边在模切后仍有局部连在整个印张上而不散开，以便于下一步走纸顺畅。开连点采用刀线打孔机（砂轮磨削），连点宽度 0.3mm、0.4mm、0.5mm、0.6mm、0.8mm、1.0mm 等大小不同的规格，常用的是 0.4mm。连接点通常打在成型产品看不到的隐蔽处，不能在过桥位置开连点。成型后外观处的连接点应越小越好，以免影响成品外观。

（5）粘贴海绵胶条。钢刀和钢线安装完毕后，为了防止模切刀在模切、压痕时粘住纸张，影响走纸顺畅，一般要在钢刀两侧粘贴海绵胶条，海绵胶条应高出模切刀 3～5mm。弹性海绵胶条的使用直接影响模切的速度与质量，因此，应根据模切活件和模切速度的要求来选用不同硬度、尺寸、形状的海绵胶条。

（6）试切垫版。试切时，若发现有一部分切不断，就要在局部范围进行垫版（或补压）。垫版就是利用 0.05mm 厚的垫纸板粘贴在模切版底部，对模切刀进行高度补偿。

正式生产之前，为了方便压痕形成，还要制作压痕底模。接着进行试模切、客户签样等，即可进入正式模压生产。

3. 阴模（底模）的制作

为了使纸盒的压痕线更清晰、易于折叠，且折叠后无皱褶和裂痕，纸盒成型准确，通常使用一种与压痕刀具配套的阴模（即压痕用底模）。粘贴在钢板底台上的阴模（压痕用底模），其材料和加工方法有多种多样，除常见的绝缘合成纤维板、硬化纸板、酚醛塑料胶纸板、钢板等，通过铣床、计算机雕刻等方法开槽外，还可使用自粘底模线。

（1）采用计算机雕刻制作阴模（压痕用底模）。用计算机辅助雕刻仪加工阴模（压痕用底模）时，压痕槽宽与切割深度、精度应满足要求，且雕刻速度、深度应可调。德国 ELCEDE 公司开发的 NCC107－4T 阴模（压痕用底模）雕刻系统，其最大加工尺寸为 1070mm×1070mm，重复精度为 ±0.02mm，最大速度为 30m/min。应用 CAD/CAM 技术，不仅能缩短设计和制作周期，提高市场竞争能力，而且由于采用了同一设计程序和参数，保证了阴模（压痕用底模）雕刻版、激光切割版尺寸精度的一致性，从而提高了纸盒的设计和制造精度。

（2）使用自粘底模线制作阴模（压痕用底模）。自粘底模线具有出线快捷，压痕线饱满等特点，不同厚度的纸张应选用与其相对应的底模线，其基本结构由压线模、定位胶条、保护膜组成，如图 2 -39 所示。压线模一般由金属底板、硬塑料模槽、胶粘底膜构成。

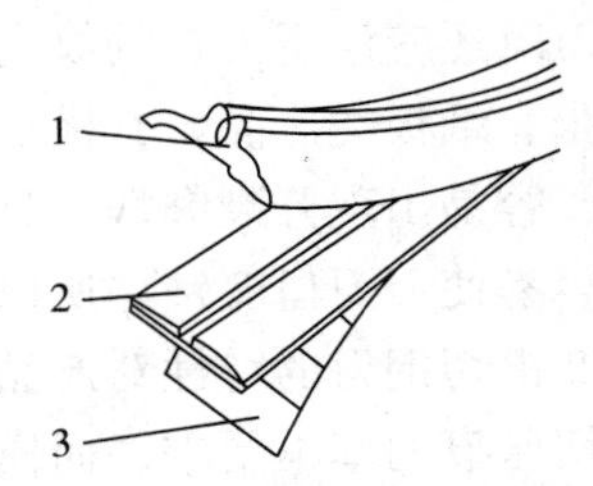

图 2 -39　自粘底模线结构示意图

1 - 保护膜；2 - 压线膜；3 - 定位胶条

如图 2 -40 所示，使用自粘底模线时，先截取适当长度底模线，将其套于压痕刀（钢线）上，并揭去保护膜［图 2 -40（a)］；然后将带有自粘底模线的模切版放在模压机上合压［图 2 -40（b)］，底模线便牢固地粘贴在模切版上；离压［图 2 -40（c)］后，除去定位胶条，便可制成压痕用底模版［图 2 -40（d)］。

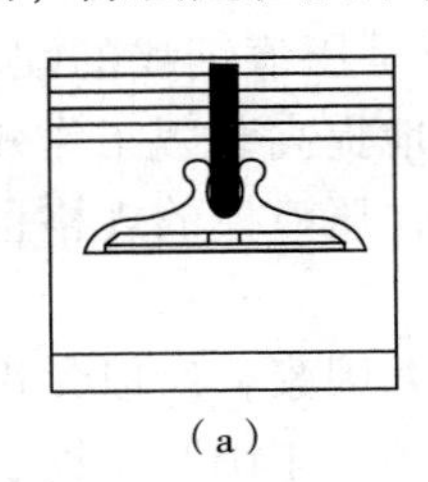
（a）
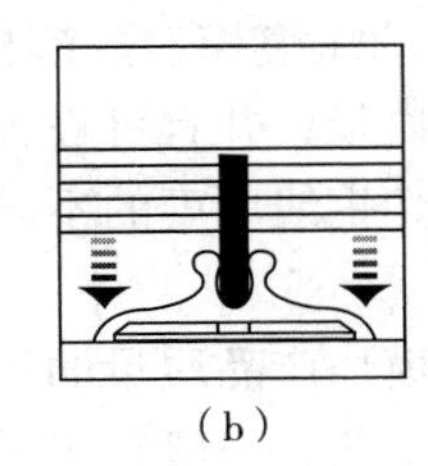
（b）
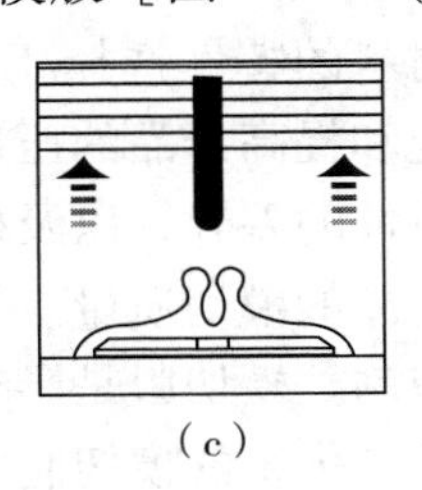
（c）
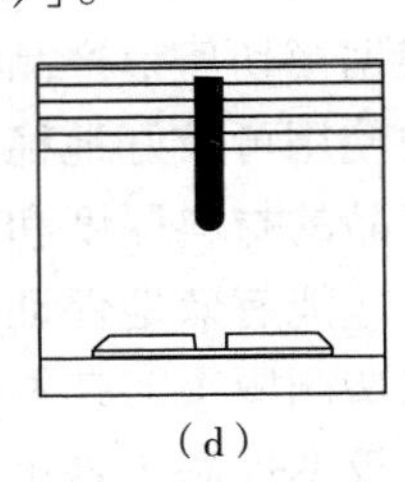
（d）

图 2 -40　自粘底模线的粘贴工艺流程

4．模切压痕工艺及质量控制

（1）模切、压痕的工艺流程。模切压痕工艺是根据设计的要求，使承印物的边缘成为各种形状，或在印刷品上增加种特殊的艺术效果，以及达到某种使用功能。

模切压痕的主要工艺过程为：上版→调整压力→确定规矩→试压模切→正式模切→整理清废→成品检查。

①调整压力。模压版装好并初步调整位置后，根据产品质量要求来调节模切压力，最佳的压力就是保证产品切口利索干净、无刀花和毛边、压痕清晰、深浅合适，压力的大小主要与被压印材料的厚度有关系。

对于平压平模切机，压力是通过底版上衬垫的厚度来调整的；对于圆压圆模切机，调节模切滚筒和下滚筒间中心距的大小来调整压力。

②确定规矩。调节规矩对于平压平模切机很重要，模切位置的确定要依据印刷品的位置而定，一旦位置确定好，要将模压版固定好，以防止压印中错位。

圆压圆模切装置是安装在印刷机组的后面，只要张力确定，模切位置就不会切错位。

③试压模切。一切调整完毕后，先试压模切几张进行仔细检查，一经确认，留出样张并进行正式模切。

（2）模切、压痕的质量控制。

①模切钢刀刀锋和刀纹的正确选择。模切刀的刀锋和刀纹特性也是产品模切质量的影响因素之一。刀锋高的钢刀既能模切薄纸，也能模切较厚的双瓦楞纸板和其他厚板纸；既能适用自动模切机的单张模切，也能适合手工续纸的平压模切机模切多张薄纸产品，适应性较广。但是，高锋刀的“钢性”比低锋刀要弱一点，当模切数量多、机器速度快时，刀

锋容易出现扭曲变形、磨损等现象。而低锋刀抗机械压力性能较好，并且较稳定，刀锋不易出现扭曲变形现象。用低锋刀能模切的产品，应尽量采用低锋刀进行模切。此外，选购模切刀时还应注意刀锋的纹向，横纹处理的钢刀弯曲成型后不易出现脆裂现象，适用于模切纸张、纸板类产品，其模切精度高、质量稳定，刀锋也耐用。而直纹处理的钢刀弯曲成型时，容易出现开裂弊病，且刀锋看似很锋利，但是，模切时刀锋在铁板作用时间一长，就很容易使刀刃口变钝。所以，直纹处理的钢刀不适用于模切纸质的产品。

②模切钢刀的特性对产品模切质量的影响。模切钢刀能够达到一定的抗压强度，是实现模切压痕的基本要求，而模切钢刀之所以能够具有抗压强度，主要取决于它的“钢性”的强弱。钢刀制作过程中的淬火工艺处理效果，决定了钢刀的“钢性”程度。“钢性”不足时，钢刀就很容易出现不正常的磨损、凹陷或扭曲等。但是，也不能盲目增加钢刀淬火层的面积，若淬火层面积过多则容易因为刀身“钢性”过脆而造成断裂，影响钢刀的弯曲成型。

③根据模切压痕产品材料的特性选择相应的压痕模。压痕模是压痕钢线的配套材料，压痕模的使用可较好地稳定和提高产品的压痕质量，并且可极大地提高装版工作效率。由于模切产品的材料厚度和特性的差异，以及模切钢线厚度的不同，压痕模的规格也应该有所差异，才能有效地保证产品的模切质量。

④模切制版工艺技术控制。模切版是影响模切产品质量的重要因素，所以，重视模切制版工艺技术控制十分重要。传统的模切制版工艺，一般是先采用手工画版、锯版，然后将弯、折成型的钢线、钢刀镶入底板中，就可以进行模切。手工画版工艺是先将印样图需模切的轮廓用复写纸描画在薄白纸上，如果印样是薄纸可直接描画，而后将画好模切版轮廓图样用白乳胶粘贴于胶合板上，待干燥后即进行锯板。这种工艺不仅十分费工费时，而且制作精度差，很不理想。特别是一些版面较复杂的异形版，若生产员操作技术不娴熟，人工画版效果就更差了，常常造成废版而进行返工制作。基于这一情况，可对一些版面复杂、绘制难度较大的异形版，一改传统的绘制工艺，采用在计算机制作印刷版时，一起绘制模切版轮廓图样，而后直接输出图样胶片，这样，极大地提高了制作效率和精度，有效地保证了模切版与印刷版套合的准确性。模切版轮廓图样胶片制作完成后，粘贴时，先在胶合板适当的部位上涂刷白乳胶，同时用模切刀将胶水刮平刮均匀后，即可将胶片的正面平对着胶合板粘贴上去，而后再用块布在胶片背面稍微用力均匀抹平，使胶片平复紧贴于胶合板上。胶液干燥后，锯版时，锯路只要顺沿着胶片上图样轮廓线切割，就可以准确无误地完成锯板工作。对一些比较精密的异型产品的成型，一般还要采用激光技术制作模切版，激光制版完全可以克服手工操作制版粗糙、效率低的弊病，可大大节省人力、物力。

⑤原材料特性对模切质量影响的分析。生产工艺实践情况表明，原材料特性对模切质量的影响较大，如原纸或瓦楞纸板的水分过低或过高，对外界环境的温度、湿度敏感度高，往往容易产生翘曲变形、伸缩变异现象，造成模切后的产品规格出现不准情况。此外，原纸或瓦楞纸板的水分过低而变脆，产品的压痕线部位容易爆裂。反之，原纸或瓦楞纸板的水分过高，模切后边缘容易出现毛边现象。所以，控制好原纸和瓦楞纸板保持合适的水分是十分重要的，每批半成品纸板最后检测一下含水率，然后根据半成品纸板水分的大小确定模切生产时间。如果生产条件好的话，可对生产车间进行恒温恒湿的控制，以使半成品纸板保持正常的含水率，确保产品的模切质量。

（3）模切压痕加工中常见故障及处理。模切压痕加工中常见故障及处理可归纳为以下几点。

①模切压痕位置不准确。产生故障的原因是位置与印刷产品不相符；模切与印刷的格位未对正；纸板叼口规矩不一；模切操作中输纸位置不一致；操作中纸板变形或伸张，套印不准。

解决办法是根据产品要求，重新校正模版，套正印刷与模切格位；调整模切输纸定位规矩，使其输纸位置保持一致；针对产生故障的原因，减少印刷和材料本身缺陷对模切质量的影响。

②模切刃口不光。产生原因是钢刀质量不良，刃口不锋利，模切适性差；钢刀刃口磨损严重，未及时更换；机器压力不够；模切压力调整时，钢刀处垫纸处理不当，模切时压力不适。

排除方法是根据模切纸板的不同性能，选用不同质量特性的钢刀，提高其模切适性；经常检查钢刀刃口及磨损情况，及时更换新的钢刀；适当增加模切机的模切压力；重新调整钢刀压力并更换垫纸。

③模切后纸板粘连刀版。原因是刀口周围填塞的橡皮过稀，引起回弹力不足，或橡皮硬、中、软性的性能选用不合适；钢刀刃口不锋利，纸张厚度过大，引起夹刀或模切时压力过大。

可根据模版钢刀分布情况，合理选用不同硬度的橡皮，注意粘塞时要疏密分布适度；适当调整模切压力，必要时更换钢刀。

④压痕不清晰有暗线、炸线。暗线是指不应有的压痕，炸线是指由于压痕压力过重，纸板断裂。引起故障的原因是：铜线垫纸厚度计算不准确，垫纸过低或过高；铜线选择不合适，模压机压力调整不当，过大或过小；纸质太差，纸张含水量过低，使其脆性增大，韧性降低。

排除办法是应重新计算并调整钢线剪纸厚度；检查铜线选择是否合适；适当调整模切机的压力大小；根据模压纸板状况，调整模切压痕工艺条件，使两者尽量适应。

⑤折叠成型时纸板折痕处开裂。折叠时，如纸板压痕外侧开裂，其原因是压痕过深或压痕宽度不够；若是纸板内侧开裂，则为模压压痕力过大，折叠太深。

排除办法是可适当减少钢线剪纸厚度；根据纸板厚度将压痕线加宽；适当减小模切机的压力；或改用高度稍低一些的铜线。

⑥压痕线不规则。原因是铜线垫纸上的压痕槽留得太宽，纸板压痕时位置不定；铜线垫纸厚度不足，槽形角度不规范，出现多余的圆角，排刀、固刀紧度不合适，铜线太紧，底部不能同压板平面实现理想接触，压痕时易出现扭动；铜线太松，压痕时易左右串动。

排除办法是更换铜线垫纸，挤压痕的槽留得窄一点；增加铜线垫纸厚度，修整槽角；排刀固刀时其紧度应适宜。

二、纸盒和纸箱成型加工

1．瓦楞纸板的加工

在瓦楞纸生产中，构成瓦楞纸板的波形瓦楞纸的楞形分为 V 形、U 形和 UV 形，各自的印制性能不同。V 形瓦楞波形的特征是：平面抗压力值高，使用中节省黏合剂用量，节约瓦楞原纸，但这种波形的瓦楞做成的瓦楞纸板缓冲性差；U形瓦楞波形的特征是：着胶面积大，黏结牢固，富有一定弹性；UV波形瓦楞纸既保持了V形楞的高抗压力能力，又具备U形楞的黏合强度高、富有弹性的特点。所以，UV波形瓦楞纸在国内外得到了广泛的使用。

瓦楞纸板只是纸箱坯料，只有经过进一步加工，即经过印刷、开缝、切角和修边，有时还要冲孔，最后经钉接或胶接，才能做成瓦楞纸箱成品。

（1）瓦楞纸板直接柔印工艺。瓦楞纸板可采用直接柔印技术，瓦楞纸板采用的柔性版印刷机主要由四个部分组成：开卷供料部分、印刷部分、加热干燥部分和复卷部分。在现代柔性版印刷机上，一般还有张力控制、料带导向、印刷图像观察等附加控制和检测装置。除此之外，许多柔性版印刷机上还装备了模切、压痕、复合、打孔、纵切、横切等装置，成为一条联合生产线，与常规的印刷机相比具有传墨路线短、结构简单、速度快等特点。

（2）瓦楞纸板预印工艺。预印，又称预印刷，是在瓦楞纸板生产之前先对面纸进行卷到卷的印刷，然后将印刷好的面纸送到瓦楞纸板机上进行贴面后成型为纸板的一种工艺形式。预印纸箱的抗压强度比以前提高了，更好地保证了运输过程中产品的质量，非常适合对纸箱抗压强度要求高的产品需求。在印刷效果方面，预印纸箱的印刷精度高、图文清晰精美、色彩丰富饱满，采用四色印刷涂覆光油后，与胶印覆面的效果不相上下，并且经过一系列运输、仓储、搬运过程后仍然能保持良好的印刷质量，有效地维护了产品的形象。

（3）瓦楞纸板对裱工艺。好的彩图面纸与瓦楞纸板的对裱工艺，是目前我国生产高档瓦楞纸箱的重要工艺之一，目前，许多企业都采用全自动对裱机进行生产。

瓦楞纸板的对裱工艺：卷筒印刷品→涂料→对裱→烘干→成品，即将印刷品和纸板分别固定在滚筒上，印刷品首先经过涂料辊，再与纸板进行对裱，最后经过烘干箱烘干，制成成品。

瓦楞纸板对裱工艺的质量要求有：彩图面纸与瓦楞纸板贴合后应无明显透楞；彩图面纸与瓦楞纸板贴合后规矩偏差应小于3mm；对裱压平黏合后，瓦楞纸板厚度损失小于2%；彩图面纸与瓦楞纸板贴合压平的过程中，彩面图案不许有任何的损伤；彩面与瓦楞纸板黏结牢固，脱胶面积小于整体面积的1%，脱胶位置不能影响成品质量，否则为废品；对裱后期整理应保证模切工艺的正常生产。

对裱工艺质量控制要点有：

①彩面与瓦楞纸板的贴合误差。彩面与瓦楞纸板贴合时所使用的前、侧规矩以印刷规矩为标准，瓦楞纸板的长、宽应小于彩面的长、宽，余量应控制在5mm以内。在自动模切机生产过程中，对前、侧规矩的要求很高，这就要求操作者有高度的责任心和丰富的操作经验。

②上、下齐纸正时部的调整。上、下齐纸正时部是保证彩面与瓦楞纸板贴合规矩准确的关键部位，包括时间调整和生产过程中的调整。

a. 时间调整。瓦楞纸板输出时间、飞达送纸时间在机器出厂时就已经调整好，但是随着设备使用时间的增长，设备各个部件都会出现不同程度的磨损，彩面到达上、下齐纸正时部的时间就会有偏差。正常工作时要保证到达齐纸正时部已有足够的时间齐纸，在推纸爪推纸之前，齐纸全部完成，以保证推纸爪正常推纸。而且。齐纸正时部齐纸侧的弹片强度以缓冲块推动彩面不能有变形和破损为宜。

由于是靠调整吸、吹气的时间来保证正常运输的。吸、吹气的时间要根据纸带的传送长度来确定，标准是前输送辊接触瓦楞纸板时吸风停止，吹风打开，这样才能保证纸板的正常输送。

b. 生产过程中的调整。在生产过程中，因瓦楞纸板、彩面的变形也会出现贴合误差，操作者可对这种误差进行调整补偿，具体做法是调整操作侧彩面到达贴合部的时间，可在小范围内调整贴合误差。

③彩面黏结牢度的控制。彩面黏结牢固、不透楞是保证纸箱整体质量的关键，要点包括要选择好质量的黏合剂，控制胶的黏度和施胶量，而且要控制初黏时间，因为初黏时间过短时，当出现运转不正常的情况时，在进入压平带之前纸板上的胶就已经干燥结膜了，会造成黏结不良的现象。

④瓦楞纸板上、下涂胶辊间隙的调整。瓦楞纸板上、下涂胶辊间隙以叼纸轮间隙能顺利送出瓦楞纸板又不损伤楞峰为宜，间隙过小，会损伤楞峰，间隙过大，又会影响纸板的正常送出；其次，叼纸轮与纸板间应有足够的摩擦，但用力拉出瓦楞纸板后楞峰应该没有损伤；最后，涂胶辊间隙应保证胶能够均匀地涂在楞峰上为宜，施胶量以不溢流为标准，正常生产情况下，要求施胶的过程中不出现甩胶的现象，保证瓦楞纸板通过贴合部时没有黏胶现象，从而避免对彩纸的破坏。

（4）瓦楞纸板对裱工艺常见故障及解决办法。

①透楞。在生产过程中，裱合到单面瓦楞纸上的彩印面纸上，有时会出现一道道向内凹陷的形状如搓板的褶皱，这种故障不仅影响成品的美观，而且影响纸箱的强度和厚度。对于这一现象，最简便的方法就是将低质量的面纸换成高质量的面纸，这种方法虽然可以明显消除搓板现象，但是会增加生产成本。采用湿润法使纸张吸附一定量水分后再使用，可以避免干燥纸面对胶水摄取过多而引起的搓板现象。调节控制好涂胶辊之间的平行度和间隙也非常重要，涂胶辊和压力辊之间的间隙以瓦楞纸板刚好通过为准，严格控制加压辊之间的压力，用来减轻搓板现象的发生。要充分利用纸张，面纸的纵丝缕与瓦楞纸板楞应呈垂直方向进行裱合从而可消除搓板现象，这是最基本也是最有效的方法，但是有时会因为卷筒纸幅宽不符合纸箱尺寸而浪费纸张，增加成本。

②塌楞。瓦楞纸在裱合两分钟后，两边的楞展平伸长的现象，在胶黏剂质量好的情况下，两端还是可以黏合的，但是若是胶黏剂质量不好，则会造成两端严重的开胶。产生塌楞现象的原因首先有可能是瓦楞的方向和裱纸的丝缕方向不平行，其次有可能是瓦楞原纸施胶度不够，伸长度大，造成胶液还未在楞上形成胶膜就渗进纸张纤维中，使纸张纤维伸长，造成塌楞和大面积开胶。解决塌楞的方法就是在瓦楞纸使用之前对其质量进行检测，检测的方法就是用手指沾少许水轻点在瓦楞纸上，观察其渗透速度，经实践证明，6s 渗透的瓦楞纸是合格的。

③裱纸不牢固。裱纸不牢固产生的原因是涂胶不全面或者不充分，或者裱贴时胶水已经干或者压合不够。针对这一问题的解决办法有检测胶水黏度，使其达到所需要的黏度；适当增大涂胶量，提高涂胶均匀度，保证涂胶量一致；适当增加压力，并使压力均匀一致；最后还可以检查压辊表面电镀抛光面是否有脱落，刮胶片是否平整，如果出现漏刮胶水的情况，不仅会影响涂胶辊的上胶量，还会造成底纸涂胶的反面带有胶水。

④裱纸不准。裱纸不准即面纸与底纸规位不一致，纸张边缘不在同一条线上。解决裱纸不准的办法首先是调节上、下输纸部分，使其同步；其次调节裱纸压辊两端一致；最后调节纸张定位机构，检查输纸通道是否畅通。

⑤胶水痕。胶水痕是因为涂胶量过大造成纸张边缘渗出胶水粘到另外一张纸上，形成的胶水痕迹。解决胶水痕的方法就是适当减少涂胶量，并检查涂胶压辊是否带有胶液，最后可以适当调整压力，以底面纸良好上胶而瓦楞不变形为宜。

2．纸盒的成型加工

纸板在印刷后经过模切、压痕、弯折成型或者是经过钉合、粘接、裱糊成型的盒状物就是纸盒，常见的纸盒有折叠纸盒、粘贴纸盒、复合包装盒等。

（1）纸盒的加工成型工艺。纸盒的加工成型工序主要包括：盒型设计、材料选择、制版和印刷、表面整饰加工、模切压痕、制盒等工序。

①盒型设计。盒型设计是成盒的基础，盒型设计不仅影响纸盒的外观，而且影响纸盒的抗压和抗摩擦性能，另外，好的盒型设计应有利于纸盒的成型加工。

②材料的选择。一般选择印刷效果好，适合所包装商品的廉价的材料制作纸容器，如牛皮纸、白板纸、卡纸等。

③制版和印刷。在纸盒制造中，印刷是一道主要的工序。在现代化的纸盒（纸容器）加工中，特别是与现代化的加工设备配套加工时，印刷工序均安排在前道工序。制盒用纸板从过去的单张向卷筒发展，从连续的印刷进入下道模切（或冲裁）、切角去边，到最后的成盒逐渐实现联机生产。纸盒的印刷就是纸板的印刷，纸盒的印刷多用柔性版印刷，而很少用金属版印刷。纸容器外表面的印刷可采用通常的印刷方式，如胶印、柔印等，目前多以平版胶印为主，但柔性版印刷正在加强，在文字、线条、实地图案和网线数不太高的层次版的印刷上，柔性版印刷和胶印可获得同等质量的印刷品。

④表面整饰加工。表面加工指根据产品的需要，印刷完之后需要在印刷品表面进行上光、覆膜、涂蜡等处理，使其具有光泽、耐水性、耐油性、密封性等功能。

⑤模切压痕。模切是在相应设备上通过模具一次将纸盒展开边线冲压完成，从而得到一完整的纸盒展开图。同时在模切中将要折叠的部位压了痕，只要通过折叠便得到所需的盒型。

纸盒的模切要保证印刷的位置，而模切的好坏不但影响到印刷的图文部位，还影响到自动包装充填的适应性。印刷与模切很好地结合才能保证纸盒的质量。

模切的标准作业程序是将压痕刀和冲切刀组合在按展开图制成的冲模上，将纸板送入模切机上的阴阳模之间加压。现在有很多先进的模切机上附设有自动送纸、自动去除边角料装置，还有与印刷机连接相联动的模切机，这种模切机价格较高，精度较高，适用于大批量的印刷与自动模切。另外，现在制模切板时，可把纸盒的尺寸、形状、纸板克重等输入到计算机，并由计算机控制激光的移动，从而在胶合板上刻出纸盒的全部切线和折线，最后嵌入钢刀或钢线，并在钢刀的两边贴上泡沫橡皮，以便纸板从模切板弹出来。把制好的模压版装入自动模切压痕机，一切步骤都由计算机控制，并且精度很高，生产效率也高，并能自动清除废屑。

⑥制盒。成盒是经前几道工序得到的纸盒坯板经折叠、粘贴为成品纸盒的工序，也称为制盒工序。过去，纸盒大多在印刷厂、纸品厂和包装厂制成盒然后交给用户，由用户通

过人工或半自动装置来装成品后再糊盒（用醋酸乙烯类乳液胶黏剂）或钉盒。现在可以成型充填包装联动机的方式，自动完成整个操作。成盒装置有以下几种。

a. 筒形贴合机。它将模切好的半成品纸盒板坯一张一张地送入，经皮带传送、折叠、由上胶轮涂胶，然后贴盒送到干燥隧道而得到纸盒成品。这类贴合机有单筒贴合与双筒贴合两种机型。

b. 长形贴合机。这种设备适用于长形窄幅纸板的贴合，制成长筒状后，再裁切制盒。

c. 自动贴合机。它是一种制盒与填充包装的联合加工设备，在内装物品生产厂将产品包装直接送往用户或经销商。

d. 其他设备及制盒。如用于灌装酒类的自动贴盒机，灌装饮料的充填制盒组合机，自动和隔板的贴合机等。

（2）纸盒加工过程中常见的问题及解决方法。

①剥离层现象。这种现象多发生在多层结构纸板中，特别是在使用黏度大的油墨印刷时，易产生纸页的剥离，所以我们选择纸盒纸板面层与次面层，次面层与第三层间应有较高的结合强度。剥离层现象易发生于不同原料的层间，为了克服这种不良现象，可在不同层间施加淀粉黏结剂。

②纸板底面起毛。纸板底面起毛是影响印刷品质量的重要原因。对于白纸板来说，底面起毛是因为纸的底面强度不够或者是纸面的尘埃点较多造成的。在纸板印刷时，上面一张的纸毛会黏附在下一张纸板的印刷面，造成印刷图案模糊，甚至脱墨，影响外观，为防止纸板底面掉毛，可用聚乙烯醇进行底面处理。

③纸板翘曲、凹凸不平。纸板翘曲、凹凸不平是影响纸盒正常生产和印刷的主要原因。纸板产生翘曲、凹凸不平的根本原因是纸板受潮。纸板的原料是植物纤维，纸板在抄造时，纤维在强制状态下成形、干燥，能产生持久的应力，但它是亲水性物质，会随着环境的变化而吸湿或者脱湿，一旦吸潮，纤维便恢复自由状态，纤维因应力的消除而舒展，当面浆纤维与底浆纤维伸展程度不相同时，即双面受潮程度或者干燥程度不相同时，纸板便会产生翘曲、凹凸不平的现象。因此，各层原料结构变化大的纸板比原料结构单一的纸板更容易翘曲，单面涂布的纸板比双面涂布的纸板更容易翘曲。可以通过控制制盒和包装车间的湿度范围、选用湿度小的纸板做包装盒、尽量使用各层材质成分相同的纸板、避免吸潮和反复干燥，另外对于单面涂布纸也到对其背面进行处理，保持正反两面水分平衡等方法来避免纸板产生翘曲、凹凸不平的现象。

④纸板在制盒过程中产生撕裂现象。制盒时产生撕裂与原纸板质量、加工环境湿度、压线方式有关。原纸板质量对撕裂有影响的指标是其抗裂强度，同时与它的含水量有关。纸盒加工对撕裂反应敏感的是在印刷后的压痕与切槽（开槽）。一般是相对湿度偏高，纸板的抗撕裂强度也偏高。可用测试仪器测定纸板的撕裂强度。纸板的撕裂度可将已压线后的纸板弯曲（折）180°，看其表面撕裂情况，这样便可评价其撕裂度的优劣。

⑤粘贴性问题。粘贴性问题也是纸盒制盒中应注意的问题。涂布纸板表面层粘贴力较弱，有时还会出现涂布层剥离。凡是出现涂布层剥离的现象，需弄清涂布层是否有质量问题。简易的试验方法是用醋酸乙烯乳胶黏附在纸板的正反面，待干燥后用手揭开，检查粘贴情况（内部粘贴层）。

3. 瓦楞纸箱成型加工

瓦楞纸箱是目前使用最为广泛的纸包装容器，因对内装物品具有保护性强，重量轻、结构性能好，运输费用低，使用方便，易于回收等优点已成为运输包装的主力军。看似一个简单的纸箱在生产过程中必须要通过一道道技术要求较高的步骤，印刷、上光、覆膜、裱贴、模切、钉或糊成型工艺都必不可少。即使有了瓦楞纸板生产线生产的优质瓦楞纸板，如果在印刷、开槽、压线、装钉等方面管理粗放，达不到技术质量要求，也不会生产出合格的瓦楞纸箱。因此，提高好瓦楞纸箱的成型工艺是一个非常重要的问题。

瓦楞纸板只有经过模切、压痕、开槽开角加工后，才能制成瓦楞纸箱箱坯，箱坯接合后即成为纸箱。

（1）纸箱箱坯的制作。目前，国内纸箱加工多采用印刷开槽机进行，这种机器具有给纸、印刷、压痕、切角四个部分。

①给纸装置。瓦楞纸板具有足够的挺度，所以瓦楞纸板印刷开槽机的给纸系统采用单张给纸方式，其输纸部件推动纸板进入一对给纸辊中，从而向压印部件输纸。在整个给纸印刷加工过程中瓦楞纸板都处于一个水平面。

②印刷装置。多数瓦楞纸板印刷机压印部件的滚筒排列是压印滚筒在上，印版滚筒在下。也就是说，是对纸板的底面进行印刷，这样可以使纸板在进入印刷前，承印物上的灰尘和碎屑等杂质可以自然下落而清除。

③压痕装置。印刷后，纸板经牵引辊被送入压线装置进行纵向压线，纵向压痕限定纸箱的宽度与长度。压痕装置由一对转轴和四对压痕滚轮构成，其中压痕滚轮的数目是依据是一片瓦楞纸板成箱还是两片瓦楞纸板成箱的要求而定，前者使用四对滚轮，后者使用两对滚轮压痕。

要实现高质量的纸箱模压成型加工，除使用高精度的设备之处，还要注意模压耗材的选用。成型工艺中主要涉及模切底版、压痕线、模切刀及反弹海绵胶。高质量的模切产品对模切刀、压线、海绵胶条以及弧板的质量、形状，模切版的制作都有很高的要求。采用高质量的模压设备，模压材料并使其互相配合得当，是瓦楞纸箱获得良好的成型质量的关键。

④切角、开槽装置。一件箱板成箱的纸箱均具有 6 条边和两个切角，所以切角开槽机的上下转轴上装有 3 对剪切滚刀和 1 对切角刀。滚刀上有上刀和下刀之分，轴转上装有刀座。上滚刀座装有两片刀片，用螺栓紧固，其中一个刀片为固定，另一个刀片可根据板料尺寸沿圆周方向进行调节。下滚刀座则装有两个环形刀，刀分别装在刀座的左右端面上，形成一个环形槽。上滚刀的厚度与环形槽的宽度相等并使上滚刀嵌在环形刀槽内，上下滚刀互不干涉。如图 2 –41 所示。

开槽工艺常见问题有开槽尺寸不准确，深度不一致，刀口不洁，压线深度不够，折痕不一致、压痕处断裂、压线破裂等问题。

开槽和压线尺寸要根据工艺图纸设计的制造尺寸确定，开槽刀和刀座要紧固。纸板过窄时应将各部传递辊（也称牵引辊）调整在压线位置上，经常检查并及时更换磨损刀具，保证上下刀成对安装。根据不同楞型，调整切刀深度，以保证正确的压痕规格。由于纸板干燥而引起的压线破裂，可采用喷水的办法加大纸板的含水量。要视纸质、纸板干湿度灵活调整压线深度。

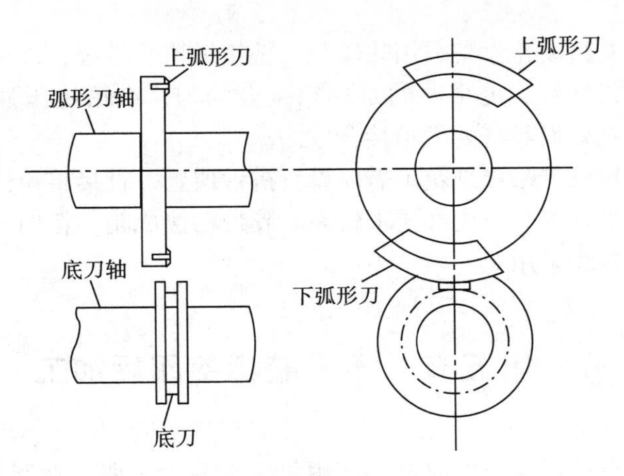

图 2－41　切角、开槽装置

开槽成型的特点是速度快，无须制作刀模，使用成本低；但模压精度较差，只能处理精度及形状要求不太严格的纸箱产品。目前，开槽成型的生产方式在纸箱企业的应用也相当普及。

(2) 纸箱的接合。纸箱的接合是把已成型的瓦楞纸板按设计的箱型把箱边接合起来制成容器，接合的方式和质量直接影响纸箱的外观及其抗压强度。接合方式及强度的比较见表 2－2。将纸箱板接合成纸箱，根据使用材料的不同分为钉接、粘接（用黏合剂）和贴接（用胶带），如图 2－42 所示。

表 2－2　接合方式及强度的比较

指标	钉接	粘接	胶带贴接
抗压强度/N	5510	5915	6085
压缩变形/mm	27.4	31.2	23.0
抗张强度/N	1294	2720	3100
伸长/mm	13.3	10.4	10.4

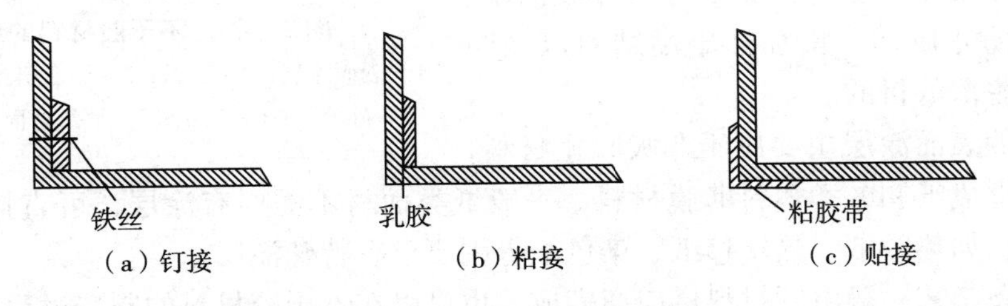

图 2－42　纸箱的接合方式

①钉接。纸箱钉接的材料是镀铜或镀锌的扁铁丝，通过手动钉箱机或半自动钉箱机将纸箱接口与搭舌部分铆接在一起。钉接方法操作简单，设备成本低，是一种较常用的纸箱接合方式，但并不是最佳方式。钉接纸箱铁丝暴露在接口处，外观较差，内部容易划伤内装物；钉接纸箱接口边只是部分被铁丝搭接，强度不高且密封性差；铁丝容易生锈。

②粘接。纸箱粘接是使用胶黏剂把纸箱接口部分与搭舌粘接在一起。常用的胶黏剂有

淀粉胶和白乳胶，也有自动化设备采用热熔胶。粘接纸箱质量好，外形美观，材料费用比钉接节省，纸箱的密封性好，更重要的是粘箱接合均匀，纸箱抗压强度比钉接提高。因此，粘接是一种优质高效而经济的纸箱接合方法。

③用胶带贴接。用胶带贴接纸箱不需要设置搭舌位置，直接将箱体对接，用胶带粘贴接合。粘贴选用的胶带强度与黏度都要求较高。胶带粘接成箱，箱内、外表面平整，密封性好。目前这种方法较少采用。

第五节　不干胶标签印后加工

不干胶标签也叫自粘标签、即时贴、压敏纸等，是以纸张、薄膜或特种材料为面材，背面涂有黏合剂，以涂硅保护纸为底纸的一种复合材料，并经印刷、模切等加工后成为成品标签。应用时只需从底纸上剥离，轻轻一按，即可贴到各种基材的表面，也可使用贴标机在生产线上自动贴标。因此，越来越多的商品使用不干胶标签来代替普通标签。

目前，根据不同国家的工业结构和印刷业的现状，不干胶标签印刷加工方式基本上分为两种类型，即以欧美发达国家为代表的采用柔性版印刷、圆压圆模切为主的加工方式和以亚太国家为代表的采用凸版印刷、平压平模切为主的加工方式。

一、不干胶标签材料的结构及分类

1. 不干胶标签的材料结构

不同面材、黏合剂和底纸的组合构成了不同用途和不同种类的不干胶材料。不干胶材料的结构从外观上看由面材、黏合剂和底纸组成，但从制造工艺和应用特性上分析，由以下 7 部分组成，如图 2－43 所示。

(1) 面材上的表面涂层。面材上的表面涂层是指对一些材料的表面进行某种处理，以达到改变其表面性能为目的。如增加表面张力、改变颜色、涂布保护层等使其更好地接收油墨、打印，达到防止脏污、增加油墨黏结力以及防止印刷图文脱落的目的。

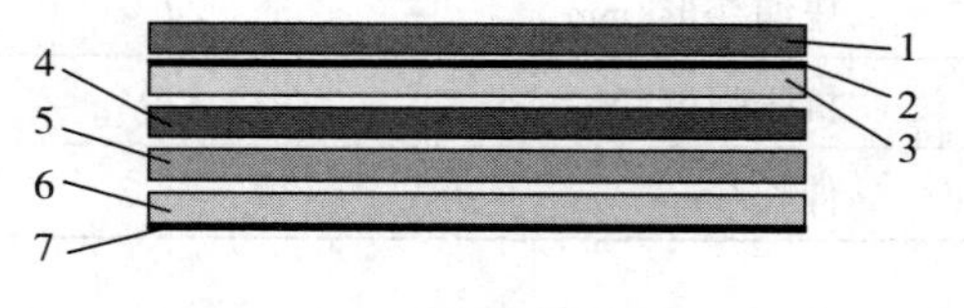

图 2－43　不干胶材料的结构

1－表面涂层；2－面材；3－涂底层；4－黏合剂；5－硅油层；6－底纸；7－底纸背面涂布或印刷

面材上的表面涂层主要用于非吸收型材料，如铝箔纸、合成纸和各类塑料薄膜材料。一般纸类面材不需要有涂层，可直接进行印刷。但特殊材料，如热敏纸、热转移纸、染色纸等则要求有特殊涂层。

表面涂布工艺一般由原材料供应商完成，也可以在不干胶材料的制造过程中完成。

(2) 面材。面材是正面接受印刷图文、背面接受黏合剂并最终应用到商品上的材料。一般来说，凡是可柔性变形的材料都可作为不干胶材料的面材，从常用的纸张、薄膜、复合铝箔到各类纺织品、薄的金属片和橡胶等。面材的种类取决于最终的应用和印刷及印后加工工艺。要求面材在印刷和打印过程中有良好的印刷适性，并在强度上能满足各种印后加工，如模切、排废、纵切、打孔和自动贴标等基本要求。

(3) 面材的涂底层。普通不干胶材料不需要涂底层，特殊材料制作时采用这种工艺。

与面材的表面涂布原理一样，所不同的是涂布层是在面材的背面。

涂底层的主要目的是保护面材、防止黏合剂渗透到面纸表面；增加面材的不透明性；增加黏合剂同面材间的黏结能力；防止塑料面材中的增塑剂渗透到黏合剂中。

（4）黏合剂。不干胶材料所用的黏合剂为压敏性黏合剂。黏合剂是标签材料同基材（被黏结物体）之间的媒介，起黏结作用。其类型主要有以下几种：按涂布技术可分为热溶胶、乳剂胶；按化工材料可分为橡胶类、丙烯酸；按应用类形可分为永久性、可移除性。

（5）涂硅层。涂硅层是指底纸表面涂布的离型剂层。涂硅层的表面张力非常小，用于保护黏合剂、避免黏合剂同底纸粘连。控制涂硅层的涂布量可控制不干胶材料的离型力，而离型力的大小和标签的应用有关。

（6）底纸。底纸的作用首先是接受离型剂，硅油的涂布起到保护标签面材和黏合剂的目的。底纸的另一个作用是支撑面材使其能够接受印刷、模切、排废和贴标。根据标签的不同印刷方法和使用方法有不同类型的底纸。

（7）底纸背面涂布或背面印刷。

①背面涂布。背面涂布是指在特殊情况下或特殊产品中在底纸背面的一种保护涂布，一般涂布少量的硅油，应用在黏合剂涂布量较大或黏合剂流动性好的不干胶材料上。作用是防止排废、复卷后的标签四周渗出黏合剂并且粘到底纸背面造成标签粘连无法使用。

②背面印刷。背面印刷是指在底纸的背面印上制造商的标记、产品型号，起到产品的宣传和防伪作用。一般知名品牌的不干胶材料背面都印有自己专用的标记。

2. 不干胶标签的分类

不干胶标签材料按其面料可分为纸张类不干胶标签材料、薄膜类不干胶标签材料和特种不干胶标签材料。不同材质的不干胶标签材料其表面性能和印刷方式不同，在印刷中需有针对性地采取不同的工艺和措施。

（1）纸基类不干胶标签材料。纸基类不干胶标签材料按表面光泽可分为高光纸（镜面铜版纸、玻璃卡纸、光粉纸）、半高光纸（铜版纸）、亚光纸（胶版纸、无光涂布纸、热敏纸、热转移纸、标价纸、书写纸、打印纸）、金属化处理纸（铝箔、镀铝纸）和特种纸（荧光纸、易碎纸、无荧光纸、转色纸）等。不同的纸张标签材料，印刷效果不同，用途也不同。

（2）薄膜类不干胶标签材料。常用薄膜类不干胶标签材料主要有聚酯薄膜（PET）、聚丙烯薄膜（BOPP）、聚氯乙烯薄膜（PVC）、醋酸盐类薄膜、聚乙烯薄膜（PE）、聚苯乙烯薄膜（PS）和聚烯烃薄膜等。

薄膜材料为非吸收性材料，要使油墨在其表面牢固附着，薄膜材料的表面张力必须达到一定值，否则，油墨在薄膜表面不能完全润湿，也就不可能使印刷墨层具有良好转移性和牢固的附着力。

（3）特种不干胶标签材料。不干胶防伪标签材料是典型的特种不干胶标签材料，主要有以下类型。

①易碎不干胶材料。以短纤维的纸张或特殊工艺制作的PVC薄膜为面材，利用高强度的黏合剂制作的不干胶材料作为一次性的标签材料。这种标签贴到商品上后无法整体揭下，一揭就碎，所以利用标签无法重复使用的特性，达到防伪的目的。

②防伪膜不干胶材料。利用转移印刷技术，在PET材料的背面预先印上文字或图文（如印上“作废”等字样），然后在其表面涂布黏合剂。标签贴到商品上后，揭下时黏合剂下面的文字保留在商品表面，标签表面露出预先印刷的文字标签无法再次使用。利用标签的局部转移特性达到防伪的目的。

③复合面不干胶材料。以双层面料为面材，使用高强度的黏合剂在海绵层上面复合一层薄膜。当这种标签应用到商品上后，如要揭下只能将海绵上的薄膜揭下，海绵则永久的黏结在商品上，标签作废不能重复使用。利用标签面材的分离达到防伪的目的。

④安全标签不干胶材料。安全标签是利用电磁感应原理制作的一种特殊标签。标签内装有金属导体，当贴有标签的商品经消磁后，商品可通过安全门。如不消磁，一旦出现盗窃行为，安全门即发出警报。这种标签一般用于超市中的高级商品。

⑤无荧光、低荧光不干胶材料。利用紫外线荧光油墨在这种材料上印刷制作成无荧光标签。贴有标签的商品在紫外线灯光的照射下，可明显见到荧光的印刷图文达到防伪目的。

二、不干胶标签加工工艺流程

不干胶标签印刷与加工的基本方式有以下三种：

①对于单张纸，各工序由单机分别完成。

②对于从卷筒纸输纸到单张纸收纸，由联动机完成标签的印制，用于手工贴标。

③对于从卷筒纸输纸到卷筒纸收纸，由联动机完成标签的印制，用于自动贴标。

单机印刷是先在标签机或柔版机上印刷，其余的工序在印后加工设备上完成。

卷筒纸不干胶标签印刷工艺有联机印刷和单机印刷两种。联机印刷是卷筒纸经印刷后，直接进行烫印、上光、模切、排废等工序，一次性完成标签印刷的加工。卷筒纸不干胶标签典型加工工艺流程如图2-44所示。

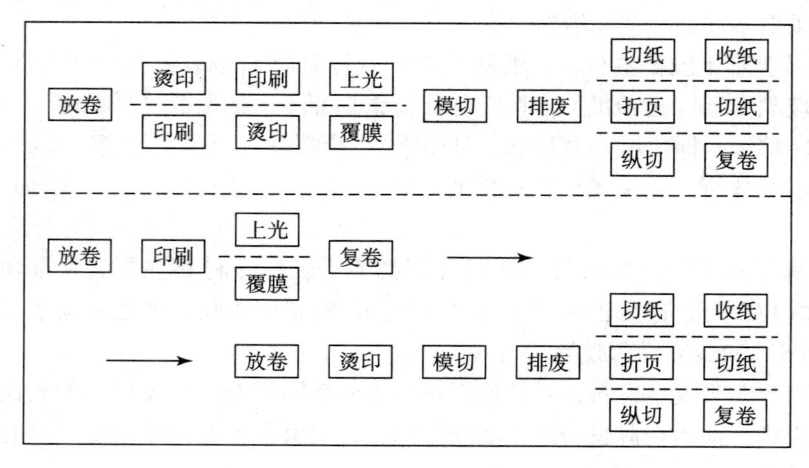

图2-44　不干胶标签的加工工艺流程

1. 放卷输纸

根据机器的种类不同，放卷输纸方式也有所不同，主要有以下两种方式。

（1）间歇式输纸。卷筒纸放卷时无张力变化，所以不需要张力控制装置。主要应用在平压平、圆压平标签机上，输纸速度慢。卷筒纸纠偏装置，要求卷筒纸端面平整，确保印刷时套印准确。

（2）连续式输纸。主要应用在轮转式圆压圆标签印刷机上。由于卷筒纸的直径和速度变化时，纸张有张力变化，所以连续式输纸有张力控制和输纸路线纠偏装置。

2. 印刷

不干胶标签印刷分为普通印刷和 UV 印刷两种。普通印刷使用树脂型油墨或水性油墨等，靠自然或加热干燥，而 UV 油墨靠紫外线固化干燥。

（1）平压平印刷。适合小面积、简单图文的不干胶标签印刷，可进行简单彩色网点的套印，速度快、效率高。

（2）圆压平印刷。适合带有实地、普通彩色的不干胶标签印刷，速度较慢，印刷质量介于平压平和圆压圆印刷方式之间。

（3）圆压圆印刷。适合各类图文的不干胶标签印刷，印刷质量好，生产效率高，是目前最先进的不干胶标签印刷方式。

3. 烫印

不干胶标签烫印分为平压平式烫印和圆压圆式烫印两种。

（1）平压平烫印。应用在间歇式输纸的小型标签印刷机上，生产效率低，但印版制作简单，成本低，得到普遍的应用。

（2）圆压圆烫印。应用在连续式输纸的大型标签印刷机上，生产效率高，但印版制作成本高，应用不普遍，属于选用附件。

根据标签机的结构又分为先烫印和后烫印两种：

①先烫印、后印刷。由于没有 UV 印刷装置的设备上要求烫印图文同印刷图文分开，不能套印，更不能在未干燥的油墨上烫印。标签的设计受到局限，用于简单图文的烫印。

②先印刷、后烫印。可在 UV 干燥后的油墨上烫印，所以烫印图文可任意设计，适用于高档次标签的表面烫印，是一种先进的生产工艺。

4. 上光

目前不干胶标签印刷品几乎全部采用 UV 上光工艺，分为亮光和亚光两种。

（1）实地上光。利用联机的上光装置进行整体上光，采用柔性版印刷装置的原理，利用网纹辊来控制上光层厚度。

（2）局部上光。利用印刷工位或在上光装置上使用局部印版的方法，对标签图文进行局部上光达到增加局部光泽和反差效果。

上光的作用是保护墨层、增加光泽、防水防潮。目前高档标签，一般采用上光工艺代替覆膜工艺。

5. 覆膜

同上光工艺一样，覆膜也分为亮光膜和压光膜两种。覆膜的目的与上光相同，但覆膜可以增加标签的强度和厚度，提高耐磨性。BOPP 薄膜是常用的覆膜材料。

（1）有底纸膜。有底纸膜的结构与普通的不干胶材料相同。使用有底纸膜覆膜是一种传统的方法，优点是膜的张力变形小，所以标签的平整度好。覆膜时无噪声，速度可适当加快。缺点是费用大、不利于回收处理，目前印刷厂很少采用这种材料覆膜。

（2）无底纸膜。无底纸膜的结构与透明黏胶带相同，利用复合膜的背面作离型层。无底纸膜的特点是材料便宜、使用方便。缺点是操作时噪声大，膜的张力变形大，标签覆膜后易变形，而且速度不宜太快。使用无底纸膜复合时要处理好速度和张力之间的关系，否则大的标签会发生卷曲出现质量问题。

6．打孔

应用不普遍，主要用于计算机打印标签和标价枪上使用大标签。在标签的两侧或中间打出圆孔，用于定位和驱动。

7．模切

同传统的模切工艺不同，不干胶材料的模切采用半切透工艺，只切断面材，而不切断底纸。有两种模切方式。

（1）平压平模切。适合各类标签机使用，优点是成本低，印刷厂可自己制版，适合各类短版活。采用平压平模切的缺点是速度慢、精度低，不适合大规模生产。

（2）圆压圆模切。应用在圆压圆标签设备上，模切精度高、速度快，适合各类产品的加工，但圆压圆模切版辊费用大。圆压圆模切是不干胶标签生产的方向。

8．排废

去掉模切后标签四周的纸边，使标签可以自动贴标或手工贴标，是不干胶标签加工中的特有工艺。

9．收纸（收卷）

根据标签的使用方法有三种收纸方法。

（1）切张收纸。当标签不需要自动贴标时，印刷加工后的标签可切成单张，这样便于手工贴标和包装保存。切张收纸的另一个作用是使未完全干燥的标签上架干燥，这样可避免标签间的粘连。切张收纸是目前国内印刷厂普遍采用的方式。

（2）折页收纸。同打孔方式相配合的一种方式，主要应用在轮转式标签机上。

（3）纵切复卷。这是圆压圆标签机上普遍采用的工艺。在收纸前将纸张纵切，然后复卷。成品标签经检验后可用于自动贴标机和打印机。标签成品复卷是不干胶标签印刷加工的发展方向。

以上介绍了卷筒纸不干胶标签印刷加工的典型工艺流程，这些工序可根据产品的形式和选用的材料任意组合。

思考题

1．纸与纸板的区别是什么？有哪些规格？

2．常用包装用纸按用途分别是怎样分类的？

3．纸的结构有哪些特点？它们与其性能、质量有什么关系？

4．什么是纸盒？纸盒如何分类？

5．什么是折叠纸盒？何谓管式折叠纸盒？

6．折叠纸盒的制造工艺过程有哪些？

7．什么是粘贴纸盒？工艺流程是什么？

8．纸箱的楞型有哪些？分别有哪些特点？

9．纸箱的基本箱型有哪些？各种箱型是怎样定义的？

10．折叠纸盒加工技术及其发展趋势是什么？

11. 何谓上光？上光的目的是什么？

12. 上光如何分类？常见的上光各有什么优缺点？

13. 上光工艺是什么？有哪些涂布方式？

14. 影响上光涂布质量的因素有哪些？

15. 影响压光质量的因素有哪些？

16. 上光机的组成是什么？其干燥方式有哪些？

17. 什么是组合式脱机上光设备？什么是联机上光设备？胶印机联机上光装置有哪几种？

18. 什么是覆膜？覆膜分为哪几类？

19. 覆膜的工艺流程是什么？

20. 覆膜机有哪些种类，其组成是什么？

21. 覆膜工艺常见的故障及排除方法是什么？

22. 什么是烫金？有哪些种类？

23. 传统烫印和冷烫印的区别是什么？

24. 什么是模切压痕？什么是模压版？怎么制作模压板？

25. 模切压痕的工作原理是什么？

26. 纸箱成型加工工艺过程是什么？

第三章 塑料包装制品的印后加工

第一节　软包装材料及软包装

一、软包装材料

随着商品品种的增加，单种材料很难满足包装商品的需要。为了满足商品对包装的要求，对材料的性能和功能提出了更高的要求。随着科学技术及材料科学的发展，很多新的材料应运而生，软包装材料就是其中之一。

所谓软包装材料是指采用层合、挤出和涂布等复合工艺和技术，将两种或两种以上不同材质的基材进行复合而形成的具有柔软性和韧性包装材料。软包装材料的应用领域非常广泛，在食品、药品、轻工产品、基础化工原料、电子产品等行业的产品包装中已取代了大部分的纸包装和部分的金属、玻璃罐类容器，随商品特点包装品的形式越来越多样化。

1. 软包装材料的特性

商品在整个流通过程中要经过包装、运输、销售等环节，每一个环节都要求包装材料要有与其对应的特性。

（1）保护性能。包装应保护内装物，使其性能与可靠性不受冲击或振动等外界机械因素、水或空气等环境物质、气候条件（如温度）的影响。

（2）操作性能。为了满足包装装潢的需要，塑料包装材料应具有一定的印刷适性，或通过预处理后能解决印刷牢度问题。同时，具有一定的刚性和挺度，能适应包装装卸自动包装，适应热封机械封合、制袋，并且具有容易充填物品、容易揭口等性能。

（3）运输和堆码性能。包装物要有一定的强度，在流通领域中不易破损。包装物的造型应便于堆码，利于运输及减少储存成本。

（4）促销性能。包装造型款式要新颖，装潢印刷色彩要鲜明大方，符合销售地区人们的爱好，具有市场竞争能力。

2. 软包装材料的结构

软包装材料是由不同功能的基材层和黏合层形成的层状结构，由于结构不一，组成材料多，且各层基材的厚度变化、制造工艺与方法不同，使复合包装材料品种很多，性能差异很大。在选择软包装材料时，可根据商品的特性及用途进行选择，而黏合层则由复合基材性质、复合方法及复合后产品的用途来选用，复合材料的基本结构是：

（1）印刷装饰外层。应具有良好的印刷适性，以便获得精美的商标图案。

（2）强度支持的基本层（骨架层）。非热塑性或高熔点，尺寸稳定性好，如聚酯（PET）、双向拉伸聚丙烯（BOPP）、双向拉伸尼龙（BOPA）、玻璃纸（PT）、纸张等。

（3）特殊功能层。具有阻隔、保温、保鲜、绝缘、防腐等特殊功能的材料，如铝箔、镀铝膜、尼龙、聚偏氯乙烯（PVDC）、聚乙烯醇（PVA）、乙烯－乙烯酸共聚物（EVOH、EVA）等。

（4）封合层。耐热柔软易封口，如低密度聚乙烯（LDPE）、流延聚丙烯（CPP）、乙烯醋酸乙烯聚合物（EVA）等热封内层或冷封涂层。

3. 常见的软包装材料结构

软包装材料的层数一般在2～7层，常见的结构有以下几种。

（1）铝/纸复合结构。利用铝箔（镀铝层）的防潮、防锈、阻气和光泽效果，使其与纸张经湿法贴合而成，如图3－1所示。该材料具有很高的柔软性、装饰性和保护性，较好的防潮性、防霉性、保干性和保味性，主要用于卷烟、口香糖、巧克力、糖果、烟标、装潢、铝纸压花等高雅包装。

图3－1　铝/纸复合机构示意图

（2）纸/塑复合结构。由纸和塑料经干法或湿法复合而成，它根据产品包装的需要，主要有两种结构，如图3－2所示。该材料具有良好的抗皱性、防潮性、热封性、挺括美观性，主要用于干燥品（食品、药品、化工原料等）包装，也用于礼品外包装膜、书刊封面、宣传画。图3－2（b）比图3－2（a）多一层塑料外层，因此具有更好的防潮性、光泽性等。

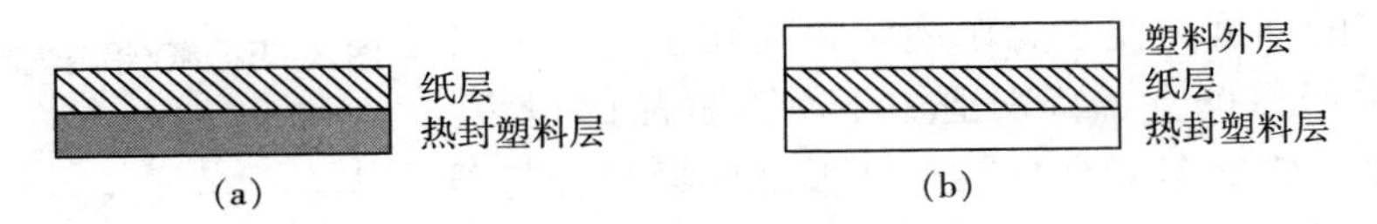

图3－2　纸/塑复合结构示意图

（3）塑/塑复合结构。由不同种塑料薄膜经干式或共挤出复合而成，使各材料取长补短，优势组合，该材料具有良好的抗拉强度、耐冲击、耐撕裂、柔软性、防潮性、热封性、轻便性、美观性，主要用于普通固体、液体物料（食品、药品、日化、购物）的包装。塑/塑复合材料根据产品包装要求，常见的有两种形式，如图3－3所示。骨架层塑料一般是机械强度较高，印刷适应性好的塑料树脂薄膜基材，如HDPE、BOPP、BOPET等；而功能层塑料一般是阻隔性、耐戳穿性等好的塑料树脂薄膜基材，如PVDC、NY和PET等。

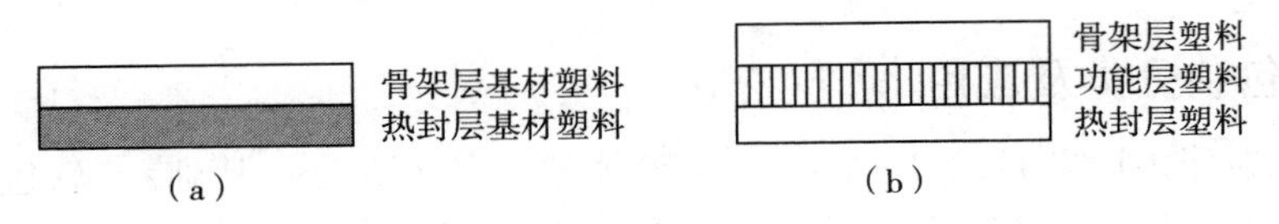

图3－3　塑/塑复合结构示意图

（4）塑/铝/塑复合结构。铝箔（镀铝层）与高强度、可热封的塑料薄膜进行干式复合而成。该材料阻隔性极佳、柔软可折叠、机械强度高、耐油抗腐蚀性及热封性能优良。主要广泛应用于粉状物、易吸湿物品（如食品、药品、种子等）的防潮包装，采用耐高温塑料或尼龙层及耐高温黏合剂的铝塑复合膜，能承受120～150℃的高温杀菌处理，用于酱状、糊状、固状的蒸煮食品包装盒太空食品包装。塑/铝/塑复合材料根据产品包装要求，常见有三种形式，如图3－4所示。骨架层塑料仍然是机械强度较高，印刷适应性好的塑料树脂薄膜基材，如HDPE、BOPP、BOPET和NY等，而功能层塑料一般具有良好的阻隔性、耐戳穿性等性能的塑料树脂薄膜基材，如PVDC、NY等，而图3－4（c）中的热熔胶挤出层一般是一些热塑性的热熔胶树脂，经挤出机挤出在骨架层塑料与铝层之间或铝层与热封塑料层之间而直接进行黏合，无须涂布胶黏剂，所得到的软包装复合材料无溶剂残留问题，环保性、卫生性好，且黏合（复合）强度高。

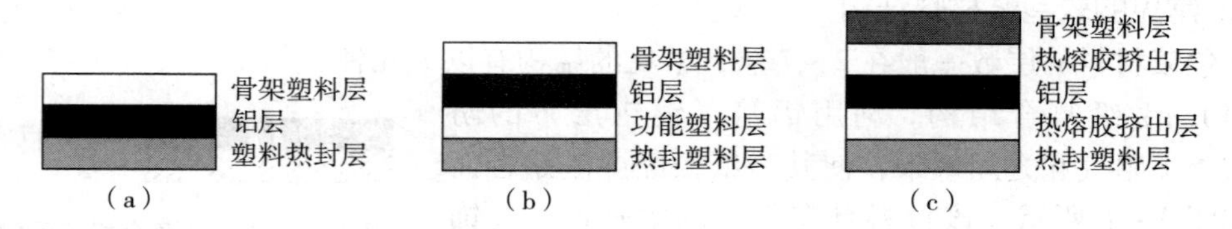

图3－4　塑/铝/塑复合结构示意图

（5）纸/铝/塑复合结构。由纸、塑料和铝箔经干式复合而成，其结构如图3－5所示。该材料具有优良的密封性、防潮、阻气、遮光、挺度高、成型性好。主要用于干混悬状、粉状、颗粒状的阻气、保干、留香、保味物品的袋式包装，延长食品、药品的保质期。

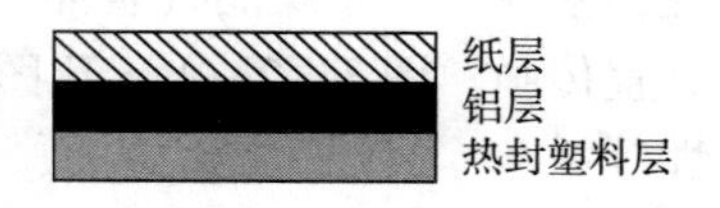

图3－5　纸/铝/塑复合结构示意图

（6）塑/纸/塑/铝/塑复合结构。以纸塑铝干式复合而成5～6层结构，介于软薄膜和刚性片材之间，其结构如图3－6所示。该材料具有优良的阻隔性、密封性、遮光性，有较好的强度，便于无菌灌装自动化生产。主要用于果汁、牛奶保鲜盒、特别适用于冷冻食品的包装。此外还有以纸、铝、塑复合材料与纸板绕成罐身，与塑料盖制成轻便、经济、易开启的复合罐，最适合包装薯片、花生、果仁等休闲小吃。若上下端卷封马口铁或铝易开盖，性能媲美铁罐，而价格比铁罐低10%～30%。

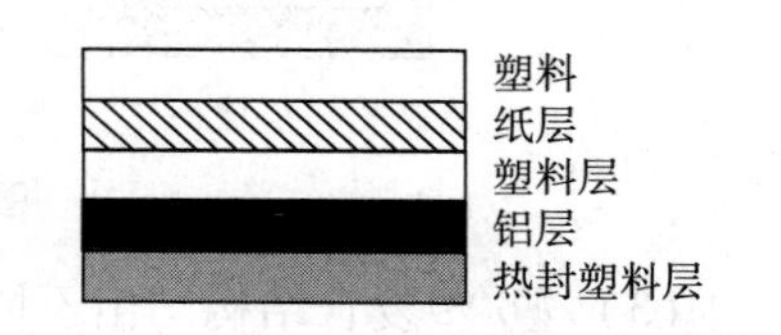

图3－6　塑/纸/塑/铝/塑复合结构示意图

以上是常见的几种典型的软包装材料的结构组成，根据不同基材膜的合理选用与配置，不同规格（如厚度）基材的选用，复合层数多寡，可得到不同厚度、不同性能的膜材或片材，结合材料成型工艺与方法，还可以得到复合软管包装材料、泡罩包装材料等，这些材料具有高阻隔性、半刚性、机械强度高以及便于自动化等特点。

二、软包装分类及应用

根据国家标准GB/T 4122.1—2008《包装术语　第1部分：基础》，软包装的定义为：在充填或取出内装物后，容器形状发生变化的包装。该容器一般用纸、纤维制品、塑料薄膜或复合包装材料等具有柔软性和韧性的包装材料制成，这类材料即是软包装材料。软包装具有选材广，工艺先进、生产效率高、成本低和运输、销售、使用便捷等优点，在包装行业得到广泛应用。目前，软包装主要应用在食品、药品（材）的袋包装、收缩包装、拉伸包装、贴体包装、泡罩包装、真空包装、充气包装、气调包装等。

1．软包装的分类

根据复合材料理论和欧美、日本近年来倡导的“新包装学体系”，软包装分类方法主要有以下几种。

（1）按复合工艺分类。目前，软包装材料按加工方法分类，主要有以下几种：干式涂布有机溶剂黏合剂复合软包装材料；湿式涂布无机黏合剂复合软包装材料；挤出膜积层复合软包装材料；多层共挤（经两台以上挤出头）复合软包装材料；热熔剂涂布复合软包装材料；无溶剂（即固体黏合剂）复合软包装材料；物理气相沉积复合软包装材料；化学气相沉积复合软包装材料；混炼式复合软包装材料；前述方法组合复合软包装材料等。

（2）按复合材质分类。众所周知，用作软包装复合的基材主要是塑料薄膜，其次是纸、金属箔材和复合材料。用它们可制造下列各类复合包装材料：纸与纸；纸与金属箔；纸与塑料膜；塑料膜与塑料膜；塑料膜与金属箔；塑料膜与金属膜；塑料膜与基材材料；塑料膜与无机化合物膜；塑料膜与有机化合物膜；非晶塑料膜与塑料膜；基材与纳米类超微粒复合；基材涂覆或浸渍专用添加剂；复合材料的多层复合等。

（3）按复合形态分类。一般而言，软包装材料大多是在全表面均匀地进行。包装材料复合形态主要有下列几类：大面积（均匀）复合；局部复合，如只在包装封口部位或强化部位进行复合强化或赋予某些功能；复合片或复合袋，将特殊功能集于一体而发挥整体功用；渐变复合（或叫非均匀复合），根据需要在复合薄膜的厚度方向（或长度方向）改变添加材料的浓度、组分或厚度；特殊复合，如按网状网纹复合等。其中，第3、4、5种是绿色工艺技术。

（4）按复合功用分类。对包装工业而言，由于各个产业部门对产品包装的要求各有不同，因此不同系统有不同的分类法，目前尚无统一规定和标准化的术语。根据近期欧美提倡的“新包装体系”，可分为下列10类：增强型复合包装；高阻渗型复合包装（阻气、阻水、阻油）；防腐型（防蚀防锈）复合包装；防电磁场干扰复合包装；抗静电复合包装；生物复合包装（果品催熟、鱼类保活、防虫、防霉）；保鲜复合包装（果蔬和肉制品用）；烹调用复合包装（如蒸煮、微波烘烤等）；智能型复合包装；超微纳米复合包装。

2．软包装的应用

软包装主要应用在食品包装、药品包装和日化商品包装等领域。

（1）在食品包装上的应用。食品变质除了自身的原因外，还与其所处的环境条件有很大的关系。这些环境条件主要包括氧气浓度、温度、pH值等。因此，作为食品用复合软包装首要功能就是减少环境因素对食品的不利影响，防止食品过快变质。然而食品类包装是软包装材料最主要的使用对象，种类繁多，要求各异，被包装内容物从生到熟、从低温到高温、从高水分含量到干燥食品、从真空包装到充气包装，几乎涵盖了软包装材料的所有应用范围，常用的食品包装技术有：真空包装、气调包装、防潮包装、无菌包装和热收缩包装等。软包装在食品上的应用，如表3－1所示。

表 3-1 软包装在食品上的应用

产品	包装材料
咖啡、奶粉	镀铝 PET/PE
硬质干酪	镀铝 PA/PE
小面包	PET/KPE，PP/KPE
熟肉、软点心	PET/PVDC/PE，PET/PVDC/离子聚合物
新鲜面条	BOPP/PE，PVC/PE
分割肉	PET/PVDC/PE，PE/PA/PE
蒸煮包装袋	透明类：BOPA/CPP、PET/CPP、PET/BOPA/CPP、BOPA/PET/CPP、PET/PVDC/CPP、GL—PET/BOPA/CPP 铝箔类：PET/Al/CPP、PA/Al/CPP、PET/PA/Al/CPP、PET/Al/PA/CPP
大酱包装	KPA/S—PE、PA/S—PE、PET/S—PE
绿茶包装	BOPP/Al/PE、BOPP/VMPET/PE、KPET/PE
食用油	PET/PA/PE、PET/PE、PE/EVA/PVDC/EVA/PE
酱油、沙司	KPA/LLDPE（EVA）、BOPA/VMPET/LLDPE（EVA）、PET/Al/PET/LLDPE（EVA）、PET/VMPET/LLDPE（EVA）

（2）在药品包装上的应用。药品是一种高附加值的产品，其对于安全性、可靠性有很高的要求。因此，软包装需要同时兼顾对药品的保护功能及携带和使用的便利性。按照材质划分，常见的药品软包装材料包括药品包装用复合膜、袋，药品包装用铝箔（PTP 铝箔），聚氯乙烯（PVC）或非 PVC 多层共挤输液膜、袋，铝箔封口垫片，纸及复合纸袋等。

药品包装用复合膜的分类如表 3-2 所示。

表 3-2 药品包装用复合膜的分类

材质	典型示例
纸、塑料	纸或 PT/黏合层/PE 或 EVA、CPP
塑料	BOPET 或 BOPP、BOPA/PE 或 EVA、CPP
塑料、镀铝膜	BOPET 或 BOPP/黏合层/镀铝 CPP BOPET 或 BOPP/黏合层/镀铝 BOPET/黏合层/PE 或 EVA、CPP、EMA、EAA、离子型聚合物
纸、铝箔、塑料	涂层/铝箔/黏合层/PE 或 CPP、EVA、EMA、EAA、离子型聚合物
塑料（非单层）、铝箔	BOPET 或 BOPP、BOPA/黏合层/铝箔/黏合层/PE 或 CPP、EVA、EMA、EAA、离子型聚合物

（3）软包装在日化商品包装上的应用。由于软包装具有外观绚丽、功能丰富、表现力多样等特点，使之成为日化商品最主要的包装形态之一。然而不同的商品对于软包装也有不同的要求，如：粉末洗涤剂的包装对跌落性、耐压性要求较高，以防止在流通过程中破袋。一般重量较轻（500g 以下）的包装袋多采用 BOPP/PE 的结构，而超过 2kg 的重包装

多采用 PET/PE 或 PA/PE 结构，以获得较高的封合强度。液体洗涤剂立体袋（约 250ml）一般采用 BOPA/LLDPF，一般小剂量（10ml 以下）的洗剂液体小包装袋多采用 PET/VM-PET/PE 的结构，也有采用 PET/Al/PE 的，但必须强化内层的抗污染封口性能。

第二节　涂布工艺

一、涂布方式及种类

涂布法，即在基材表面涂上涂布剂并经干燥或冷却后形成复合材料的加工方法。此法可生产各种性能的薄膜，是包装薄膜改性的重要方法，涂布薄膜既可直接用于包装，又可进一步进行其他方式的复合，作为复合的功能性基材使用。按照涂布剂的种类不同涂布可分为：溶剂型涂布、热熔胶涂布、冷封胶涂布等，涂布的方式有直接涂布、逆辊涂布、凹辊涂布、辊刮涂布、计量辊涂布、气刮刀涂布、热熔式涂布等，根据不同涂布材料加以选择。

一般，所用基材为纸、玻璃纸、铝箔及各种塑料薄膜，涂布剂有 LDPE、PVDC、EVA 等。涂布的产品主要有下述应用：阻隔性作用，如涂布 PVDC、涂蜡、涂防水层；功能性作用，如涂光亮油、涂增强底层、涂分散剂、涂抗静电剂、涂保鲜剂等；特种黏合作用，如涂冷封胶、涂保护膜粘贴层、涂胶带黏合剂等。

按涂布方式的不同，涂布可以分为以下几种。

1. 光辊涂布

光辊上胶涂布通常采用两辊及以上进行涂布。调整其上胶辊和涂布辊之间的间隙，就可以调整涂布量的大小。整个涂布头部分的结构较复杂，要求上胶辊、涂布辊、牵引辊及刮刀的加工精度和装配精度高，成本也比较高。

由于这种涂布机主要采用高精度的光辊进行上胶涂布，涂布效果较好，涂布量大小除了通过上胶辊和涂布辊之间的间隙来调整，还可通过涂布刮刀的微动调节来灵活控制，涂布精度高。目前在涂布复合设备上的应用也最广，其涂布示意图，如图 3－7 所示。光辊涂布还有挤压涂布、逆转涂布以及逆向吻式涂布等。

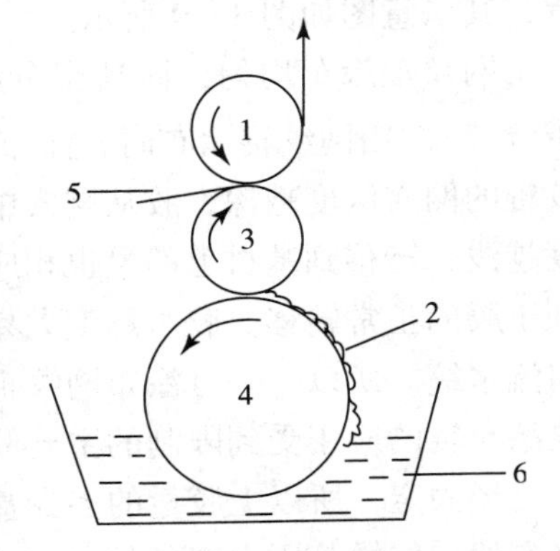

图 3－7　光辊涂布示意图

1－橡胶压辊；2－被带胶液；3－计量辊；4－带胶辊；5－基膜；6－胶盘

挤压传递辊式涂布形式，其实是涂料通过多根光辊的挤压传递而达到匀薄。一般情况都是钢质光辊与橡胶辊间相互挤压接触。辊与辊之间的间隙或挤压力可通过调节来达到控制涂布量。要求涂布固含量和黏度分别为：固含量 50%～65%，黏度 500～4000cP 之间，涂层比较均匀。当然传递辊越多越均匀，涂层也越薄。但因其间距（或挤压力）要调节，因此一般最多也只能是四根（含背压辊）。挤压传递辊式涂布机主要由钢质涂布辊、包覆橡胶的挤压辊、包覆橡胶的反压辊及胶料盘组成，所以也称为三辊涂布法。它是靠调节上胶辊和涂布辊二辊之间的间隙或挤压力来控制调节涂布量。

基材与涂布辊同向运行的，称为同向涂布机；基材与涂布辊反向运行的，称为逆向涂布机。同向涂布机和逆向涂布机的示意图，分别如图3－8（a）和图3－8（b）所示。涂布辊与料盘接触，通过旋转将胶料涂布在辊表面，由于挤压辊压向涂布钢辊，调节挤压辊与涂布辊之间间隙来控制胶料量，挤压出的余料也流到胶料盘，有时也用刮刀代替挤压辊。基材在反压辊压力作用下与涂布辊接触，从而使胶黏剂转移到基材的表面。

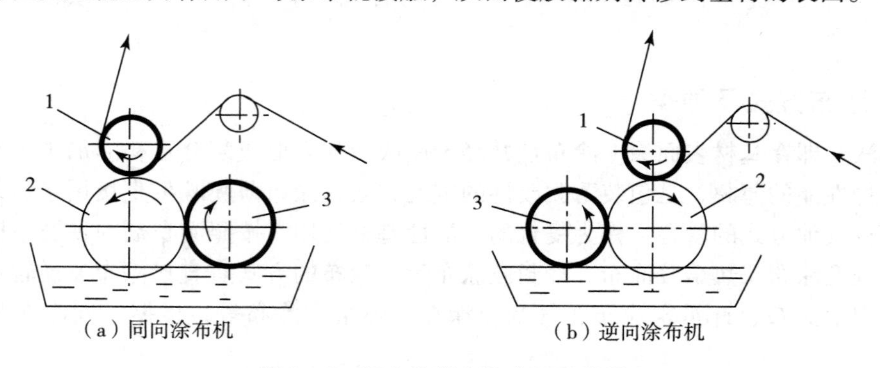

图3－8　同向和逆向涂布机示意图

1－反压辊；2－涂布辊；3－挤压辊

2. 网纹辊涂布

网纹辊涂布设备主要采用网纹（凹眼）涂布辊来进行上胶涂布。网纹辊涂胶的原理与凹版印刷原理一样。胶液注满凹版辊的网点之中，网点离开胶液液面后，其表面平滑处的胶液由刮刀刮去，而凹版网点中保留着刮不去的胶液，此胶液再与被涂胶的基材表面接触，在橡胶压辊的弹性作用下实现黏合剂的部分转移。由于胶液具有流动性，它会慢慢地自动铺开流平，使“网点”中不连续的、一点一点的胶液变成连续的、均匀的液层，而完成整个上胶过程，其示意图如图3－9所示。

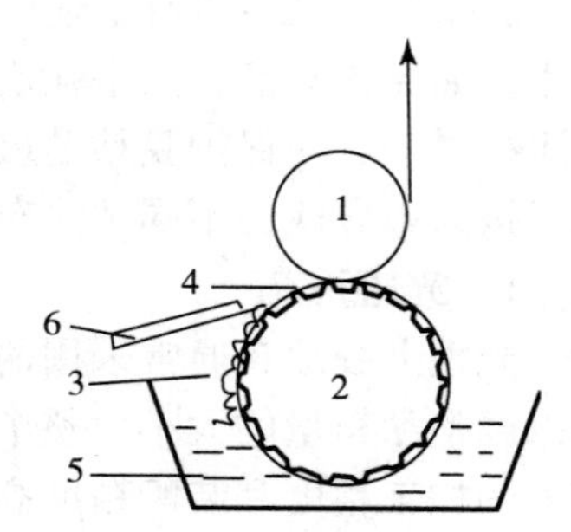

图3－9　网纹辊涂胶示意图

1－橡胶压辊；2－凹版辊；3－被带胶液；4－基膜；5－胶盘；6－刮刀

网纹辊涂布均匀，而且涂布量比较准确（但涂布量很难调节）。用网纹辊涂布时，涂布量主要与网纹辊的网穴深度和胶水种类的精度有关。网纹辊的网穴深度越深，胶从网穴中转移到基材上去的量相应也越多；反之，网纹辊网穴深度越浅，转移到基材上的量也相应越小。与黏度也有很大关系。胶水黏度太大和太小都不利于胶的正常转移。胶水黏度大易转移，太小则易流淌，使上胶不均匀，易产生纵向或横向流水纹。所以，一旦涂布网纹辊和胶的种类定下来后，就很难调节其涂布量，这也是网纹涂布辊的应用受到限制的主要原因。但是，网纹辊涂胶的网穴深度及形状在其制备过程中已经固定，所以上胶量的多少基本上由胶液的浓度来决定，浓度越大，上胶量越多，反之亦然。但橡胶压力辊的压力大小对转移量也有较大的影响，压力适宜，上胶量存在最大值。

网纹辊是一根几何精度很高的钢辊，辊面均匀镀一层铜，并通过电子束雕刻出网孔，网孔目前多为四棱锥形、四棱台形（又称格子形）和六角蜂窝状网孔。一根网纹凹辊涂布量的大小往往是由网孔的形状、深浅和每英寸线数决定。一般可以认为相同线数四棱锥网孔的涂布量最小，四棱台形网孔次之，而六角蜂窝状网孔的涂布量最大。同时涂布量也与每英寸的线数、网孔的深浅有关。每英寸网线越多网孔越浅，它的涂布量就越少；反之，每英寸的网线越少网孔越深，它的涂布量则越多。但电子束雕刻的深度最深为55～60μm，更深的网孔就要借助激光来雕刻了。四棱台状的网孔底部是平的，较之四棱锥状网孔更适应涂料的转移，而激光雕刻的六角蜂窝状网孔，由于网孔为六角状且网墙强度更高更有利于涂料的转移，涂布均匀性更佳。

网纹辊的上胶主要形式如下。

（1）直接着胶形式。网纹的1/4～1/3浸入胶盘涂料液中，通过网纹辊的转动完成着胶、带胶，这是通常采用的标准形式。

（2）递胶辊着胶形式。在网纹辊的下方另设一橡胶辊，橡胶递胶辊紧贴网纹辊。它可以随动，也可以由另一单独可调速电机驱动。涂料由旋转着的橡胶辊传递转移到网纹辊。这种形式由于涂料受到挤压，橡胶辊具有较低的转速以防止高速转动的网纹辊带胶太多而发生甩胶现象，因而可以适应于较高生产速度（200～300m/min）的涂布生产。

（3）密封式刮刀胶盘着胶形式。网纹凹版辊下半约2/3或1/4封闭在胶盘和前后刮刀之间，涂料通过压力喷涂到网纹凹版辊上。网纹辊旋转中，后面的刮刀刮下网孔外的涂料，而前面的刮刀则起着密封的作用。由于密封的胶盘内的涂料被封闭而不会溢出，溶剂的挥发极少，因而可保持基材恒定的黏度和固含量。这种着胶形式更适合于高速涂布和溶剂挥发极快而逸出有害气体的场合。但这种形式的刮刀压力往往是靠下面和凹版连接在一起的胶盘向上托起的力（因前后刮刀都是固定的），刮刀也不能左右摆动，因而刮刀压力的调节难度较大，并且刮刀和网纹辊的磨损较大。

网纹辊涂胶的刮胶方式有以下几种：

（1）不锈钢片刮刀。这种刮刀采用不锈钢薄片剪切后，压在刮刀座上并作用在上（涂）胶辊上。由于不锈钢薄片较软，故刮胶不是很均匀，大多数用于网纹辊上的刮胶，也用于光辊上胶涂布的预刮。

网纹辊涂布其实是从凹版印刷机的刮刀机构演变发展而来的。其刮刀的作用是刮去网纹辊网孔上多余的涂料，以实现定量的均匀涂布。刮刀片是一特制的弹簧钢片，厚度约为0.15mm，宽度为50～60mm；其上面有一紧贴的压片，厚度为0.25～0.3mm，宽度略窄。再由上、下夹刀板夹持，安装在支架上。刮刀刃部与网纹辊的辊面接触的角度称为接触夹角。即为接触点的切线与刮刀的夹角，一般以30°～60°为宜。如果夹角太小，刮刀刃向网纹辊的压紧合力小。刮刀和网纹辊面之间形成楔形积料区，由于涂料有黏度，流体压力作用使刮刀有被抬离辊面的趋势，也即会引起振动，因而涂层不均匀。另一方面如果夹角太大，刮刀对辊面的压力狠（硬），弹性变差，这样就加速了网纹凹版辊和刮刀刃全身的磨损。

刮刀接触点与橡胶压辊对网纹辊上的压合点的距离，距离越大涂层里的溶剂部分就挥发越多，影响了网孔里涂料的转移和转移后的流平性能。因此距离尽量短，也即尽量靠近压合点。

刮刀对网纹辊的压力。现在大体都是采用弹性压紧机构，广泛采用气动压紧，并且装上精密调压阀以实现精细微调压力。

（2）逗号式刮刀。此类刮刀常采用强度、硬度较好的圆钢制成刀口。刮胶时该刮刀固定不转动，这种刮刀的强度、硬度高，刃口直线度误差小，可以采用气动和微调机构来调节和控制刮刀位置，涂布量控制和刮胶精度高，使用也极为方便。由于其刮胶很均匀，所以适用于光辊上胶涂布的精确刮胶。

（3）刮棒。这种刮刀常用强度硬度较好的圆棒精加工而成。刮胶时要求圆棒转动，有时刮棒也可直接刮在基材上。刮棒的全跳动误差要求很小，多用于光辊上胶涂布的预刮胶。当胶水黏性大时，也可以直接用刮棒刮在基材上，作为该涂布机构的精确刮胶。也可以用于涂布量较厚的一次性刮胶。

（4）钢丝刮刀。这类刮刀在高精度的冷拉圆钢外密绕不锈钢丝精制而成。如果钢丝刮刀在刮胶时由微型直流电机带动旋转则效果更好。刮胶时钢丝刮刀通常直接作用在基材上，但一般来讲也只用于光辊上胶涂布的预刮胶。后面通常还需要逗号式刮刀的精确刮胶。

（5）气流刮刀。气流刮刀机构通过均匀喷出的气（压）流作用在上胶光辊上，达到刮胶的目的。要求气（压）流在光辊的整个宽度上分布得均匀，这种刮刀多用于刮流动性较好的胶。这种刮刀的刮胶精度也较高，目前广泛地应用于白板纸的涂布刮胶。

二、涂布工艺及特点

不同的涂布方式，具有不同的特点，适用的胶液等都不相同，如表 3－3 所示。

表 3－3　溶剂型涂布的典型工艺

涂布方式	工艺特点
逆向辊式	1. 能处理由薄涂水到高达 50Pa·s 黏度范围的涂料（胶黏剂）； 2. 涂布量可控制在 3～50g/m^2 的范围
多次过渡转移辊式	1. 可进行双面同时涂布； 2. 速度可高达 300～950m/min
特定雕槽凹辊式	1. 能以非常准确的预定量施涂流体； 2. 能用电子束或 UV 辐射来熟化处理
各种刮刀式	1. 借助于改变刀片对纸或薄膜的压力来调节最终涂布量； 2. 有倒置刮刀、倒角刮刀、小设置角刮刀、刮刀端部角度恒定等多种
无接触气刀式	1. 不会出现条痕； 2. 能对表面粗糙的纸板做较好的表面覆盖
涂辊与刮刀混合式	1. 提高涂布精度，扩大涂布范围； 2. 提高生产效率

下面为几种不同的涂布工艺方式。

1. PVDC 涂布

（1）涂布原料。

①基材。薄膜类基材要选用耐温性好、强度高的材料，如 BOPP、PET、PA、PT 等。

②底涂黏合剂。双组分聚氨酯黏合剂作为底涂胶。

③涂布剂。PVDC乳液，是一种聚偏二氯乙烯的共聚物。

薄膜涂布用PVDC胶乳的特点及PVDC胶乳的一般性能，如表3-4、表3-5所示。

表3-4　薄膜涂布用PVDC胶乳的特点

型号	特点	使用基片	主要用途
DO 701	高气密性、保香性、印刷适用性、耐药品性	BOPP、PET、尼龙玻璃纸	干燥食品包装、快餐食品包装、方便面
DO 702	低温热合性、高气密性、保香性	BOPP、PET、尼龙	干燥食品包装、快餐食品包装、卷烟包装
DO 773	超高气密性、耐煮沸性、印刷适用性	BOPP、PET、尼龙	干燥食品包装、煮沸处理食品包装、医药品包装
DO 702F	低温热合性、高气密性、保香性	纸、纸板、BOPP、PET	防湿纸、耐油纸、防湿洗衣肥皂箱、快餐食品包装

表3-5　PVDC胶乳的一般性能

型号	固含量/%	表面张力(20℃)/(mN/m)	相对密度(20℃)	黏度(20℃)/(MPa·s)	pH(20℃)
DO 701	55	38~43	1.29	10~20	1~3
DO 702	55	38~43	1.29	10~20	1~3
DO 773	50	38~43	1.26	10~20	1~3
DO 702F	55	33~38	1.29	10~20	1~3

（2）涂布工艺。PVDC涂布的工艺流程如下：基材→表面处理→底涂黏合剂→干燥→PVDC涂布→干燥→冷却→卷取→熟化→成品。

PVDC的涂布有很多方式，每种方式各有特点，其优劣如表3-6所示。

表3-6　不同涂布方式比较表

涂布方式	优点	缺点
反转涂布	涂层加工速度快（400~800m/min），适应大量小品种生产	不容易进行涂布量的改变必须进行凸辊的变换，乳胶固体成分的变更
气刀涂布	涂布量的变更容易（只要调整气压），适应于少量多品种生产	涂布加工速度有限制（最大100~120m/min），易产生气泡
刮杆涂布	容易变更涂布量（只要变换杆），涂布机的设置费用便宜（能以低的成本进行现有涂布机的改造）	不能进行厚层涂布（产生杆纹理，使外观变坏），长时间连续生产，会有杆阻塞的问题（需要定期清洗）
凹版涂布	适合高速涂布	易发生涂布量变动

涂布完毕的材料收卷后，通常在熟化室中固化2~3d，温度35~40℃，以利于结晶和底涂反应完全。涂布后废液的处理要引起注意，否则污染环境带来危险。一般$CaCl_2$反应后分层，上层水液排放。沉淀物自然干燥后埋于地下，不可焚烧。

2．冷封胶涂布

（1）冷封包装材料。冷封包装材料是在 PE、PP 等基础上涂布一层或局部涂布冷封胶，不需加热只需低温或加压即可封口。其结构示意如图 3－10 所示。一般，冷封包装材料对被包装内容物无热影响，其封合方式对忌热的巧克力、冷食品包装尤为适用，且可将内容物包得很紧。因无热影响，可使包装材料和内容物保持最小间隔。冷封包装材料可用于不适合热封的包装材料，不会因为热量而引起材料收缩，可得到平整、漂亮的封合形状。冷封包装材料适宜于高速包装。因省去了加热时间，与热封材料相比，同一包装后线速度可提高 20%～30%。耐寒性好，在－20℃时，也可保持与常温相同的封合强度，但冷封包装的局限性也很大，它的封合强度不大，只有 2～4.5N/15mm，只能用于轻包装，其次，产品形式只能是卷材形态。

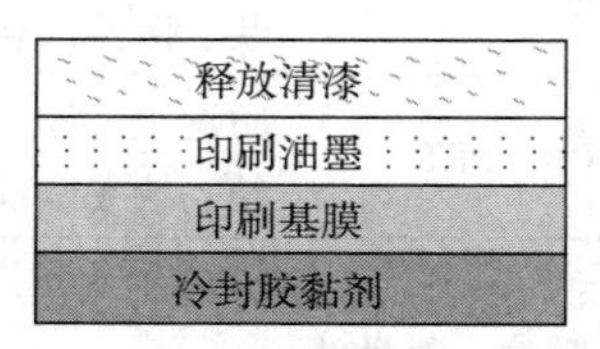

（a）单一材料冷封包装的结构

（b）复合材料冷封包装结构

图 3－10　冷封包装结构

（2）冷封胶涂布。冷封胶是一种以天然橡胶为主要成分的胶乳，添加适量的丙烯酸共聚物、防腐剂、消泡剂等构成的。

由于冷封胶具有自黏性，基材的反面须涂布剥离机，冷封涂层是在封合面相互压合后才产生封合效果的，所以虽然和涂有剥离剂的膜面接触，也不至于产生粘连。

冷封胶的上胶量一般为 3.1～5.0g/m²，对印刷的套色要求为≤±0.2mm，冷封胶涂布的套准精度为≤±2mm。产品的接头所用胶带需对冷封胶无黏合力。

冷封胶的涂布有两种工艺路线。一种是在印刷机上连线涂布，即：基材→印刷→涂剥离剂→反转→涂冷却剂→收卷；另一种是对印刷好的基材进行复合加工后再涂冷封胶，即基材里印→复合→涂剥离剂→涂冷封胶。一般情况下，前一种工艺容易操作，冷封胶易套准，后一种工艺由于材料复合时易产生尺寸变化，冷封胶套色较困难。

冷封胶涂布前先在涂布设备中输入冷封胶涂布辊周长，将光电头中心对准印刷膜色标中心，进行初调，再打开自动套色系统自动套色。生产中随时注意套准情况并加以辅助调节。停机时应保持版辊慢速转动以防堵版。对收卷好的膜必须悬空放在架子上，不可平放在地上或铲板上，不可竖直堆放。

3．热熔胶涂布

热熔胶是一种无溶剂的黏合剂，加热熔化后变成流体，一般是 EVA 类为基体的材料。热熔胶的主要用途是作为包装材料的热封层，也作为预涂复合基材使用，以便根据需要与其他材料复合。

热熔胶涂布，是利用热熔胶涂布到塑料薄膜、纸张、铝箔之类的膜片材料的表面上，形成我们所期望的涂层而制得的复合薄膜，或者利用热熔胶作为黏合剂，将两种（或两种以上的）薄膜状材料黏合在一起而制得复合薄膜的。

热熔胶涂布采用不同的热熔胶可以复合各种不同的基材，从而组成各种多层次材料的复合软塑包装材料，基材选择的面广；但这种复合方式需要在较高的温度下复合，因此复合用基材的耐热性要好。热熔胶是100%的固体，不采用有毒的有机溶剂（如苯等）来稀释胶，无溶剂残留问题，无环境污染问题，不会对操作人员的健康造成危害。热熔复合工艺设备简单、投资少、工艺技术要求低。生产速度高，最高生产速度可达300～400m/min；生产成本低，不需要挥发溶剂所需的热能，不需溶剂，省资源。

热熔胶涂布可用泵式挤出和供料，通过狭缝口模涂布到基材上，常用网辊涂法。

热熔胶涂布的设备工艺特点如下：

①所有的滚筒和涂布器必须在整个设备宽度上均匀地加热。在使用凹版装置涂布时，涂布滚筒必须加热；在涂布高黏度热熔胶时，涂布器亦需要加热。

②涂布装置的后面需安装有冷却效果的冷却辊，使热熔胶及时冷却，获得光洁的热熔胶表面。

③为了涂布均匀，调节涂布层厚度，一般各滚筒分别驱动。

第三节　复合工艺

21世纪的包装总体发展趋向功能化、智能化，整个包装不仅能容纳、保护产品，使包装件（品）顺利通过物流领域，方便消费者使用，而且能将产品生产企业的文化或产品所在地域的文化与艺术集于一体，形成品牌包装，从而提高产品的档次和附加值，促进消费者的购物欲望。单一的基材薄膜由于它的局限性，已经不能完全满足各种产品包装的要求，软包装复合材料应运而生。复合工艺是生产软包装复合材料的重要手段。目前，软包装复合材料的生产方法主要有干法（式）复合、湿法（式）复合、挤出涂覆、挤出复合及共挤出复合等工艺。

一、复合材料

复合材料是采用层合、挤出和涂布等复合工艺和技术，将两种或两种不同材质的单层基材材料，通过科学的层次设计和复合而形成的多层柔性包装材料。复合材料的各种基材有其固有特点和缺点，如PE和PP热封合性、机械强度和防潮能力；PET的机械强度、耐热性、对气味阻隔及薄膜尺寸的稳定性；铝箔具有最佳阻光、防潮和阻气味性能等。为了满足商品的包装要求，可根据商品的特性、流通环境等条件，选择合适的基材。

1. 复合基材的基本性能

基材是组成复合薄膜的主要材料，是决定复合薄膜性质的主要因素。作为复合材料的基材，一般必须具备以下基本性能。

（1）机械性能。复合基材应具有一定的抗拉强度、刚度、耐磨性，密封性要好，能经得起长途运输、储藏、销售等过程中的冲击、震动、磨损等。一定的机械强度是保证包装件顺利通过物流环境而不被损坏的最基本要求。

（2）化学性能。复合基材除具有一定耐候性、耐环境介质（酸、碱、盐等介质）的化学稳定性能，还应具有良好的阻隔性（隔湿性、阻气性、阻光性）、抗菌性和抗油性等。这些性能是商品在储存期间不易变质，延长使用期的重要条件。

（3）保护性。复合基材对被包装内容物应有良好的保护功能，使商品从生产者手中转到消费者手中时仍有良好的使用价值，不会在充填、储存、运输、销售等过程中发生商品的损坏，也不会发生商品内在质量的变化等。

（4）加工成型性能。产品包装过程是将产品与包装容器结合成一个整体（包装件）的过程，而包装材料制造成包装容器一般都需要印刷、加工成型、热封等工序，产品包装工艺过程包括充填、封口、分切、打印、贴标、装箱等工序，为适合商品的高机械化、高自动化的生产。软包装复合基材应具有良好的加工机械成型适应性，适于自动化、机械化等现代包装的要求。

（5）简便性。复合基材本身因具有易堆垛、易计数、易搬运、易携带、易展销、质量轻、包装后的废弃物易回收再利用或易处理等简便性，使得其在生产过程中所需人力、物力以及财力较小。

（6）信息性。包装是商品生产者与商品消费者之间的桥梁，因此产品包装必须告诉消费者的各种产品信息：商品名称、生产厂家、生产日期、主要成分、使用方法、保存方法及保存日期、商标、质量保证、条形码等。对软包装而言，这些信息的印刷显得尤其重要。复合基材应具有印刷适性，具有承载、传递信息的功能。

（7）卫生性。目前，软包装主要应用于食品、医药品等包装，因此复合基材必须无毒、无味，符合相关卫生要求，安全可靠。

（8）经济性。复合基材要求原材料来源广泛、价格合理。

2. 复合基材的分类

随着科学技术发展，软包装工业大量采用新技术、新工艺、新设备、新材料，使得材料种类越来越多。按材质分类，主要由纸基材、塑料薄膜基材、金属箔基材和蒸镀氧化物膜基材等；按加工方法分类，主要有真空蒸镀膜基材、挤出吹胀基材、流延膜基材、双向拉伸膜基材等，如表3－7所示。

表3－7 软包装复合基材分类

分类依据	种类	常见基材
材质	纸基材	牛皮纸、玻璃纸（PT）、蜡纸、包装纸等
	塑料薄膜基材	PE、PP、PET、PA 等
	金属箔（膜）基材	铝箔、真空镀铝膜（电化铝）
	蒸镀氧化物膜基材	蒸镀 SiO_2 膜
功能	热封基材	CPP、PE、LDPE、LLDPE、PVC 离子型聚合物薄膜等
	功能性基材	PVDC、PA、PET 等
	强度支持层基材	BOPP、BOPET、BOPA、HDPE、PVC、PVA 等
加工	真空蒸镀膜基材	真空镀铝膜、镀 SiO_2 膜
	挤出吹胀基材	PE、PP、PVC、EVAl 等
	流延膜基材	CPP、CPA 等
	拉伸膜基材	BOPP、BOPET、BOPA、OPP、OPA 等

（1）热封基材。热封基材因其直接与被包装内容物接触，因此，需满足以下要求：

①无毒、无味、无色。

②化学稳定性，与被包装内容物接触时，不被内容物侵蚀、萃取、渗透、耐内容物性好。

③热封强度（牢度）高、低温热封性良好。

④机械加工性好，适宜于分切，流水线充填等。

材料的使用一般会随着使用环境的不同而发生变化。热封基材使用最广泛的、最廉价的是 LDPE，但在高温蒸煮袋或高温杀菌消毒的热封基材一般不能采用 LDPE，而使用耐高温的 CPP 基材作为热封层。同时，由于普通的 PP 或 CPP 在 0℃以下发脆，因此，在需要冷冻、冷藏的流通环境包装中，其软包装复合基材一般不使用 PP 或 CPP 基材做热封层，而采用 LDPE 基材。

（2）强度支持层基材。强度支持层基材又称骨架层基材，其主要承担容纳、支持和保护产品的作用，其机械强度要求较高，耐磨耐冲击性好，同时必须具有良好的印刷适应性，油墨附着力强，而且透明性、光泽性、尺寸稳定性等也要好。一般采用双向拉伸薄膜基材、纸基材等，如 BOPP、BOPET、BOPA、牛皮纸和纸袋纸等。当软包装材料的层次结构只有两层时，强度支持层基材应具有中间功能层基材的某些特性：较高的阻隔性、耐高温、耐低温性，以使得复合材料具有保香、防潮等功能。例如，BOPET 具有良好的阻湿性，且耐高温、耐低温，因为 BOPET/LDPE 的复合材料完全能满足干燥食品包装的某些要求。

（3）功能性基材。功能性基材在软包装材料中主要起功能性作用，这些功能主要包括阻隔、隔热、保鲜、绝缘、抗菌等。常用的有铝箔及真空镀铝膜、高阻隔性材料 EVAl 薄膜、K 涂布膜、PET 及 PA 双向拉伸膜，是主要包装功能的承担者。例如带棱角较尖硬的炸鸡、烤鸭产品包装，其包装要求不但要阻氧耐蒸煮，而且要耐刺穿，采用一般的高温蒸煮袋 BOPP/Al/CPP 一般不宜，需在其中再加一层耐戳穿性基材功能层，如 PET 或 PVDC 或 LLDPE 基膜层等。构成 BOPP/Al/PET/CPP 或 BOPP/Al/PVDC/CPP 或 BOPP/Al/PLLDPE/CPP，才能较好地达到产品包装的要求，延长保质期。

3. 软包装复合黏合剂

黏合剂是将两种同类或不同类的固体物质连接在一起的物质，又称黏结剂、胶黏剂或直接称为胶。

作为软包装材料生产加工的辅助材料之一，黏合剂必须具备以下基本条件：

（1）良好的流动性。良好的流动性能比较容易、均匀地分散在整个复合基材的表面，将表面凹凸部分填平，并在整个被粘物表面形成均匀的黏合剂薄层。

（2）良好的浸润性。黏合剂液滴与被粘固体表面接触时，完全浸润被粘基材表面。

（3）强的吸附力。黏合剂与被粘基材之间具有较强的各种作用（主价力、范德华力、静电力和机械力等）而产生吸附引力，这就是形成牢固黏合的基本条件。

（4）优良的固化性。涂覆在被粘基材的黏合剂要在尽可能短的时间内，通过物理或化学作用，使其固化，将被粘物牢固地连接在一起。黏合牢固的程度除与黏合剂本身有关外，还与黏结工艺、温度等有关。

二、干式复合

干式复合又称干法复合，是指利用水或溶剂型的液态黏合剂均匀涂布于某复合基材薄膜上，再经过干燥烘道使黏合剂中的溶剂挥发成固态“干”的状态，然后与第二层基材经热压黏合在一起的工艺方法。其工艺流程如图 3 – 11 所示。

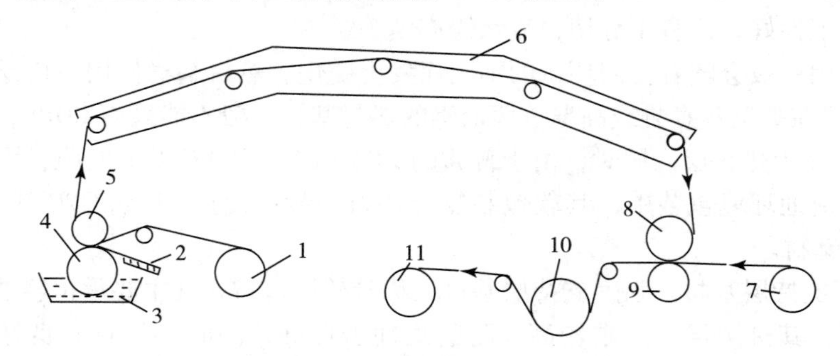

图 3 – 11　干式复合示意图

1 – 第一基材；2 – 刮刀；3 – 胶盘、胶液；4 – 凹版辊；5 – 橡胶压辊；6 – 干燥通道；7 – 第二基材；8 – 加热钢辊；9 – 橡胶压辊；10 – 冷却辊；11 – 复合薄膜

适合于多种复合膜基材，基材选择自由度高，可生产出各种性能的复合膜，如耐热、耐油、阻隔性、耐化学性等；复合聚乙烯材料时，没有氧化臭味，热合性更好；比挤出复合制品强度高、薄膜平整、刚性好；适于进行多品种、少数量的产品复合，基料、黏合剂更换方便。但有残留溶剂在制品中，有溶剂引起火灾、爆炸的危险；黏合剂、涂布性能难掌握；对基材的厚度均匀性及荡边要求高。

干式复合在复合材料加工方式中仍占据很大的比重，现阶段仍然是挤出复合、湿法复合、无溶剂复合方式无法取代的复合加工方式。

1．干式复合黏合剂的分类

干法复合黏合剂有以下几类。

（1）单组分胶黏剂。由于大部分单组分胶黏剂是以醋酸乙烯酯、乙烯酯、乙烯 – 醋酸乙烯酯、橡胶型为体系，甲苯为主溶剂，而且剥离强度不高，复合产品气味较重，复合产品单调，仅以纸塑复合及塑塑复合为主，该包装只能在非食品包装上使用，目前已经逐步被淘汰，无法形成主流。唯一所能吸引人的是价格比较便宜，所以现在部分厂家在非食品包装且要求不高的产品上仍加以使用，随着国内环境保护意识的增强，该类胶黏剂将彻底被淘汰。

不过近年来，水溶性丙烯酸型单组分胶黏剂在纸塑、塑塑轻包装产品结构中得到了一定范围的应用。水性胶黏剂干燥后没有溶剂残余，很多厂家使用水性胶黏剂来避免复合带来的残留溶剂，所以使用水性胶黏剂生产安全，对操作人员的健康也没有损害。

（2）双组分（酯溶性）聚氨酯胶黏剂。双组分聚氨酯胶黏剂分为聚酯型聚氨酯胶黏剂和聚氨酯型聚氨酯胶黏剂，目前大部分聚酯型、聚氨酯型胶黏剂主剂都是以已二酸及乙二醇为主要原料经缩聚而成，固化剂以甲苯二异氰酸酯（TDI）和三羟甲基丙烷为主要原料聚合而成。由于甲苯二异氰酸酯（TDI）经高温水解后会变成甲苯二胺（TDA），而甲苯二胺是一种致癌物质，聚氨酯胶黏剂经复合反应后含有的异氰酸酯残留单体已经微乎其微了，但是当包装物在经受高温蒸煮后，这些残留单体会透过塑料薄膜迁移到食品当中，水解生成芳香胺（TDA），因而具有致癌的潜在因素，故美国食品药物管理局（FDA）明确要求不得将含有芳香族聚氨酯胶黏剂用于蒸煮包装上，但是国内及欧洲、日本没有美国这样严格，但是对TDA含量也有明确限制。我国国内要求TDA含量不得超过0.004mg/L。故以TDI为原料制成的胶黏剂在蒸煮包装上受到了一定的限制。

双组分聚氨酯胶黏剂以乙酸乙酯为溶剂，这是由于产品的特性和使用工艺要求决定的，由于乙酸乙酯易燃且从环境和生态的影响来考虑，乙酸乙酯溶剂型聚氨酯胶黏剂应当在限制之列。从这一点来看，酯溶型聚氨酯胶黏剂的发展方向是高固含量低黏度。

一般，双组分（酯溶性）聚氨酯胶黏剂具有良好的黏结效果，剥离强度高适用基材广泛，可使用于纸张、PET、OPP、NY、PE、CPP及铝箔材料的复合，复合产品质量好，强度高；抗介质性能突出，能耐酸、碱、油、辣及各种氧化物及化学品的腐蚀；耐寒性及耐热性好，许多食品包装要求低温冷冻保存或经过高温121~135℃杀菌，而所使用的聚氨酯胶黏剂在经过上述条件仍能保持良好的剥离强度。

（3）醇溶型聚氨酯胶黏剂。该产品是近几年内发展起来的以乙醇为溶剂的聚氨酯胶黏剂，从严格意义上讲，该产品并非是环保型胶黏剂，因为乙醇也是有机溶剂。但是醇溶型聚氨酯也有其优点：不含游离的异氰酸酯单体，改善了操作环境；对水汽不敏感，提高了胶黏剂的稳定性和适应性；以工业酒精为溶剂，生产成本降低；与醇溶型的聚氨酯印刷油墨配合使用有优良的复合适性；复合膜制品残留溶剂低。

但是，目前醇溶型聚氨酯胶黏剂仅应用于普通干燥食品的复合包装，就目前技术及醇溶的性质来看，要想达到酯溶型聚氨酯的剥离强度及蒸煮性能要求还不可能，而且国内外仅对用于蒸煮产品的包装用胶黏剂TDA含量有规定外，而用于普通产品的包装并没有进行限制，故不可能取代酯溶性聚氨酯胶黏剂。

（4）水性聚氨酯胶黏剂。水性聚氨酯胶黏剂是将聚氨酯树脂分散于水中形成乳液或将聚氨酯树脂拼接上亲水基团溶解于水溶液中。水性聚氨酯胶黏剂对环境无污染，不可燃、无毒，适应性广等优点。但是水性胶黏剂复合强度及耐候性仍不及酯溶性聚氨酯胶黏剂，在蒸煮方面的技术开发目前也还是一个难题。

（5）无溶剂聚氨酯胶黏剂。从真正意义上讲，无溶剂聚氨酯胶黏剂才是环保型胶黏剂，目前国外已经大量使用了无溶剂胶黏剂。其优点为：采用无溶剂胶黏剂，没有了溶剂的污染，成本相对下降；不需要溶剂挥发干燥工艺，减少了能源的消耗；复合制品没有残留溶剂的困扰，在生产环节也减少了火灾等风险；无溶剂聚氨酯胶黏剂适用于各种类型的塑料复合包装对铝箔也有良好的黏合效果，耐内容物性及耐高温蒸煮性能也可与酯溶型聚氨酯相同，剥离强度高。

综上所述，黏合剂的选择方面应考虑包装的产品、复合材料的结构、干式复合机的状况、黏合剂的技术指标、工作浓度、生产厂家、食品卫生性等诸多因素。

2. 干式复合工艺流程

干式复合的主要工序一般都包括：基材放卷、基材预处理、上胶、干燥、复合、冷却固化、收卷和熟化几个过程，其工艺流程如图3－12所示。

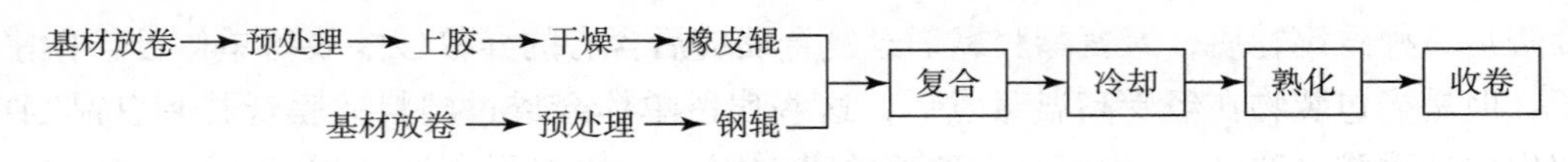

图3－12　干式复合工艺流程图

（1）基材的选择及预处理、不同的产品有不同的要求，同样不同的客户对同一产品根据其实际情况也会提出不同的要求。我们应全面满足客户的要求，设计出成本低、易加工的软包装材料来满足各种包装的要求。同时还需根据客户要求来选择基材的宽度或版面排列方向，以期最大限度地利用现有设备的机能、效率和减少基材边角料损耗，降低成本，提高效益。选用基材的表面必须是清洁、干燥、平整、无灰尘、无油污的，对非极性的、表面致密光滑的聚烯烃材料来说，还要必须进行各种预处理，预处理的方法主要有：浓 H_2SO_4 和高锰酸钾的混合液浸渍化学法处理，然后水洗干燥；火焰处理法，使需预处理基材在火焰上快速通过；机械喷砂法，使加热的沙子通过需预处理的基材表面；紫外光辐照法，利用紫外光辐射需预处理的基材表面；高频高压放电的电晕处理法。

（2）上胶。上胶又称涂胶，它是将胶黏剂连续、均匀地转移到被复合的基膜表面的工艺过程。干式复合一般采用光辊涂布和网纹辊涂布，可参考涂布工艺的内容。

（3）干燥。采用的黏合剂为挥发型黏合剂，其固化过程必须使黏合剂中的溶剂挥发才能固化。因此，对于上胶后的基材，必须采用加热的方式使涂布均匀的黏合剂除去溶剂而“干燥”，此过程在干燥烘道中进行。热风干燥烘道示意图，如图3－13所示。其干燥的原理是，通过缝式喷嘴将加热的空气以20～50m/s的速度吹至已涂布的基材上，使胶液受热，将溶剂蒸发而变为蒸气。当然，还必须将挥发的溶剂和热空气排到烘道外面，以便连续干燥。

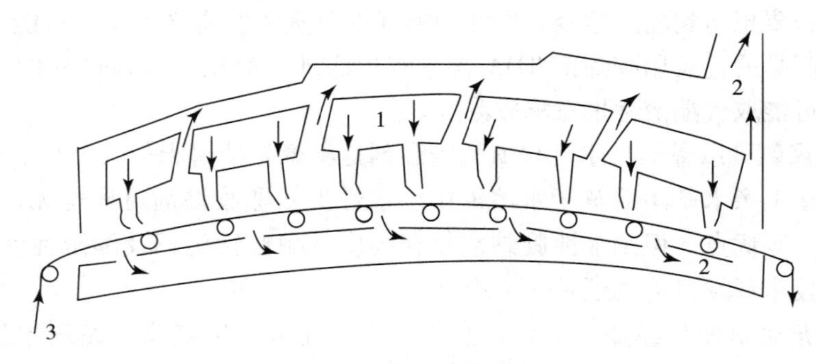

图3－13　热风干燥烘道示意图

1－热风管；2－排气管；3－基材

（4）复合。复合工序是通过复合机来完成的。复合机一般由一对或多对的钢辊和橡胶辊所组成。钢辊用来加热涂布胶黏剂基材，胶黏剂受热软化、活化，使得胶黏剂黏度降低而具有一定的延展性（流动性增加），并有利于胶黏剂的固化反应，增强复合强度。另一基材经过放卷和适当预处理后，在橡胶辊和钢辊之间的压力作用下，与表面涂布胶黏剂的基材，经加热、加压而复合成软包装材料。复合工序中，两基材的张力、复合钢辊表面温度、复合压力和复合角是软包装材料质量好坏的主要影响因素。

（5）冷却。冷却是紧跟复合的后续过程，其作用是冷却定型、提高黏合强度等。复合好的材料刚从复合钢辊上剥离时，还具有较高的温度，而软包装基材多为塑料薄膜，在此温度时，其刚性差，易产生变形、发皱，严重时可能会产生相对位移等质量问题，而冷却能使复合时“软化”的基材“硬化”，而使得机械强度和挺度提高，同时，冷却降温可以让“活化”而流动性较好的黏合剂也固化硬化，从而增加黏合剂的内聚力，提高复合软包装材料的黏合强度。冷却设备非常简单，一般采用直径较大的冷却钢辊对软包装复合膜进行冷却。

（6）收卷。收卷装置与软包装单膜生产的收卷装置一样，但其作用不完全相同，一般的收卷主要是为了方便储存和运输，而此收卷装置除此复合薄膜外，还具有“固定”基材，防止两种基材因张力不等而发生相对位移，从而产生起皱、隧道、分层剥离等复合质量问题。在软包装复合过程中，因两种基材的摩擦系数、厚度、质量和抗张强度等不同，复合时，两种基材的张力一般不等，如图3－14所示。对于初黏力不够大的胶黏剂或张力控制不适宜时，极易使基材之间发生相对位移。因此，收卷时应尽量紧卷复合材料，防止基材收缩。胶黏剂固化后，黏结牢度足够大，能“固定”两种基材而不再发生相对位移。

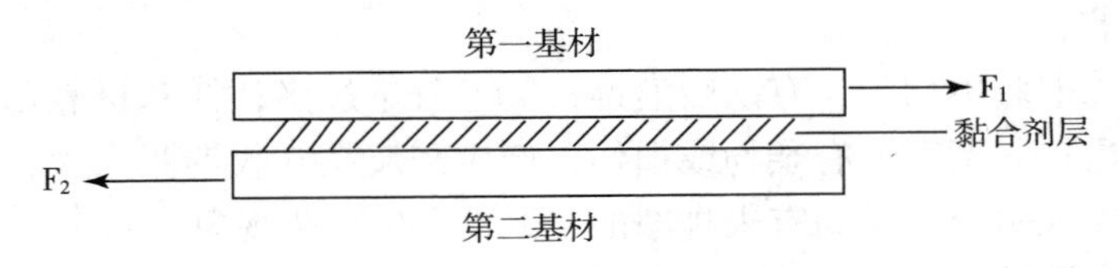

图3－14 基材复合的张力示意图

（7）固化。在复合和冷却过程中，黏合剂分子与基材表面分子，以及黏合剂分子之间，都发生了化学黏合反应，但复合和冷却是在流水线上瞬时完成，因此需一定的时间、适宜的反应温度使黏合剂与基材、黏合剂的主剂与固化剂之间充分产生化学反应，生成网状交联结构，这个过程称为固化过程，俗称为熟化。它是让收卷紧的软包装复合材料在50～60℃恒温室内维持3～5d，其目的是提高软包装复合材料的复合牢度。

3. 常见故障及解决方案

干式复合是目前应用最广、产量最大、质量最高的生产方法，由于它既涉及基材，又涉及油墨、胶黏剂，甚至设备和工艺、气候环境的许多方面，常常会出现各种质量问题。下面为常见故障及解决方案。

（1）上胶不均匀。

产生原因：①胶槽中部分黏合剂固化；②涂覆压力小；③橡胶辊溶胀、变形；④薄膜厚度误差大；⑤基材松弛。

解决办法：①更换或增添黏合剂；②加大涂覆辊的压力；③更换胶辊；④更换基材，选用厚度误差小的薄膜；⑤合紧压膜辊，增大牵引力。

（2）上胶层有通洞。

产生原因：①基材干燥被拉伸，复合逐渐回缩，与第二基材产生松弛；②伸缩性相差较大的复合基材复合后未立即保温。

解决办法：①降低张力；②选择初期黏力大且固化反应速度快的黏合剂，需高温熟化。

（3）黏合不良。

产生原因：①黏合剂选择不当，上胶量设定不当，配比计量有误；②稀释剂中含有消耗—NCO基的醇和水，使主剂的羟基不反应；③黏合剂被印刷油墨吸收，使上胶量不足；④黏合剂适用期已过（黏合剂的凝胶时间一般为2～3d）；⑤熟化时间、温度不当；⑥聚烯烃薄膜表面处理不够；⑦复合调整、压力偏低，速度较快；⑧复合钢辊表面温度太低，胶黏剂活化不足；⑨残留溶剂过高。

解决办法：①重新选择黏合剂牌号和涂覆量，准确配制；②使用高纯度（99.5%）的溶剂稀释；③重新设定配方和上胶量；④更换黏合剂，黏合剂应随配随用，一般选凝胶化时间一半为保险时间；⑤适当提高熟化温度或延长熟化时间；⑥提高电晕处理的电压和电流；⑦提高复合温度和压力，适当降低复合速度；⑧提高复合温度；⑨提高干燥温度或减慢复合速度。

（4）卷曲。

产生原因：两基材张力不一致，薄膜向受力大的基材一方卷曲。

解决办法：调节辊速和张力。

（5）外观不良。

产生原因：①上胶不均匀，有凹版痕迹；②上胶量过多；③基材表面润滑性差；④传送膜导辊上有杂质；⑤刮刀上有杂物或损伤，产生刮痕；⑥收卷张力大，膜起皱；⑦环境湿度大或加工时夹入水分，层间有未排净的CO_2，产生白化现象。

解决办法：①调节料液黏度、浓度和刮刀角度，更换凹版辊；②重新设定涂覆量或更换凹版辊；③提高复合辊温度；④清理干净导辊；⑤清理或研磨刮刀；⑥调整收卷张力和速度；⑦提高干燥温度，降低环境湿度。

（6）气泡。

产生原因：①干燥温度过高，黏合剂表面结皮；②复合压力不够；③基材薄膜有皱褶或松弛现象，薄膜不均匀或卷边等；④复合膜上裹入灰尘、杂质；⑤黏合剂涂布不均匀，用量少；⑥黏合度浓度高，黏度大，上胶不匀；⑦复合辊与膜之间的角度不适宜，包角过大。

解决办法：①降低干燥温度；②提高复合压力；③更换合格的基材，调整辊速和张力；④消除静电和杂质；⑤提高涂覆量和均匀度；⑥用稀释剂降低黏合剂浓度；⑦改变包角，尽量按切线方向进入复合辊。

（7）透明性差。

产生原因：①胶黏剂本身颜色太深；②胶液混入灰尘或复合车间尘埃等微粒太多；③基膜的表面张力低；④黏合剂的流动性不足，展平性差；⑤上胶量不足，有空白处，夹有小空气泡；⑥黏合剂胶液本身吸湿，已变浊，有不溶解物；⑦干燥温度太高，表面结膜；⑧复合时的橡胶辊有缺陷。

解决办法：①选择微黄或无色的胶黏剂；②用金属丝网过滤胶液，用高目数的过滤网清洁空气；③电晕处理基材；④添加整平剂或改用流动性好的黏合剂；⑤检查、调整上胶量；⑥重新配胶，选择少含水、醇、酸、胺等活性基团的溶剂；⑦降低温度，选择不同沸点的混合溶剂；⑧更换橡胶辊。

（8）产品有臭味。

产生原因：①黏合剂残留溶剂未除净；②印刷后残留溶剂未除净。

解决办法：①调节干燥温度、进风量、排风量、温度梯度等；②控制印刷速度和提高印刷质量。

(9) 表面发黏，滑移性差。

产生原因：①熟化温度过高；②溶剂残留量大，薄膜中滑爽剂失效。

解决办法：①降低熟化温度；②排除残留溶剂。

(10) 纵向有漏黏痕迹。

产生原因：①张力控制不妥，复合后薄膜收缩或松弛；②残留溶剂量大；③干燥过强，薄膜延伸增大，黏合剂反应剧烈，得不到充分的初期黏结力；④辊温过高。

解决办法：①根据薄膜规格选择最佳张力及控制参数；②降低黏合剂涂布量或复合速度；③延伸性大的薄膜要严格控制干燥和卷取张力；④降低辊温。

(11) 复合膜发皱。

产生原因：①两基材张力不等；②残留溶剂太多，黏合剂干燥不足，黏结力太小；③黏合剂本身的初黏力不足，凝聚力太小；④涂胶量不足、不均匀，引起黏结力不好，不均匀引起局部地方出现皱纹；⑤收卷张力太小，卷得不紧，复合后有松弛现象。

解决办法：①调整两种基膜的放卷张力；②尽量干燥彻底；③选择初黏力大的黏合剂；④更换涂胶装置和调整胶液浓度；⑤提高收卷张力。

三、湿式复合

湿式复合工艺是生产复合薄膜历史较长久的方法之一，是指在铝箔、塑料薄膜或纸的表面涂布水性或溶剂型黏合剂，在黏合剂还处于湿的状态下，通过钢辊和橡皮复合辊之间压粘在一起，然后通过干燥烘道烘干除去黏合剂中的水分或溶剂，使黏合剂固化粘牢基材的复合工艺。其复合示意如图 3－15 所示。

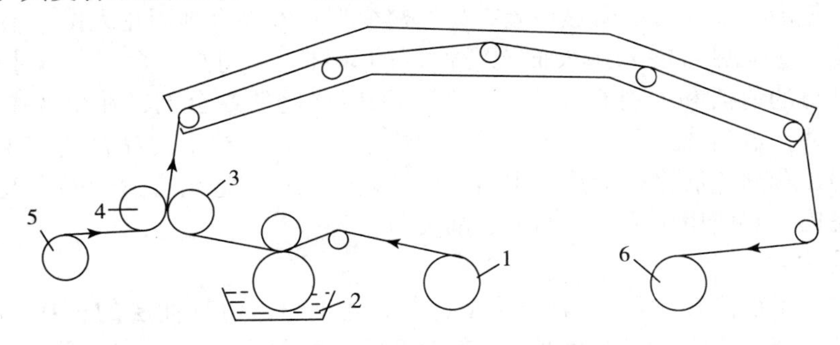

图 3－15　湿式复合示意图

1－第一基材；2－胶盘、胶液；3－钢辊；4－橡胶压辊；5－第二基材；6－复合薄膜

湿式复合主要用于铝箔、塑料薄膜与纸张、薄纸板、普通玻璃纸等多孔、吸水性材料复合上。其黏合剂多为以水为溶剂的黏胶液或乳液，主要有聚乙烯醇、硅酸钠、淀粉、聚乙酸乙烯等。

与其他复合方式相比，其优点为：操作简单，特别是厚度极薄的铝箔（5～6μm）也可复合；复合速度快，适于大批量生产；黏合剂价廉，加工成本低；黏合剂操作容易，安全性好，水为溶剂，环保性好。

湿式复合的缺点为：基材必须具有通气性，局限性大；干燥设备能耗大；复合品种少。

1. 湿式复合黏合剂

（1）所用黏合剂的一般性能。

①湿黏性。在润湿状态下的黏结强度。

②黏结力。随着胶液的干燥，其黏结力增加。

③固化速度。胶液产生足够强度所需要的时间。

④开放时间。胶液具有可利用的黏合性的最长时间。

⑤最低成膜温度。能形成膜的最低温度。

⑥湿性能。胶液在材料上的浸润能力。

（2）黏合剂的黏合过程。黏合剂涂布在基材上后，首先润湿基材表面，通过挥发、吸收，黏合剂胶液与基材之间产生了机械连接以及化学键、氢键与静电吸附，成为与基材连接在一起的一层黏合剂膜。

（3）黏合剂的类别。黏合剂主要有天然黏合剂和合成黏合剂。

天然黏合剂主要包括淀粉、糊精等。此类黏合剂的优点是低成本、易清洗、无毒、高黏度，低固含量。缺点是黏结力不高、稳定性一般、干燥慢、易变质发霉。

合成黏合剂主要特性是：黏性范围大，分子量高，黏结力高，黏度和固含量无关，干燥快，耐水性好，易清理，上机性、加工性好，但是干燥速度比较慢，难清洗，保质期短。主要使用的合成类黏合剂为聚醋酸乙烯酯及乙烯－醋酸乙烯共聚物。

2. 常见故障及解决方案

（1）复合后外观状态差。

产生原因：①涂胶基材表面太粗糙，黏合剂含水量太高；②局部黏合力弱，复合基材表面被污染或添加剂析出；③复合时胶层发生滑动；④基材在湿润时膨胀导致复合后长度不一而起皱、气泡；⑤黏合剂耐热性差，易受热变形；⑥黏合剂固化太慢，上胶量太厚。

解决办法：①应尽可能采用表面光滑性好的基材，采用高固含量、含水较少的黏合剂；②注意基材的清洁和原材料配方的控制，采用合适的黏合剂，在生产中适当减少张力，如可能的话，适当降低上胶量，使黏合剂快干；③采用快干的黏合剂；④采用高固含量、分散好的黏合剂，低涂布量并使用高黏度的黏合剂；⑤选用合适的黏合剂，并检查烘干系统是否失控；⑥使用快干黏合剂，装刮胶刀。

（2）黏合力弱。

产生原因：①铝箔在生产过程中压延油未处理干净，由于油层的存在，影响了黏结力；②基材受污染，造成黏结力低下；③黏合剂的黏度太低。

解决办法：①采用溶剂型或专用黏合剂；②在采购、储存中应加以控制；③采用较高黏度的黏合剂。

（3）难以快速复合。

产生原因：高速运转时黏合剂产生气泡，黏合剂固化不完全、干燥不完全等现象出现。

解决办法：调整黏合剂的消泡能力，调节或改进上胶装置，适当提高烘道的温度及提高烘道气流量。

四、无溶剂复合

无溶剂复合广义上也是干式复合的一种，就是采用100%固体的无溶剂黏合剂在无溶剂专用复合机上，对软包装基材进行复合的工艺。它是采用无溶剂黏合剂涂布基材，直接将其与第二基材进行复合层黏合的一种复合方法。是一种典型的资源节约型、环保型软包装材料的生产工艺。

无溶剂复合是随着环保运动日益深入人心的情况下产生，并获得迅速发展。1974 年，德国 Herberts 公司首先开始工业化生产单组分潮气固化型无溶剂黏合剂，并制成软包装材料，无溶剂复合正式诞生。到目前为止，无溶剂复合获得了迅猛的发展，特别在欧美国家，无溶剂复合已占复合膜生产量的60%。环境保护是无溶剂复合发展的原动力，且其成本低廉的优势也不断凸显，是无溶剂复合发展的又一推动力。正因如此，在环境立法尚不严密的地区，无溶剂复合也获得广泛的应用。

1. 无溶剂复合工艺的特点

（1）环保适应性好。无溶剂复合使用的黏合剂是百分之百的固态物质，不含任何溶剂，因而复合生产中无溶剂排放，具有环保型特点。另外，无溶剂设备因其结构紧凑并且减少了干燥箱，使得噪声要远低于溶剂型设备。

（2）安全性好。无溶剂复合生产中不使用可燃、易爆性有机溶剂，故安全性好，厂区及生产车间不需特殊的防火防爆措施。

（3）产品质量得到保证。无溶剂复合所用黏合剂不含溶剂，因而最终软包装产品不会因残留溶剂而污染所包装的内容物；软包装材料采用里印时，印刷面不会因受到溶剂的影响而质量下降；复合时基材不会因溶剂及烘道加热而引起变形。

（4）成本低廉。无溶剂复合与干法和湿法复合相比，因复合设备不需要干燥烘道，设备造价较低，占地面积小；同时单位面积上胶量少，胶料耗用成本低、生产线速度快，可明显地降低生产成本。

因此，无论从环境保护、生产安全与稳定、提高产品质量、降低生产成本，还是提高市场竞争能力方面，无溶剂复合具有极强的生命力，是一种值得大力倡导的，极具实用价值的复合薄膜的生产方法。

（5）无溶剂复合也有相当的缺点：黏合剂在涂布时整个系统需加热，涂布机需保温；黏合剂混合后的适用期短，有效使用时间不超过 30min；对重包装、耐介质要求高、超高温杀菌的产品还难以达到要求；初黏力低，固化时间长；涂布精度要求高。

2. 无溶剂复合与干式复合的区别

无溶剂复合与干式复合很相似，均使用黏合剂，但其存在以下区别：

（1）黏合剂的不同。干法复合所使用的黏合剂是溶剂型或乳液型，而无溶剂复合用的黏合剂中无任何溶剂。

（2）工艺流程不同。干式复合过程中，在涂胶之后、两层复合基材层合之前，必须经过一个干燥工序，将黏合剂中的溶剂完全烘干挥发；而无溶剂复合，黏合剂是百分之百的固体物质，不含溶剂以及分散剂之类的物质，黏合剂涂布以后，可直接复合加工。因此，无溶剂复合的工艺流程简单，能耗更低。

（3）设备不同。干式复合需要干燥烘道，而无溶剂复合不需要。

3. 无溶剂复合工艺流程

无溶剂复合的主要工序一般都包括：基材放卷、基材预处理、上胶、复合、冷却固化、收卷和熟化几个过程，其工艺流程如图 3－16 所示；复合示意如图 3－17 所示。

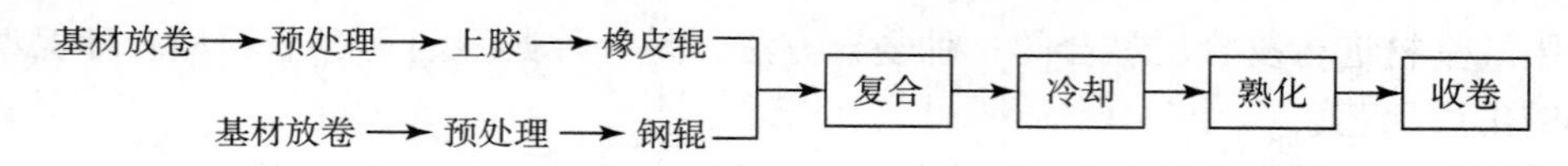

图3-16　无溶剂复合工艺示意图

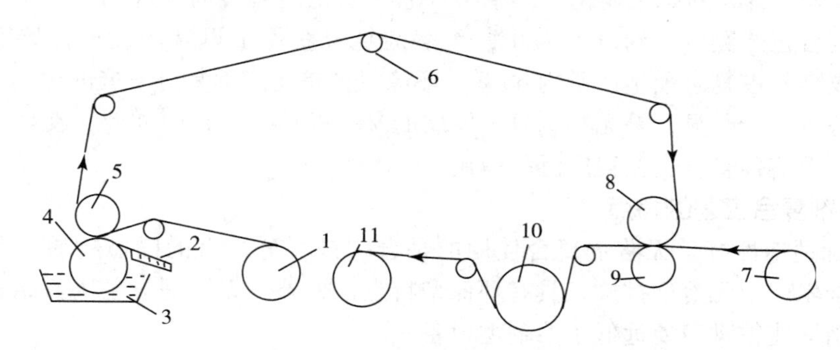

图3-17　无溶剂复合示意图

1-第一基材；2-刮刀；3-胶盘、胶液；4-凹版辊；5-橡胶压辊；6-导辊；7-第二基材；8-加热钢辊；9-橡胶压辊；10-冷却辊；11-复合薄膜

4. 无溶剂复合用黏合剂

无溶剂复合用黏合剂是无溶剂复合软包装材料质量的关键，目前，主要有单组分无溶剂黏合剂、双组分无溶剂黏合剂和紫外线固化型无溶剂黏合剂三大类。

（1）单组分无溶剂黏合剂。单组分无溶剂黏合剂有聚酯型聚氨酯类与聚醚型聚氨酯类，它们分子结构上的共同特征是端基均为异氰酸酯。单组分无溶剂黏合剂具有使用方便和适用期长的优点，但也存在以下几个缺点：

①依靠基材表面及空气中的水分固化，上胶量受到限制，在 $2g/m^2$ 左右，该上胶量在此应用中尚感不足。

②固化速度慢，熟化时间长。

③固化时产生二氧化碳，处置不当会产生气泡。

④水分不足时固化不充分，黏合强度不高。

对于气密性基材而言，由于单组分无溶剂黏合剂反应放出的 CO_2，难以释放，会导致复合层强度不佳或在薄膜夹层中产生气泡。因此，这种黏合剂主要用于纸质材料的复合。如果配有合适的换气装置或增湿设备，能够提供满足固化要求的湿气量，也可用于薄膜的复合。

（2）双组分聚氨酯类无溶剂黏合剂。双组分聚氨酯类无溶剂黏合剂与干法复合用的双组分聚氨酯一样，均由端基为羟基的聚氨酯预聚体的主剂和端基为异氰酸酯的聚氨酯预聚体的固化剂两种组分组成，只是前者的固含量为100%。双组分聚氨酯类无溶剂黏合剂使用时两组分按一定比例混合，涂布到需要复合的基材上，使之热压复合，经熟化处理黏合剂的两组分产生化学反应而交联，表现出优良的黏合效果。双组分无溶剂黏合剂中，有冷涂胶与热涂胶两种，冷涂型黏合剂分子量较小，可在较低温度下施工，但初黏力小，需要经过足够长的时间熟化之后，才能进行分切及制袋等后加工处理；热涂布型黏合剂分子量比较大，常温下黏度大，必须将它加热到60～100℃的温度下才能进行涂布加工。其优点是初黏合力大，复合之后只经过较短时间的熟化，即可进行后加工。

（3）紫外线固化型单组分无溶剂黏合剂。紫外线固化型单组分无溶剂黏合剂与紫外线固化油墨一样，在紫外线的照射下，黏合剂分子立即发生交联固化反应，产生极大的内聚力而将被黏物体黏结牢固。紫外线固化型单组分无溶剂黏合剂主要是阳离子酸催化的环氧体系固化类产品，在紫外线的照射下，黏合剂中的路易斯酸光引发剂分解，引发环氧嵌段聚合，得到环氧树脂的三维交联结构。该黏合剂在复合前可露置空气中，这就意味着实际受紫外光作用的强度与复合薄膜的透明性关系不大，且其交联固化速度较普通的聚氨酯黏合剂要快得多，在复合后1小时内即可达到相当高的黏结强度，足以保证后续加工过程的顺利进行。

5．无溶剂复合设备

无溶剂复合设备相对简单、紧凑，主要由两个放卷装置、一个收卷装置、一个黏合剂配胶涂布装置及复合装置构成。无溶剂复合中，其难点是涂布量非常少，又要求黏合剂能均匀地分布在材料面上，因此无溶剂复合设备最大的特点在于涂胶系统。无溶剂的涂胶系统是利用了涂料涂布原理，利用各辊的速差比，达到了很低涂布量的要求。多辊系统一般为4辊，两个计量辊、一个转移辊、一个上胶辊，转移辊为橡胶辊。第一个辊的速度较慢，最后一个辊即涂布辊速度最快，与复合速度保持一致。由于辊速不同且辊间有较大压力，因此，黏合剂在最开始的两个辊之间加进去到最后涂胶辊要经过多次挤压和剪切，使得辊上的黏合剂层一步步变薄，这就保证了较低的涂胶量。

法国DCM公司的无溶剂复合机上胶涂布装置，如图3－18所示。

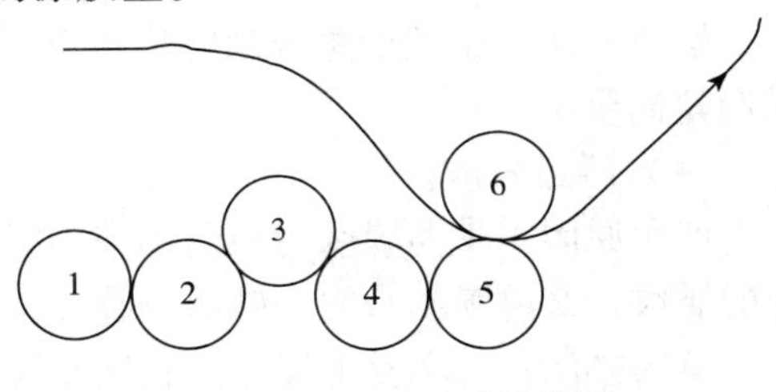

图3－18　DCM涂胶装置

1－存胶固定辊；2－计量辊；3－浮动辊；4－涂布转移辊；5－涂布钢辊；6－转绕胶辊

浮动辊是其特色，浮动辊3可以把辊2和辊4之间以不同的速度分开，使薄膜的张力保持恒定，还降低了由于摩擦产生的热量。可以达到由辊温调节器能够控制的温度水平。浮动辊3易于拆下。

因为各辊之间的接触要求非常紧密，因此需要使用非常精密的辊子和轴承。涂布辊光洁度应达0.102μm，镀铬厚0.102～0.25mm。如果辊子的长度与直径之比为8∶1或更小，平直度和同心度的误差都必须小于3.8μm。橡胶辊使用耐磨的和耐溶剂腐蚀的橡胶包覆，并且是相当稳定和有弹性的，包覆厚度至少为19.8mm，橡胶硬度为80～90邵氏硬度。

涂布所需要的精确温度是通过一个以水为介质的自动温度控制系统来实现的，水温误差可控制在±0.5℃。

涂布量大小的调节，是根据辊2和辊4之间速比变化和温度的稳定性来调节的，所以DCM设计辊2和辊4使用单个的直流电机控制，以保持与复合速度无关的各辊之间的速比。当机器速度为150m/min时，即辊4速度为150m/min，调节辊2速度为12.5m/min，得到速比为1∶12，可获得约0.8g/m^2的涂布量，要获得较高的涂布量，如1g/m^2，则辊2速度应调到15m/min，即速比为1∶10。

只要保持辊2和辊4一定的速比，不管机器速度如何改变，都可使涂布量保持在所要求的范围内。采用不同型号无溶剂黏合剂及加热辊温度改变时，应重新测量涂布量。

6．常见故障及解决方案

（1）收卷端面不齐。

产生原因：①涂胶量太大；②从复合辊出来后膜卷的冷却效果差；③张力不合适；④收卷处挤压辊的平齐度差；⑤薄膜左右两边的涂胶量相差太大，最好将差值控制在0.2g以内；⑥纸芯与薄膜没对齐。

解决办法：①减少涂胶量；②改善冷却效果；③确定合理控制张力；④确保挤压辊的平齐度；⑤确保上胶的均匀性；⑥收卷前薄膜与纸芯对齐。

（2）复合膜气泡。

产生原因：①由于材料不平滑、油墨颗粒粗，使胶液涂布不足；②固化中产生的CO_2在阻隔性较好的薄膜中无法逸出而形成，主要在使用单组分无溶剂的场合；③表面润湿性差；④转移辊附着异物或出现伤痕。

解决办法：①选用优质材料或适当添加涂布量；②改用双组分黏合剂；③提高材料的表面润湿张力，提高黏合剂的润湿性；④异物应用竹片刮去。

（3）黏结不良。

产生原因：①黏合剂涂加量过多，黏合剂内部固化缓慢；②在使用单组分黏合剂时，加湿水分不足；③涂布量太少，对表面的浸润不完全；④油墨与黏合剂相溶性差，如使用了聚酰胺油墨。

解决办法：①减少黏合剂的涂布量；②适当提高加湿水分；③增加黏合剂的涂布量；④调整油墨。

（4）隧道效应。

产生原因：①薄膜张力控制不当，因无溶剂初黏力小，当张力不均衡时，极易产生凸起的皱纹；②薄膜本身有松弛部分存在，在复合后产生隧道效应。

解决办法：①调整薄膜张力；②基材薄膜一定要平整。

五、挤出复合

挤出复合和挤出涂覆是软包装材料生产工艺中最常见的两种工艺。挤出复合采用塑料挤出机将热塑性树脂（PE树脂、EVA树脂、EVAl等）加热熔融注入到一个平片模具内，再由模具的扁平模口挤出片状熔体薄膜后，在铸造钢辊冷却固化定型，立即与一种或两种软包装基材通过紧密的复合夹辊复合在一起，然后冷却固化的生产方法。挤出涂覆也是采用塑料挤出机将热塑性树脂（PE、EVA、EVAl、PA和PVDC树脂等）加热熔融注入到一个平片模具内，再由模具的扁平模口挤出片状熔体薄膜后，直接涂敷在另一种基材表面上，立即通过紧密的复合夹辊复合，然后冷却固化的生产方法。一般情况下，挤出涂覆不单独列出，称为挤出复合。

挤出复合和挤出涂覆工艺适合各种基材的复合，根据产品包装的要求，可以按需要设计挤出复合和挤出涂覆工艺流程，制备2～7层的多种综合性能（优良的耐磨性、可密封性、防潮性、阻气性、隔光性、保香性、耐油性、耐化学腐蚀性、耐折强韧等）优良的软包装复合材料。同时挤出复合/涂覆的设备成本低、投资少、生产环境清洁、生产效率高、操作简便等，因此在软包装材料的复合加工中占有相当重要的地位。其主要特点如下：

（1）生产速度快，适合于大批量生产。平均线速度达150m/min左右，高速复合可达

200～300m/min，国外采用的高熔体流动速率（MFR）的LDPE（大于20g/10min），其复合速度高达600m/min。同时，也适于包装产品的多品种、少批量的特点。

（2）基材选择面比较广泛。基材适用面虽比干法复合窄，但比共挤复合要广泛得多，同样也适合纸基材、铝箔及镀铝膜。极大地扩大了挤出复合可生产的品种和性能。

（3）环保。挤出涂布复合不需要使用有机溶剂型的双组分聚氨酯胶，尽管某些基材需要涂布AC剂，但其用量只需使用0.1g/m^2左右，且残留的溶剂量仅为干法复合工艺的1/10，因此，溶剂污染减少，制品卫生性好。

（4）成本低、经济性好。挤出复合/涂覆的设备成本低、投资少，且不使用大量的价格昂贵的黏合剂，制品成本率高于干法复合。

（5）挤出复合同干法复合一样，可以采用里印和外印两种方式。不过印刷时要求油墨的耐热性好，而共挤复合只能外印刷。

（6）膜层厚度可按要求调节控制。同共挤复合相比较，复合膜各层次厚度可以调控，层次之间不发生混料，界面清晰，而共挤复合，尤其是模内复合时，层次之间易发生混料，厚度不能精确调控。

挤出复合和挤出涂覆都是将热塑性树脂挤出并与另一种基材进行复合，然后再冷却制成复合材料。而在挤出涂覆工艺中，熔融的热塑性聚合物直接涂覆在塑料、纸、纸板或铝箔等基材上，而挤出复合工艺中，塑料熔体在镀铬的钢辊上铸造成薄膜基材，然后再与另一基材进行层合，这是挤出复合与挤出涂覆的最大区别之一。挤出复合和挤出涂覆工艺流程图，分别如图3－19和图3－20所示。

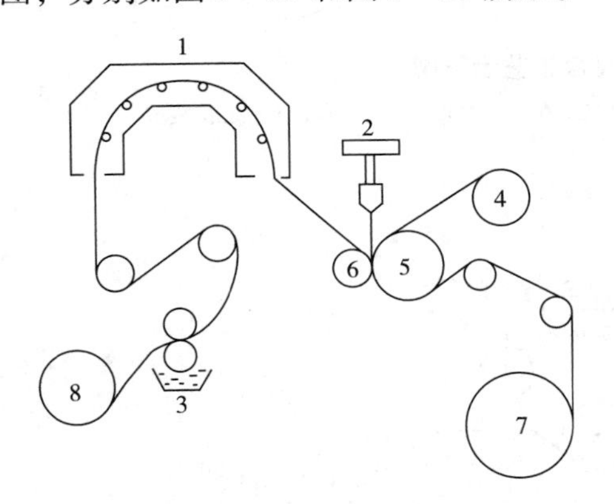

图3－19　挤出复合工艺示意图

1－干燥烘道；2－挤出机；3－涂胶装置；4－第二放卷；5－冷却辊；6－压力辊；7－收卷；8－第一放卷

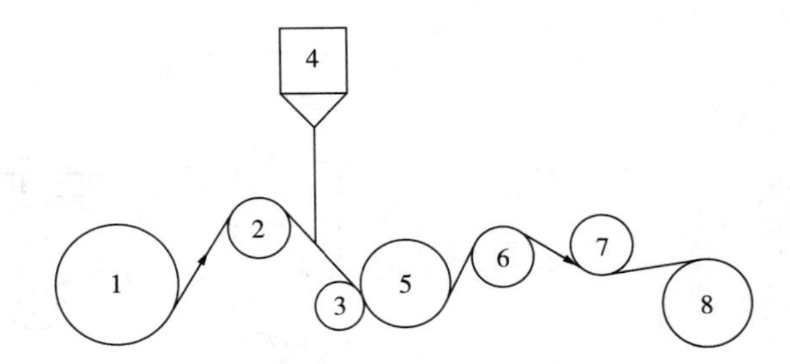

图3－20　挤出涂覆工艺示意图

1－放卷；2－张力控制导辊；3－硅橡胶辊；4－挤出机；5－冷却辊；6, 7－牵引辊；8－收卷

1. 挤出复合的分类

挤出复合主要分为单层挤出复合、串联挤出复合和共挤出复合三种，其复合工艺分别如图3－21、图3－22和图3－23所示。单层挤出复合由一台挤出机和复合装置组成，可生产2～3层的复合材料；串联挤出复合由2～3台挤出机和复合装置组成，可生产3～7层的复合材料；共挤出复合由两台或两台以上挤出机共挤出熔体复合薄膜，然后再在复合装置处与其他基材进行复合的工艺，它可以生产3～5层复合软包装材料。

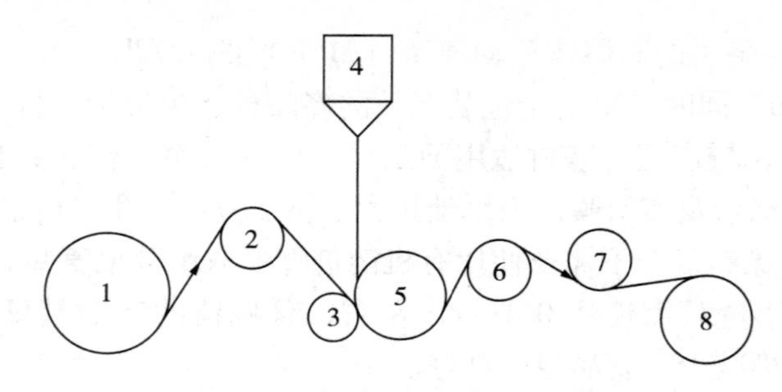

图3-21 单层挤出复合工艺示意图

1-放卷；2-张力控制导辊；3-硅橡胶辊；4-挤出机；5-铸造钢辊；6,7-牵引辊；8-收卷

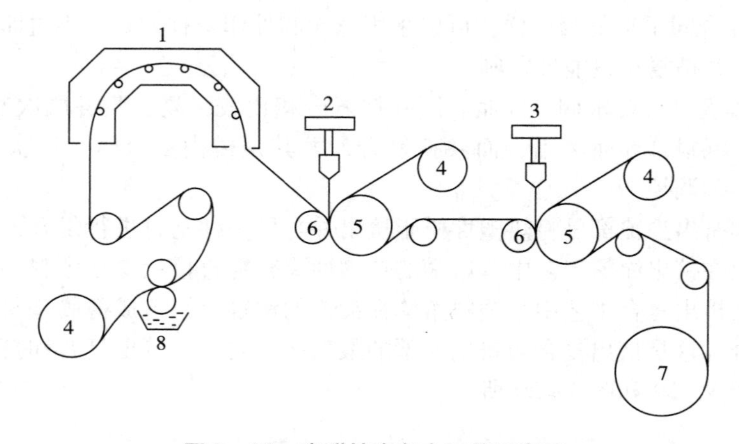

图3-22 串联挤出复合工艺示意图

1-干燥烘道；2,3-挤出机；4-放卷；5-冷却辊；6-压力辊；7-收卷；8-涂胶装置

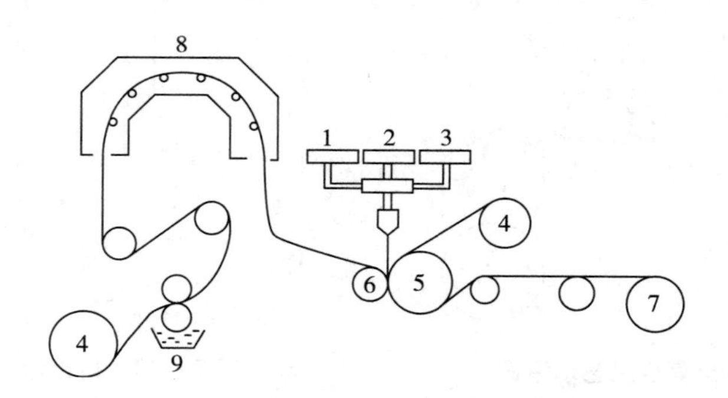

图3-23 共挤出复合工艺示意图

1,2,3-挤出机；4-放卷；5-冷却辊；6-压力辊；7-收卷；8-干燥装置；9-涂胶装置

2. 挤出复合用AC剂

挤出复合虽对基材无严格要求，但挤出的熔体复合膜层与不同基材的黏合牢度存在较大区别。部分基材与熔体的剥离强度非常低，需要在预处理的基材上涂布一层黏合剂或增黏结层。常用的黏合剂为热熔胶和AC剂，热熔胶黏剂除了把两种基材黏合在一起外，其本身又是构成复合材料的一层，常见的是LDPE、PP、EVA、EMAA、EAA、HDPE等热熔胶。AC剂即Anchor Coating的简称，俗称锚合剂，它是为了提高涂覆或复合牢度，对表面光滑的铝箔、玻璃纸、聚酯、聚酚胺等基材涂布一层具有胶黏促进剂和交联剂的底涂剂的统称。

（1）AC剂作用。AC剂有三个作用：

①改善亲和性，改善基材表面和挤出一些非极性的高分子聚合（PE、PP）熔融膜的亲和力，增强黏合性，提高复合牢度。

②基材表面的补强，基材表面存在着微量的低分子量不纯物和细微的裂纹，表面层的机械强度较弱，聚氨酯系AC剂对这些基材面层的缺陷有补强的作用。

③阻隔作用，AC剂涂层能阻挡水、塑料添加剂等物质对基材或熔体热塑性膜表面的侵袭劣化作用。如复合基材为铝箔时，水接触铝箔会导致其表面生锈，造成机械强度降低，黏合性被破坏；复合基材为塑料薄膜时，可阻止塑料添加剂向熔体热塑性膜表面的迁移，保持稳定的黏合性。

（2）几种常用的AC剂。目前，常用的AC剂主要有有机钛系、异氰酸盐系、聚乙烯亚酰胺系、聚丁二烯系等。

①有机钛系。有机钛系的AC剂都是由各种烷基钛酸酯或其改性物混合而成，具有有机钛化合物的化学性质，使用时，必须采用与烷基钛酸酯不起反应的异丙醇、正己烷、甲苯和醋酸乙酯等有机溶剂作为稀释剂。钛酸四丁酯、四硬脂酸钛酸酯和钛酸四异丙酯是具有代表性的烷基钛酸酯，具有使用范围广、初期黏合力好、无须熟化、无粘连性的优点。但加水易分解、不耐水，废液处理困难，溶剂挥发性高，易燃。

②异氰酸酯系。此类AC剂与干法复合工艺中使用的双组分聚氨酯黏合剂一样，具有活化期长、耐湿性、耐水性、耐煮沸性和耐药品性等优点，但其初期黏合力弱，有粘连性，溶剂挥发性高，易燃。

③聚乙烯亚胺系。具有优良的水溶性、使用非常便利、价格低廉和安全等特点，但黏合牢度因其化学黏合作用非常弱而较差，涂层的耐湿性也差。

④聚丁二烯系。聚丁二烯系与聚乙烯亚酰胺系一样，使用水和酒精的混合液做溶剂，但其耐湿性比聚乙烯亚酰胺系好，尤其对NY有良好的性能表现。

3. 挤出复合设备

挤出复合与挤出涂覆都是由放卷装置、张力控制导辊装置、硅橡胶辊、挤出机、冷却辊、牵引辊和收卷装置等组成。为了提高软包装复合材料的复合牢度，挤出复合或挤出涂覆机组与干法和湿法一样，还包含预处理的电晕处理装置、涂胶装置以及其他后处理设备，如图3－24所示。

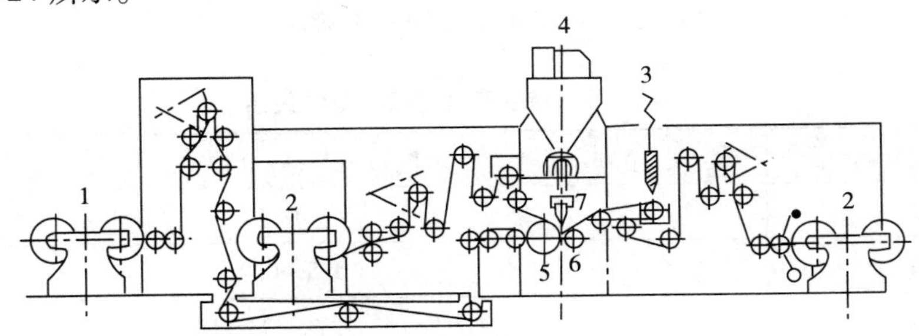

图3－24　挤出复合或挤出涂覆机组示意图

1－收卷装置；2－放卷装置；3－电晕处理装置；4－塑料挤出机；5－钢辊；6－硅橡胶辊；7－挤出T型机头

（1）放卷装置。放卷装置由放卷张力控制系统、接料装置、纠偏装置等组成。放卷张力控制系统由磁粉制动器、张力传感器、电气控制系统等组成。在放卷过程中，卷径逐渐减小，张力保持恒定。接料装置由翻转架及其旋转控制装置、换卷裁切装置、预驱动装置组成。一般都可以手动或自动换卷，能实现不减速换卷接料。纠偏装置能使放卷的基材边缘整齐地通过要求的位置，由导向调节机、油缸检测器等组成，检测器靠油缸控制放卷架使基材边缘固定通过检测器。

（2）预处理装置。挤出复合的预处理主要有基材表面净化处理、电晕处理和静电处理等，以提高熔融薄膜在压辊加压的压力作用下渗透入基材表面的微孔中，或起毛的基材间隙中的能力，增强涂覆膜层与基材的黏合牢度。

（3）挤出机。挤出机是挤出复合设备的关键装置，主要由螺杆、料筒、传动机构等组成。挤出机具有固体物料的输送、熔融、计量、混炼、排气与熔体输送六大功能。挤出机的功能主要是通过挤出机的螺杆实现，挤出机的螺杆必须包括加料段、压缩段和匀化段三段。加料段起固体输送作用，塑料在加料段中呈未塑化的固态；压缩段起熔融塑化树脂的作用，塑料在压缩段中逐渐由固态向黏流态转变，这一段中的搅拌、剪切、摩擦作用都比较复杂；匀化段的主要作用是将压缩段送来的熔融塑料增大压力，进一步均匀塑化，并使其定压、定量地从机头挤出。挤出机多采用电阻加热器加热，鼓风机风冷却。挤出机的扁形机头一般采用价格比较便宜的T型机头，如图3-25所示。机头模唇到冷却辊与复合压辊相夹接触线的距离可以调节，其距离通常在50~150mm之间。模唇的开度也可调节，它决定挤出复合膜层的厚度或挤出涂覆量，其开度一般为0.3~1.0mm。模唇开度与涂覆量的关系，如表3-8所示。从表中可以看出，开度越大，涂覆量越大。模唇的长度一般应大于15~20倍的模唇间隙，以利于减小或消除由于出口膨胀不均匀而引起的机头上料不均匀。

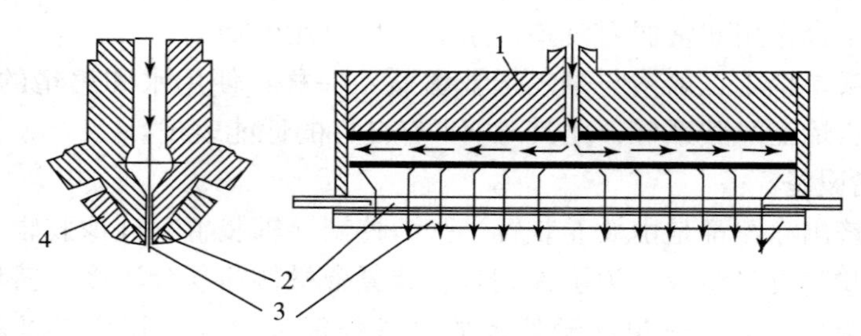

图3-25　T型机头的截面结构图

1-T型机头；2-调幅杆通道；3-模唇口；4-模唇

表3-8　模唇开度与涂覆量的关系

模唇开度/mm	涂覆量/（$kg/100m^2$）
0.50	<0.5
0.76	0.5~0.7
1.00	7~11
1.27	>11

（4）复合装置。复合部分主要是由冷却辊、硅橡胶压力辊、支撑辊、剥离辊、修边装置、传动装置和气动装置等组成，用来将挤出的熔融片膜与基材复合在一起，是挤出复合

或挤出涂覆的核心装置，主要作用包括复合、冷却、定型等。

冷却辊一般是表面镀铬并带有双层夹套螺旋式螺槽的钢辊，螺槽夹层中通以冷却水，其作用是及时带走熔融薄膜的热量，使复合薄膜冷却定型。冷却辊的直径一般为450～600mm，冷却辊的水温通常保持存10～20℃之间，冷却辊表面的温度不应超过65℃。常用的冷却辊有单筒、双筒、双壳和单螺旋、双螺旋形五种，其内部结构，如图3－26所示。其中双螺旋辊的冷却效果最好。

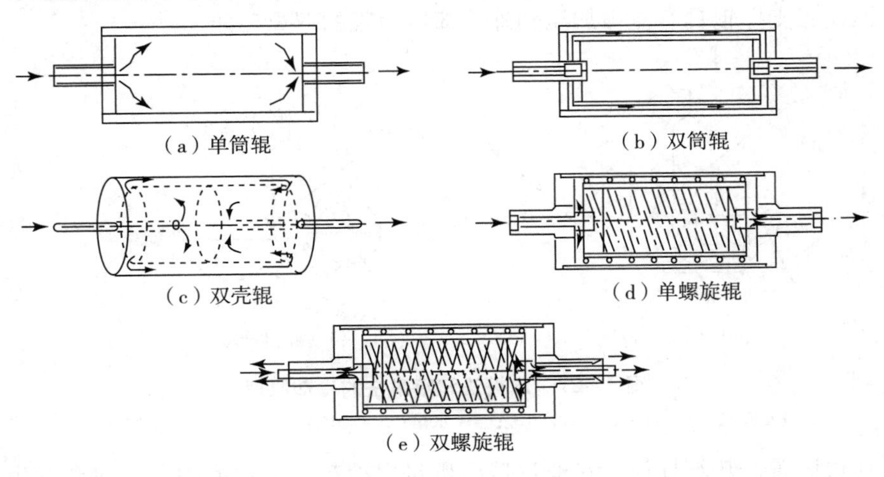

图3－26　冷却辊内部结构

无论是挤出复合还是挤出涂覆，其生产的复合薄膜的复合牢度、平整性和外观质量，都与冷却钢辊的冷却效果有关，因此滚筒表面温度分布的均匀性、表面状态与其冷却效果好坏直接有关。一般而言，要求冷却辊表面必须光滑、传热均匀、耐压耐磨，并与挤出的树脂的剥离性要好。如果制品要求有花纹、图案时，则冷却辊的表面还需要刻上花纹、图案。冷却辊的表面有镜面光亮面、半镜面（细目面）和磨砂面三种状态。钢辊表面经过精磨、镀铬和抛光后能得到镜面光亮面。这种辊表面复合的薄膜透明度高、光泽性好；其缺点是光亮平滑的表面对熔融树脂的流动阻塞性降低，易产生薄膜的纵向厚度不均匀，同时造成薄膜对冷却辊的剥离性差，容易粘辊。半镜面钢辊是将光亮面钢辊表面再经过特殊处理使其呈毛玻璃状。采用该辊面复合的产品透明度及光泽度稍差，但对塑料熔体的阻塞性好，复合薄膜厚度均匀，且易剥离。而磨砂面钢辊表面粗糙度高，不可生产透明度高的产品，剥离性极好，一般用于生产无纺布类、纸类复合涂布。

压力辊的作用是将基材和热的熔融薄膜压向冷却辊，使基材与熔融薄膜压紧黏牢而复合，并冷却、固化成型。压力辊因具有耐热、耐磨性好，不易与基材黏附等优点，以适合从机头挤出温度高达300～400℃以上的热熔融薄膜。通过汽缸或液压缸提供0.2～0.5MPa的压力，以保证压力均匀。常用的压力辊为包覆硅橡胶或氯丁橡胶的钢辊，硅橡胶具有耐热、耐磨和剥离性好的特点，尤其不易与聚乙烯黏附，操作方便。同时，其无毒，不含硫，其生产的软包装材料适合食品、药品等包装。它的缺点是强度差，表面硬度比不上氯丁橡胶，易于刮伤。因此，对于复合纸类等多孔基材，多采用硬度较高的氯丁橡胶压力辊。氯丁橡胶压力辊最大的缺点是剥离性较硅橡胶压力辊差，生产过程中需用水或硅油润滑其表面。

压力辊的钢辊直径一般为200～300mm，与冷却辊相比，直径较小。为避免压力辊长期工作而升温太高，压力辊也需要设置冷却系统。其冷却方式有内冷、外冷和内外冷同时结合的方式，内冷是直接在压力辊中通冷却水，但由于外层橡胶的导热性非常差，使得钢辊表面的温度下降效果差。因此，目前常用的压力辊均采用外冷或内外冷同时结合的方式进行冷却，外冷包括水槽法和喷淋法两种，其冷却原理，如图3－27所示。支撑辊是表面镀铬的钢辊，其内有夹层可通冷却水，其通过气压泵或液压泵对压力辊施加0.2～0.5MPa的压力。因此，支撑辊具有支撑加压和外冷却压力辊的双重功能。

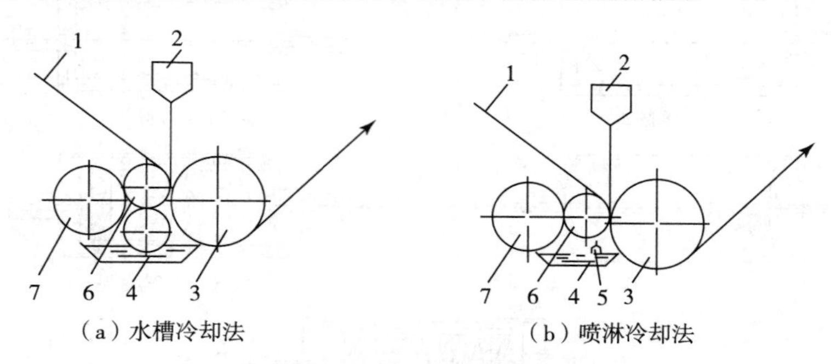

（a）水槽冷却法　　（b）喷淋冷却法

图3－27　水槽法和喷淋法的冷却原理

1－基材；2－机头；3－冷却辊；4－水槽；5－喷嘴；6－压辊；7－支撑辊

（5）切边装置。热塑性树脂在通过挤出机挤出冷却定型过程中，一般会发生“瘦颈”的缩幅现象，使薄膜宽度小于模口宽度，且薄膜两侧厚度较中央的厚。缩幅程度与熔体的温度、树脂的熔体的熔融指数、熔体的密度以及调幅杆等有关系。一般而言，熔体温度和密度越低，缩幅程度越小。由于缩幅会使薄膜两侧偏厚，因此，需将复合的软包装材料两侧的部分进行修切，否则会产生复合材料皱褶、卷取、不平整等质量问题。常用的切边装置如图3－28所示。其中，以剪刀式最好。刀片式切割用于薄膜生产和纸基复合；剪刀式用于厚纸板复合；划线刀式用于一般复合材料；剃刀式用于塑料片的复合，也可用于板与片生产的修边或切割。

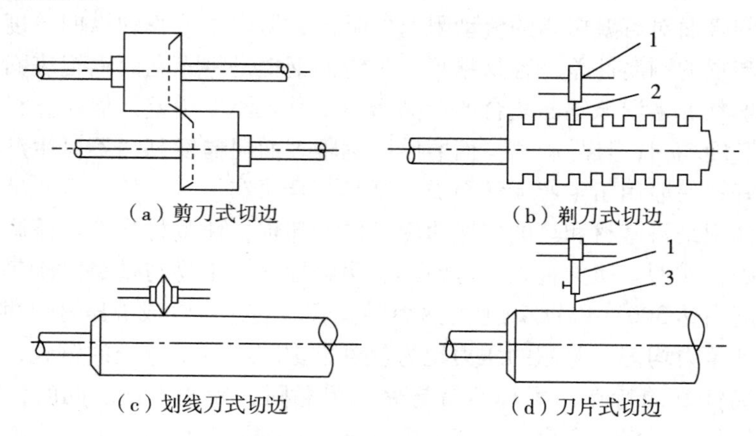

（a）剪刀式切边　　（b）剃刀式切边

（c）划线刀式切边　　（d）刀片式切边

图3－28　切边装置示意图

1－夹具；2－剃刀；3－刀片

（6）上胶及干燥装置。为了提高挤出复合或挤出涂覆的牢度，一般预先在第一放卷基材表面上涂一层黏合剂或 AC 剂，然后将涂层胶层干燥，此工序需要上胶装置和干燥装置。上胶装置和干燥装置与干法复合的基本相似。

（7）收卷装置。收卷装置由收卷架、张力控制系统、接料装置和牵引装置等组成。张力控制是为了保证收卷松紧一致，收卷轴必须与复合卷同步，收卷必须恒张力和恒线。牵引装置的作用是减少收卷张力，减小对挤出复合或基础涂覆软包装材料薄膜的拉伸，提高收卷质量。牵引装置是由磁粉离合器、牵引辊、电气控制装置组成。通过调节控制电压，可以改变牵引辊速度，从而可以调整牵引段张力的大小。

4．常见故障及解决方案

挤出复合或挤出涂覆生产软包装材料过程中，挤出复合材料经常会遇到各种质量问题，如复合不牢（剥离或剪切强度低）、厚度不均一、透明性差等。由于这些质量问题既牵涉到基材，又涉及油墨、胶黏剂，甚至设备和工艺、气候环境等许多方面，因此质量的有效控制，是挤出复合或挤出涂覆生产的关键。下面将常遇到的问题进行分析，找出其产生的原因，提出解决的办法，供读者参考。

（1）复合不牢。

产生原因：①熔体弹性差、熔融指数偏小；②挤出温度偏低；③基材电晕处理不足、潮湿或表面有污物；④压辊压力偏低；⑤熔体热氧化不足、极性低，黏结性差；⑥油墨的适应性不好；⑦AC 剂湿润性差或与基材选配不当；⑧AC 剂涂布不足或使用期限过期；⑨AC剂干燥不足。

解决办法：①用熔体密度及熔融指数适当的树脂；②提高挤出温度或预热基材；③重新电晕处理、清洗和预热干燥基材；④增加压辊压力；⑤增大气隙、降低复合速度；⑥更换合适的油墨；⑦更换 AC 剂；⑧增加上胶量或使用新的 AC 剂；⑨提高干燥温度、降低收卷速度。

（2）复合薄膜厚度不均匀。

产生原因：①树脂熔体指数过高；②熔体密度过大；③模唇两端温度偏高；④模唇间隙不均匀；⑤模头温度不均匀；⑥压力辊加压不均匀。

解决方法：①用熔体指数适当的树脂；②用密度适当的熔体；③降低模唇两端温度；④调节模唇间隙；⑤重新设置温度；⑥调整压力辊。

（3）复合材料有皱褶。

产生原因：①基材放卷不平行或位置斜歪；②基材厚薄不均匀或松紧度不一致；③基材放卷时，芯子没卡紧；④基材储存吸湿变形；⑤熔体膜厚薄相差太大；⑥压辊和冷却辊轴线不平行；⑦卷取张力调节不平衡；⑧AC 剂干燥温度太高，基材膜变形；⑨冷却不充分，复合膜定型不足。

解决方法：①调节基材位置；②调换基材；③卡紧基材芯子；④基材预热干燥；⑤调整模唇间隙；⑥调整轴线平行；⑦重新调节卷取张力；⑧降低干燥温度；⑨降低复合速度或冷却辊的温度。

（4）膜断裂撕裂。

产生原因：①收卷或放卷张力过大；②基材边缘有缺口；③复合速度过快；④树脂温度过低，使熔体流动性、弹性差；⑤T 模唇的间隙不适当；⑥熔体膜边缘部分太薄；⑦树脂不适合挤出复合。

解决办法：①减少收、放卷张力；②更换基材；③降低复合速度；④适当提高挤出温度；⑤调整模唇间隙；⑥适当调厚熔体膜厚度；⑦选择适合树脂。

（5）复合膜透明性差。

产生原因：①冷却辊表面温度过高；②表面辊状态不好，过于粗糙；③复合压辊压力不足；④AC 剂初期黏合力差；⑤基材或挤出固化树脂析出填料物太多；⑥树脂挤出熔融塑化不足或不均匀；⑦复合橡胶压辊表面粗糙或有异物。

解决办法：①适当降低温度；②换用光洁度高的冷却辊；③提高复合压力；④选用初黏力高的 AC 剂；⑤减少填料的用量；⑥调整挤出各种工艺参数（挤出温度）；⑦更换状态好的压辊。

（6）卷边。

产生原因：①气隙太大；②树脂挤出温度太高；③复合速度太慢；④树脂选择不合适。

解决办法：①缩小气隙距离；②降低挤出温度；③适当提高复合速度；④选择合适的树脂。

（7）薄膜剥离性差，易黏附滚筒。

产生原因：①基材与熔体膜位置没对准；②熔体薄膜宽度大于基材宽度；③冷却辊或压辊表面温度过高；④基材有缺口；⑤收卷张力太小；⑥冷却辊表面状态与树脂不匹配；⑦设备没有剥离辊。

解决办法：①移动挤出机；②减小模唇挤出熔体膜的宽度；③降低冷却水温度；④预先插入基材补缺口；⑤增加收卷张力；⑥选用良好的冷却辊；⑦适当提高收卷张力。

（8）卷曲。

产生原因：①张力不合适；②AC 剂烘道温度过高；③冷却辊冷却不允分。

解决办法：①调低张力，不同基材不同张力；②检查温度；③凋大冷却水流量。

（9）复合材料卷筒松。

产生原因：①收卷张力太小；②复合薄膜厚薄不均匀。

解决办法：①增加收卷张力；②调整模唇间隙。

（10）挤出机压力不稳定。

产生原因：①挤出温度设定不适当；②挤出速度太快，熔体流动性变化大；③树脂温度不均匀；④树脂挤出熔融塑化不足或不均匀；⑤滤网网孔部分堵塞或穿孔。

解决办法：①重新调整到适当值，不要太高；②降低挤出速度；③全面检查加热器；④降低螺杆转速，增加过滤网层数或提高过滤网数目；⑤定期更换过滤网。

（11）复合膜尺寸稳定性差。

产生原因：①复合张力不当，熔体膜被拉伸或收缩；②基材受热、受湿等变形太大；③烘干或冷却温度太高，熔体或基材热变形大。

解决办法：①调整复合张力；②选用适当的基材；③降低烘干或冷却温度。

六、共挤出复合

共挤出复合工艺技术，是 20 世纪 60 年代开发出的材料的成型技术，经过 50 年的发展，已成为生产复合材料的主要方法之一。共挤出复合是采用两台或两台以上挤出机，将同种或异种树脂同时挤入一个复合模头中，分别在不同的挤出机中加热塑化，然后通过特殊的机头将它们汇合，使各层树脂在模头内或外汇合形成一体，在机头分层汇合挤出成熔体膜坯，经塑、冷却定型为共挤出复合薄膜。共挤出复合薄膜能提高薄膜质量、改性后加工性能和降低成本等，在食品、医药等软包装领域有着广泛的应用。

共挤出复合具有很多的优点：

①减少生产过程，多层薄膜可一次性生产获得，生产时间和生产人工均可减少。

②不需要黏合剂、溶剂，有利于环保，又无须相应装置及热能需求。

③可成型很薄的复合膜，共挤中要加工成型很薄的膜层，从而降低树脂的消耗，特别是使昂贵树脂的使用量降到最低。

④改善树脂的加工型，流动性较差的树脂可以和流动性好的树脂共挤形成复合膜，还可以提高生产速度。有热分解倾向的树脂也可以通过夹在其他树脂层间共挤而减少缺陷。

⑤多样化的薄膜结构与性能设计，可设计不同的稳定性、抗冲击性、耐撕裂强度及表面特性的薄膜。

⑥色彩多样化，每一层都可以有不同的颜色。

共挤复合的缺点：

①切边不可重复利用，不同的材料差异很大，切下的边料一般不可重复循环使用，当然，共挤膜所用树脂是同类时可作内层材料使用。

②各种树脂的流变性需相似，为了使每层薄膜都能达到最佳，选用的树脂必须具有相同的流变性。

③成型加工温度要求高，各层树脂温度不能相差太大，因此，各种树脂种类和级别必须经过选择。

④设备复杂，定期的检查、维护要求高。

⑤更换树脂时间长、损耗大，特别对多品种、小批量生产表现明显，这也是共挤复合的重要缺陷之一。

共挤出复合法生产共挤出复合材料，可根据共挤出设备的口模形状、树脂挤出汇合方式和挤出树脂原料性质的异同，分为以下几种。

1．按口模的不同进行分类

（1）共挤出环模法。又称共挤出吹塑（吹胀）成膜法或共挤出管膜法。该法使用环状口模，采用吹胀成膜工艺制膜，产品为筒状复合薄膜。工艺流程为：各挤出机备料→各挤出机分别挤出树脂→模头处各树脂汇合成膜挤出→风环冷却→吹胀→人字架→熄泡辊→电晕处理→收卷成卷筒状复合膜。

共挤出环模法根据机头薄膜的走向不同，又分为上吹法和下吹法。上吹法多靠内吹空气或环境空气冷却，下吹法多用水法冷却，均与单层薄膜相似。生产工艺流程，如图 3－29和图 3－30 所示。

共挤出环模法的主要优点是设备比较便宜，更换产品机动性较强；可通过改变吹胀比和牵引比来控制薄膜的厚度和宽度生产各种规格的挤出复合软包装材料；产品为筒状，制袋方便；生产过程中不需切边，回炉料少，成品得率较高，但制备的共挤出软包装复合薄膜厚度均匀性较差。

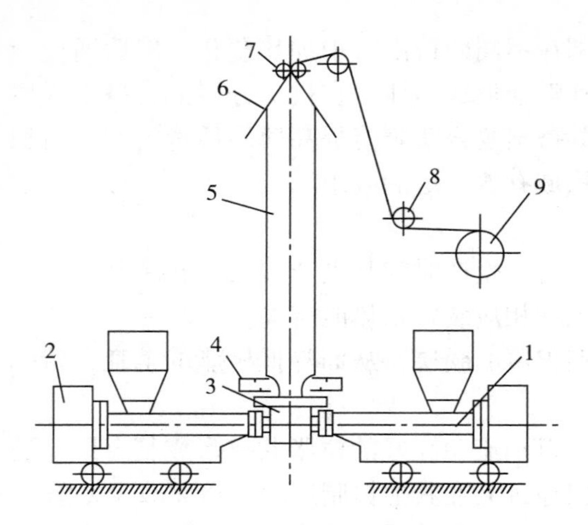

图3-29 上吹法共挤复合薄膜生产过程

1, 2-挤出机；3-机头；4-风环；5-膜泡；6-人字板；7-牵引辊；8-导辊；9-收卷

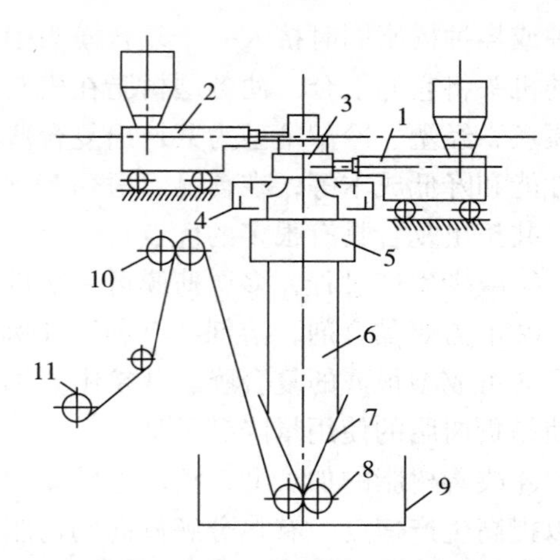

图3-30 下吹法共挤复合薄膜生产过程

1, 2-挤出机；3-机头；4-风环；5-水套；6-膜泡；7-人字板；8, 10-牵引辊；9-机架；11-收卷

（2）共挤出平膜法。又称共挤出T模法或共挤出流延成膜法。此法使用平片状T型口模，结合流延成膜成型工艺，共挤出产品为平片状复合薄膜，其工艺流程为：各挤出机备料→各挤出机分别挤出树脂→T型口模处各树脂汇合成膜挤出流延→冷却辊冷却→电晕处理→切废边→收卷成片状复合膜。

共挤流延法复合工艺中的薄膜由于通过骤冷辊速冷，冷却速度快，薄膜结晶度小，透明度高，光泽也较好，薄膜的厚薄均匀性好，精度较高，生产效率高，经济性好，有利于大批量生产。由于没有横向拉伸，薄膜的纵向强度大于横向强度，流延法的废边要切除，通常边角料可重复使用，但相容性差与不相容的树脂原料不适合共挤出复合。相对于吹塑法而言，流延法的生产量比较高。在共挤出复合中，挤出温度、复合压力等工艺条件的控制、模头的结构形式，以及不同树脂间的相容性和配合性等，对复合薄膜的质量都有很大的影响。

2. 按树脂挤出汇合方式分类

共挤出环模法和共挤出平膜法的复合关键，是各树脂在复合机头各处（流道）的汇合。复合机头的流道有单流道与多流道两种。单流道模与制备单层薄膜时所采用的口模相似，生产复合薄膜所用的各种物料在进入口模之前，先进入特殊的分配器（亦称“接管”）中，在分配器中汇合并形成多层层流，该多层层流再进入单流道口模，成型为多层复合薄膜。它一般仅用于共挤出平模复合。多流道口模具有与多层复合薄膜层数相同的流道，熔融物料分别进入各自的流道，然后在口模内或者在离开口模以后，汇合、成型为多层复合薄膜，其中物料在口模内汇合者称为模内复合；物料在离模后汇合者，称作模外复合。它广泛用于共挤出平模以及共挤出环模复合中，其中义以模内复合的应用最为广泛。

（1）模前复合。模前复合又称喂料块法、层流分布器法或接套法。它是各挤出机将各自熔融塑化好的树脂熔体输送到特殊设计的连接器内层复合形成多层结构，然后再通过单流道的管膜机头或T型机头挤出而成型为多层管膜或平膜，当然也可以控制流道的挤出量，得到各种共挤出片材或共挤出板材。其复合示意图，如图3-31和图3-32所示。

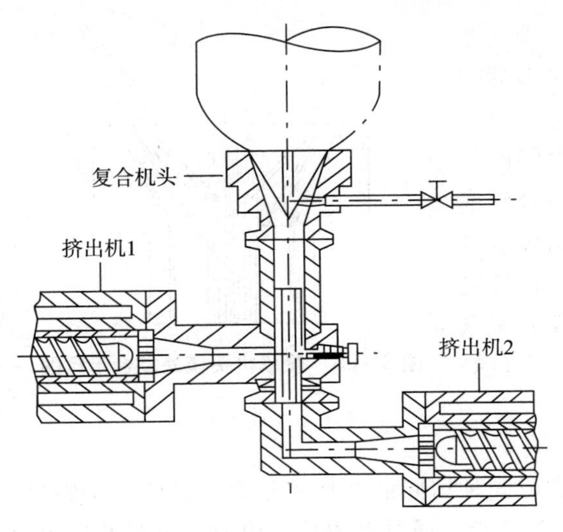

图 3－31 管膜机头模前复合示意图

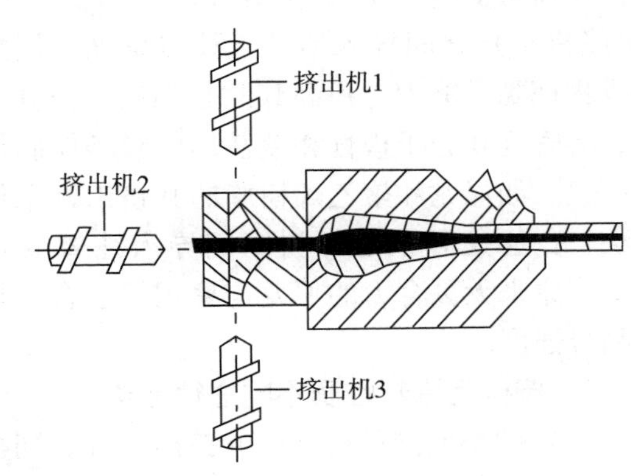

图 3－32 T 型机头模前复合示意图

模前复合方法可通过增加或减少挤出机的台数，而较易生产各种层数的共挤出复合材料。因其在模前就进行复合，有充分的时间进行复合，复合强度高，但复合层各层单独的厚度因其依靠各挤出机挤出量的增减加以控制，精度较差。同时，由于复合的流程较长，各树脂流动特性和熔体温度的差别，易引起共挤流动不稳定。因此，模前复合方式要求复合的树脂的流动特性和熔融温度相近，同时生产工艺操作条件要求比较严格。

（2）模内复合。吹塑管膜的模内复合如图 3－33 所示。图 3－34 的 T 型机头模内复合采用的是多歧法，多歧管机头由两个以上的歧管流道组成，一个流道对应一个挤出机挤出的一种树脂，流经歧管的熔体在机头内汇合点处复合，然后经口模挤出。这种复合方法具有可调节各层熔体料流的厚度，使厚度均匀分布，适合流动特性、熔融温度等性质差别较大的树脂的共挤复合，因而被广泛采用。

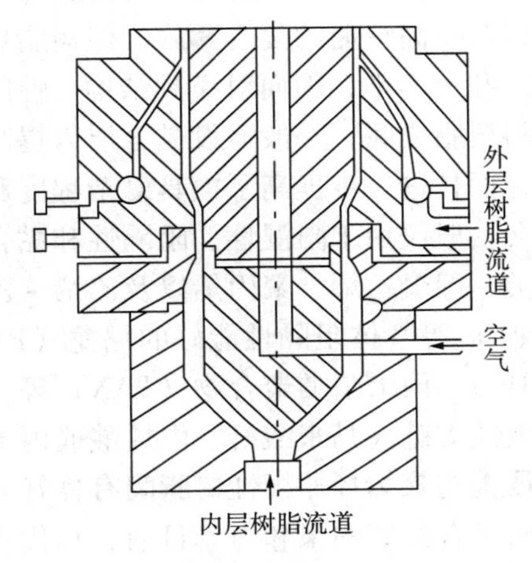

图 3－33 吹塑管膜模内复合示意图

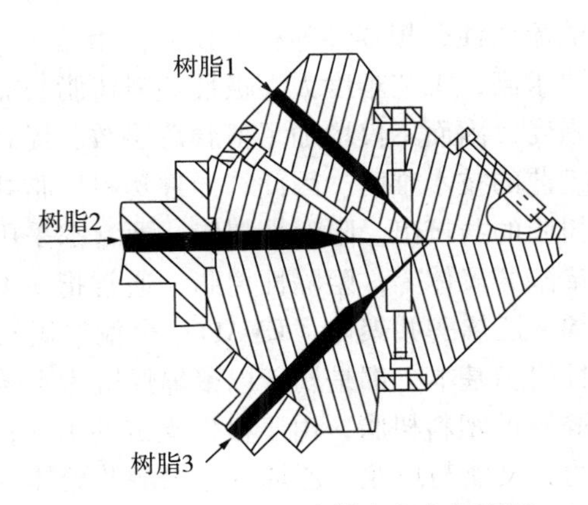

图 3－34 T 型机头模内复合示意图

（3）模外复合。模外复合亦称多缝式复合，它是将塑化熔融好的树脂熔体分别进入机头各自的流道中形成多层料流，经多缝隙口模挤出后在模头外气隙中汇合复合。管膜机头模外复合示意图，如图 3－35 所示。从图 3－35 可知，熔体在机头有各自流道， 各层熔体流动不受流动特性、熔体温度等差异的影响。因此不会产生机头内共挤不稳定现象。同时可以通过多缝间隙，在尚未复合的管状膜层（环状机头）或平膜层（平膜机头）之间导入活性气体以增加膜层之间的化学或物理黏合能力，提高其黏合强度，使其适合流变性、溶解度和分子极性相差甚远的异种树脂熔体复合在一起。如尼龙和聚乙烯树脂的共挤出常采用模外复合法，在尼龙和聚乙烯树脂间导入纯氧或者臭氧气体，使原来无黏合力的尼龙与聚乙烯复合，具有良好的黏合强度。

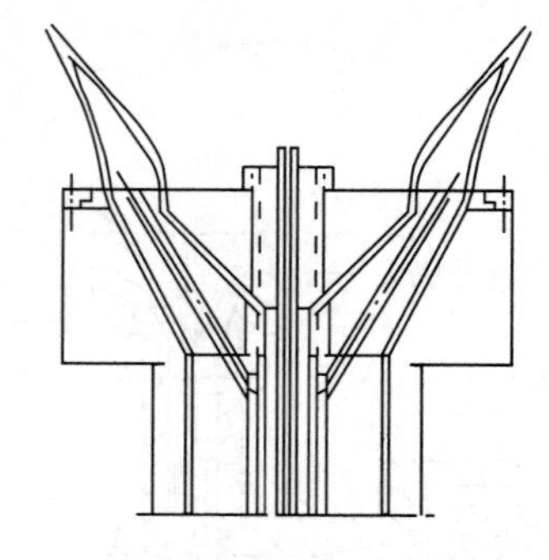

图 3-35　管膜机头模外复合示意图

3. 按树脂原料性质不同进行分类

（1）同类或同种树脂的共挤出复合。同类或同种树脂的共挤出复合，是将流动特性、熔体熔融温度和极性非常接近的同种树脂或同类树脂，通过上述共挤出方法进行共挤出复合。尽管因各层间树脂性能相似，制得的复合薄膜性能的提高幅度有限。但由于树脂间的流动性和极性相近，树脂间不需设置层间黏合层就能直接进行较强的黏合，共挤出复合工艺较简单，成本较低。目前在工业发达国家，其约为共挤出复合软包装材料薄膜生产的80%左右，因此应予高度重视。最常见的是聚烯烃类薄膜之间的共挤出复合，如高密度聚乙烯与低密度聚乙烯共挤出（HDPE/LDPE/HDPE）、高密度聚乙烯与线型低密度聚乙烯共挤出（LLDPE/HDPE/LLDPE）和聚丙烯与聚乙烯的共挤出（PP/LDPE、LDPE/PP/LDPE）等。

（2）异种塑料树脂共挤出复合。异种塑料树脂共挤出复合，是将流动特性、熔体熔融温度和极性等相差较大的异类树脂，通过上述共挤出方法进行共挤出复合，常见的为极性树脂（尼龙、乙烯-乙烯醇共聚体、聚偏氯乙烯）与非极性树脂如聚丙烯（PP）、聚乙烯（PE）、乙烯-乙酸乙烯酯共聚体（EVA）之间的共挤出复合。由于极性塑料树脂与非极性塑料树脂之间性能相差很大，相互取长补短，可以制得高性能的复合薄膜。但树脂熔体间的流变性、相容性等相差较大，相互之间的黏合亲和力不强，因而对模具结构、性能等的要求高，工艺难度大。极性塑料树脂与非极性塑料树脂之间，一般需设黏合层以提高黏结强度，因而不仅增加了薄膜总层数，提高了成本，而且进一步提高了模具复杂程度和成型工艺的技术难度。因此，异种塑料树脂共挤出复合一般仅用于阻湿性、阻隔性和黏合性等树脂的共挤出。阻湿性树脂，通常都采用聚烯烃类，即聚乙烯、聚丙烯以及乙烯-乙酸乙烯酯共聚体等；阻隔性树脂，通常指对 O_2、CO_2、N_2 等气体阻隔性能好的尼龙（PA），乙烯-乙烯醇共聚体（EVAl）、聚偏二氯乙烯（PVDC）、丙烯腈类聚合物（PAN）等；黏合性树脂基本上都是属于以聚烯烃链为主链的、带极性支链（马来酸酐、丙烯酸或丙烯酸盐等）的塑料树脂，由于极性支链的引入，使它们既能与聚烯烃非极性树脂间有良好的亲和力，又能与尼龙、乙烯-乙烯醇共聚体等强极性树脂有良好的亲和力。目前，具代表性的黏合性树脂主要有离子型聚合物、Bynel 树脂、乙烯-丙烯酸共聚体和黏合性树脂 AD-MER（聚烯烃接枝改性黏合性树脂）等。

第四节 分切与复卷、制袋

一、分切

分切，就是将某一幅宽的薄膜或复合材料等，通过切刀作用分割成若干个等宽或不等宽产品的过程。复合材料的分切包括卷筒的分切和成品的分切。分切操作是软包装生产中的一个重要环节，分切质量的好坏将直接影响到制袋质量及自动包装膜的质量。对于自动包装膜来讲，分切是其生产的最后一道环节，分切膜卷的好坏直接影响到用户上机使用；而对于制袋产品而言，分切是制袋的前一个工序，如果分切质量不好，则直接影响到袋的质量，有些时候，往往因为分切的错误而导致整批产品报废。所以，在软包装生产过程中，分切是不可忽视的一道工序。

1. 分切的方式和目的

（1）切边。切去上道工序预留的工艺边料，以便于制袋或其他用途。

（2）裁切。将宽幅卷材分切成多卷窄规格尺寸材料，以得到所需精确规格的卷材，以满足包装设备需要，满足包装规格要求。

（3）分卷。将大卷径的材料分成多卷小卷径材料，便于使用。

（4）复卷。使材料换方向、使不整齐的材料卷绕整齐或使小卷拼成大卷等。分切中可以对整个长度的薄膜质量进行再次检验，剔除有缺陷的部分。分切后的材料都应达到相应的尺寸要求，如分切材料的宽度及长度尺寸等质量要求。

2. 分切装置

分切是分切机的主要功能，需根据原膜的特性，选择合适的分切方式。主要有平刀分切和圆刀分切两种方式。

（1）平刀分切。平刀分切就是像剃刀一样，将单面刀片或双面刀片安装在一个固定的刀架上，在材料运行过程中将刀落下，使刀将材料纵向切开，达到分切目的。平切分切有两种方式：切槽分切和悬空分切。切槽分切是材料运行在刀槽辊时，将切刀落在刀槽辊的槽中，将材料纵向切开，此时材料在刀槽辊有一定包角，不易发生漂移现象，但对刀比较不便。悬空分切是材料在经过两辊之间时，剃刀落下将材料纵向切开，此时材料处于一种相对不稳定状态，因此分切精度比切模分切略差一点，但这种分切方式对刀方便，操作方便。平刀分切主要适合分切很薄的塑料膜和复合膜。具有结构简单、切口平整的优点。

（2）圆刀分切。圆刀分切，又称旋转型剪切刀，材料和下圆盘刀有一定的包角，下圆盘刀落下，将材料切开。这种分切方式可以使材料不易发生漂移，分切精度高，但是调刀不是很方便，下圆盘刀安装时，必须将整轴拆下。圆刀分切适合分切比较厚的复合膜和纸张类。

二、复卷

1. 复卷的检测

复卷检查主要包括复卷前印刷质量的检查和卷取质量的检查两项。

印刷品印后或多或少会存在印刷质量问题。质量不合格的印刷品是不能进行成型加工的。常见的印刷品表面的印后缺陷主要有针孔、颜色失真、油墨溅污、黑点、文字模糊、沾污、起皱、漏印、刮伤和错位等。

印刷品的检查方法，在没有专用检测设备的情况下，只能根据经验进行目测检查，但目测检查只能在印后或停机时进行，而且劳动强度大，检测精度不高，只能作定性分析。因此，为实现印刷质量的在线检测，应采用先进的专用检测设备。

通常软包装材料表面并不十分平整。母材卷筒材料沿宽度方向约有1% ~5%的厚度误差，而且带有拉伸引起的条纹。在复卷操作的过程中，由于空气被夹带到复卷卷筒材料之间，从而造成松卷和跑偏。上述现象对于表面十分光滑的塑料薄膜材料尤为严重。复卷质量的好坏对后续成型工艺有着很大的影响，常常造成表面皱褶、分切或套裁错位等故障。因此对复卷质量进行检查，排除故障，是十分必要的。

复卷质量的检测方法，一般采用目测法，也可以采用仪器检测法，如一些先进的复卷设备上就安装有复卷材料检测装置。检测内容包括材料在卷筒上的卷取质量，如材料是否整洁、端面是否平整、有无刀丝和鼓凸现象等。一旦发现故障，应及时采取措施。

为了保证薄膜材料在每个分切的复卷卷筒上所受到的卷取拉力适当，防止由于其拉伸条纹和厚度不均而造成各个复卷卷筒直径不等，在大多数情况下，复卷工作采取差动复卷卷芯（滑动卷芯），每个卷筒压辊分别压紧在各复卷卷筒上，从而大大减少发生空气夹带到复卷卷筒上的现象。

对于增径比（即复卷卷筒直径与芯轴外径之比）较大和对拉力敏感的产品，则要求保证复卷机拉力恒定，或者保证拉力逐渐增大，以此来控制复卷卷筒的紧实度。另外在卷曲速度较高、增径比较大的条件下进行差动卷取时，随着复卷直径的增加，应适当降低复卷卷筒轴的转速。

当然，提高复卷工艺的自动化水平，是保证复卷质量的重要途径。例如，复卷拉力大小与复卷直径的关系曲线就可以通过试验确定，借助微机对关系曲线进行检索，随时检验正在加工处理的母材卷筒材料，确认其各项指标是否符合要求，并加以有效的调节和控制，直至达到满意的复卷效果并保证其重现性。

2. 复卷的原理

在各种类型的纵切复卷机中，有的只能选择性地加工一种或若干种塑料包装材料。但所有的纵切复卷机，就其卷取操作的工作原理而言，却均可分成下列三种类型，即中心卷取式、表面卷取式、中心和表面卷取联合作用的型式。

（1）中心卷取式卷取机（双联卷取机）。双轴交错排列中心卷取机是一种多用途的卷取机，其应用最为广泛。在该类型的复卷机上，卷筒材料在展卷部分的张力和在卷取部分的张力，由纵切部分的若干个牵引辊所分隔开。这些牵引辊有效地控制卷材的速度，并阻止复卷的过分拉力。为了保证薄膜材料在每个分切的复卷卷筒上所受到的卷取拉力适当，防止由于其拉伸条纹和厚度不均而造成各个复卷卷筒的直径不等，在大多数情况下，复卷工作采用差动复卷卷芯。各个卷筒骑辊分别压紧在每个复卷卷筒上，从而大大减少发生将空气夹带到复卷卷筒上的现象，在卷取卷筒纸时，该卷筒骑辊还同时兼有表面卷取的作用，从而在不提高复卷拉力的情况下，提高卷筒的紧实度。其示意图如图 3 – 36 所示。

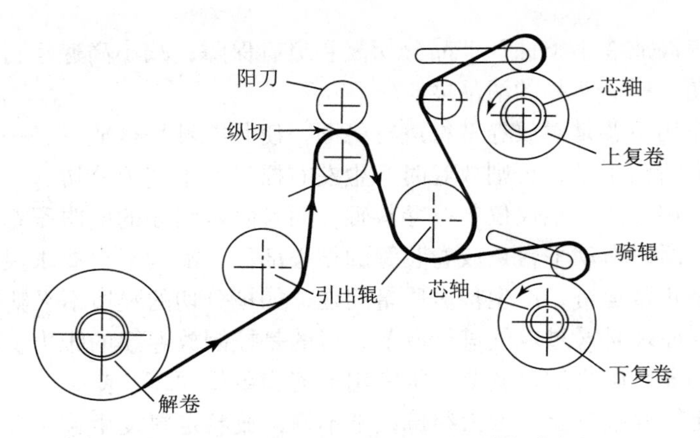

图 3－36　中心卷取式复卷机（双联复卷机）

（2）单独复卷臂表面－中心卷取机。此类型的卷取机是综合运用中心卷取和表面卷取两种原理设计的，这种设计提高了对每个复卷卷筒的表面接触力和卷取转矩进行单独控制的能力。复卷芯轴装在卡盘上，卡盘由转矩控制马达驱动，卡盘安装在可绕木区轴回转的转臂上，转臂按交错排列卷取方式布置在卷取转鼓的两侧。本机可以不必拆卸复卷卷筒芯轴。复卷卷筒和复卷转鼓之间的接触力由气缸产生，气缸则由人工进行控制或由微处理机控制。为了更好地控制卷筒的紧实度，可用微处理机对接触力进行控制。编程序时，接触力可视为复卷直径和卷取速度的函数。其示意图如图 3－37 所示。

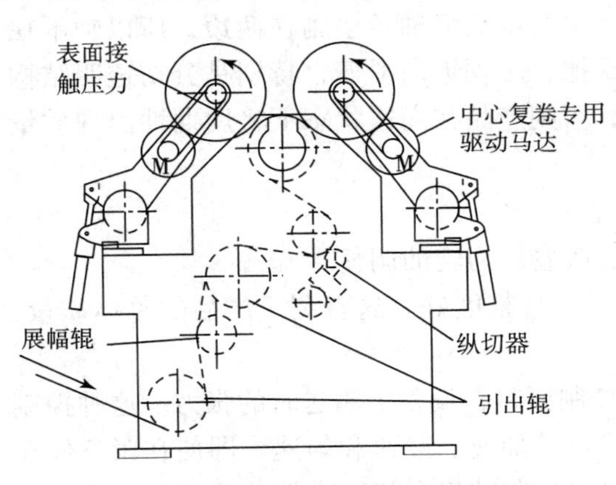

图 3－37　表面－中心卷取式转肩型独立驱动（IRA）卷取机

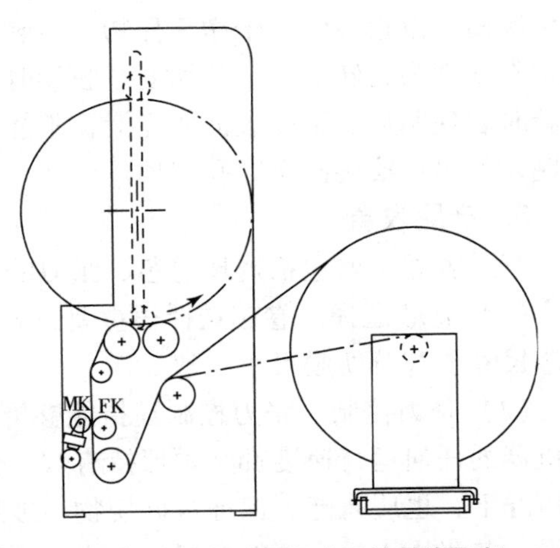

图 3－38　表面卷取式双转鼓卷取机

（3）表面卷取式卷取机。这种卷取机通常用于普通纸、印刷纸、涂布纸等产品的纵切复卷。卷取完毕卷筒的紧实度取决于恒定卷取拉力和骑辊的压力。其示意图如图 3－38 所示。

3. 放卷装置与作用

放卷装置主要包括穿料辊、卷芯堵头、滑动平台、磁粉制动器、纠偏仪等。

穿料辊的作用是承接要分切的复合料，一般用不锈钢实心制作，直径在 70～80mm，要求具有一定载重能力，在 150kg 下不弯曲、不变形，否则就无法进行正常的放料分切。现在很多分切机的放卷穿料轴由实心辊改造成现在气囊式。气囊式放卷轴减轻操作程序、提高生产效率；提高放卷平整性、产品分切复卷更有保障；减小高速运行因卷芯摩擦破碎物带来的质量问题、提高产品的清洁度。

卷芯堵头的作用主要是对放卷基材进行稳固，使其能够平行放卷，一般用在实心的穿料辊上。堵头要求清洁干净，否则放卷时产生左右摇晃，不利于分切。

滑动平台的作用很大，不仅仅支撑穿料辊，而且随着纠偏的电眼跟踪、放卷膜左右摆动同样进行定位。所以滑动平台是放卷装置的核心部位，滑动平台要求灵活，往往润滑部位不良，放卷无法正常运行，产生很多质量问题，如被分切的膜边不平整带锯齿状。

磁粉制动器的原理是通过电气进行调节，目的是控制放卷膜的张力。张力的大小就是通过连接磁粉制动器微电机加以调节。常常用电流表单位“A”表示。

纠偏仪的设定同样很重要，因为纠偏设定不好，放卷走料发生错位，产品分切尺寸就不稳定，产品报废率就高。设定光电纠偏时，应首先固定电眼焦距。具体做法是先将复合膜（最好是黑色膜）贴在滚筒上，让电眼长条形光投射在黑膜上，调整电眼与黑膜之间的距离（约28～33mm），重复数次电眼上前指示灯就会跟着有红光、绿光的变换，电眼位置应该停留在指示灯不亮处（约30mm处）。电眼安装的角度和焦距会影响信号左右的平衡，在设定灵敏度时，如果黑膜处有连续抖动现象，说明灵敏度优良适合分切的要求。相反灵敏度就弱，纠偏速度不及主电机的同步速度，分切复合膜卷出现质量事故。

4. 牵引装置

相对来说，牵引装置就简单多了，主要有数个滚筒进行不同位置的安装，要求是各个牵引滚筒可以很灵活、干净无异物。该装置各个滚筒由润滑轴承垫副在两边，所以轴承缺油常常表现为运转不良。分切复合膜卷时产生摩擦，出现纵向滑痕，特别是分切透明结构复卷时表现明显。滚筒表面要光滑，不能带刺，否则产品在高速状态下将周期性出现质量问题，如出现痕迹甚至穿孔现象。

5. 产品收卷

产品收卷主要包括选择卷芯、张力的控制、收卷压力辊的调整。

（1）卷芯选择。卷芯选择很重要，要求圆滑、平整度好。这有利于产品的整体质量，卷芯尺寸要与分切膜尺寸一致。

（2）张力控制。张力控制是指能够持久地控制原料在设备上输送时的张力。这种控制对机器的任何运行速度都必须保持有效，包括机器的加速、减速和匀速。即使在紧急停车的情况下，也应有能力保证被分切物不破损。张力控制的稳定与否直接关系到分切产品的质量。若张力不足，原料在运行中产生漂移，会出现分切复卷后成品起皱现象；若张力过大，原料又易被拉断，使分切复卷后成品断头增多。

分切机张力的传统控制方案是利用一台大电机来驱动收放卷的轴，在收放卷轴上加有磁粉离合器，通过调节磁粉离合器的电流来控制其所产生的阻力，以控制材料表面的张力。磁粉离合器及制动器是一种特殊的自动化执行元件，它是通过填充于工作间隙的磁粉传递扭矩，改变励磁电流就可以改变磁粉的磁性状态，进而调节传递的扭矩可用于从零开始到同步速度的无级调速，适用于高速段微调及中小功率的调速系统。

还有用调节电流的方法调节转矩以保证卷绕过程中，张力保持恒定的开卷或复卷张力控制系统。其主要的特点是磁粉离合器作为一个阻力装置，通过系统控制来输出一个直流电压，控制磁粉离合器产生阻力，主要的优势是其为被动装置，可以控制较小的张力。其主要的缺点是速度不能高，高速运行时易造成磁粉高速摩擦，产生高温，造成磁粉离合器发热进而缩短其寿命。随着科技的发展，伺服驱动技术的运用，现在大都采用矢量变频电机来控制分切机的张力系统，利用摆辊自动检测，人机界面直观，张力系统更加稳定可靠，容易操作。

张力产生波动和变化的因素比较复杂，主要由以下几个因素所造成：机器的升降速变化必然会引起整机张力的变化；分切机在收卷、放卷过程中，收卷和放卷直径是不断变化的，直径的变化必然会引起原料张力的变化。放卷在制动力矩不变的情况下，直径减少，张力将随之增大。而收卷则相反，如果收卷力矩不变时，随着收卷直径的增大，张力将减少。这是在运行中引起原料张力变化的主要因素。原材料卷的松紧度变化同时会引起整机张力的变化。分切原材料材质的不均匀性，如材料弹性的波动，材料厚度沿宽度、长度方向变化等，料卷的质量偏心，以及生产环境温度、湿度变化，也会对整机的张力波动带来影响。原膜母卷由于熟化的缘故几乎多少都存有偏芯，这就是放卷速度的变化而造成放卷张力变化的原因所在。放卷张力发生变化会使薄膜内部产生应力，将存有内部应力的薄膜从牵引部传送至卷取部，最终肯定会对卷取张力的变动带来影响；分切机的各传动机构（如导向辊、浮动辊、展平辊等）存在不平衡以及气压不稳等因素。

（3）接触辊及接触压力。收卷压力辊的作用是进一步使产品平整度变好。压力辊选择一般比实际复卷长5cm。在卷取品质方面，产品卷的表面硬度及卷取时的皱褶同接触压力有关。

在卷取过程中，产品卷的表面都会带进一部分空气，由于带入的空气同产品卷的收卷紧度有关，在初卷至终卷的整个过程中，对整个产品宽度需适量及均等地带入空气，这样才能满足对产品卷的表面硬度的要求。当然为得到理想的表面硬度，接触压力的控制及接触辊的形状是非常重要的。

三、制袋

袋，一般是指由纸、塑料、铝箔或其复合材料制成的，其一端或两端封闭，并有一个开口，以便装进被包装产品的一种非刚性容器。软包装材料最终要制成各种包装袋才能使用。制袋有两种方式，一种是包装使用厂家采用卷膜在自动包装机上灌装，并成型包装成为各种包装袋；另外一种是由制袋机制成各种包装袋后再填充内装物。由于专业制袋控制精确，袋型美观，制袋变化大，袋型多，因此，在相当多情况下，都先制成袋。

1. 袋的种类

袋按其结构中所包括的制袋材料的层数分有单层、双层和多层（三层或三层以上）三种。双层袋也常被称为多层袋。以纸作为基材的多层袋中如果包含塑料或铝箔层，其强度和隔气性会大大增加。这三种袋中以多层袋最为通用。袋按用途分有小袋和大袋两种。小袋多为单层袋，主要用于零售商品，尤其是食品的包装。大袋为多层架构，多用作如水泥、化肥、大米等的运输包装。如按袋的形状分，则最普通的是缝合敞口袋、缝合闭式袋、黏合敞口袋、黏合闭式袋、扁底敞口袋等，而其中黏合敞口袋的应用最广泛。袋的主要品种有：三边封袋（合掌封袋）、背封袋、折帮（风琴袋）、直立袋等。

2. 制袋工艺

塑料薄膜袋及塑料复合袋的制袋过程，包括三道主要工序，即下料、热封、分切，其中关键工序是热封。大多数制袋机的制袋作业，往往是热封、分切一次完成。

热封合是利用外界各种调节使塑料薄膜封口部位受热变成黏流状态，并借助一定压力，使两层膜熔合为一体，冷却后保持强度。热封就是对塑料薄膜进行焊接，以达到封合的目的。热封合的方法很多，常用的有手工热封合、高频热封合、热板热封合、脉冲热封合、超声波热封合等。

（1）手工热封合。手工热封合是最简单的封合方法，常用 PE、PP 单一薄膜的封合。具体方法是，借助于耐热薄膜（玻璃纸、涤纶薄膜等）先将普通电烙铁刀口部位弯成“L”形，刀口宽度一般为 3mm，再将导线接通在调压器上，进行恒温控制。薄膜在封口外留一外边（距离袋底线约 3 ~ 5mm），则热封缝的强度会更大些。热封前先在被热封薄膜热封线间覆盖玻璃纸，再用手紧握电烙铁手柄，使热封刀口沿着待热封线不停地移动，将熔融的两个表面焊在一起。

（2）高频热封合。用上下电板压紧薄膜，加上高频电压，薄膜因节点损耗而发热熔化，在压力作用下封口。该法属于“内部加热”，加热快，温度高，得到的封口强度高，适应于聚氯乙烯、聚偏氯乙烯等介电损耗大的薄膜。其原理示意图如图 3 - 39 所示。

（3）板式热封合。加热元件为两块矩形截面的板形构件，一般采用电热丝、电热管式热板保持恒温，两块板合拢对薄膜加热加压，实现热封合。该装置为间歇运动，结构与运动形式较简单，适于聚乙烯类薄膜的热封，对于遇热易收缩的聚丙烯等薄膜不适用。因这种热封合方式装置简单、成本低、寿命长、不易损坏，因而应用广泛。其示意图如图 3 - 40 所示。

（4）脉冲热封合。利用脉冲电流封口，在薄膜和压板间放置一扁形镍铬合金电热丝，使其作为加热元件直接与薄膜接触加压，并通过瞬间低压大电流，使薄膜迅速熔合，然后加压冷却，抬起压板。脉冲热封的特点是合金条冷却后才离开热封的部分，所以即便是容易变形的薄膜，也能用此法进行热封。此法封口质量高，热变形小，适合材料面广，但生产率低。其原理示意图如图 3 - 41 所示。

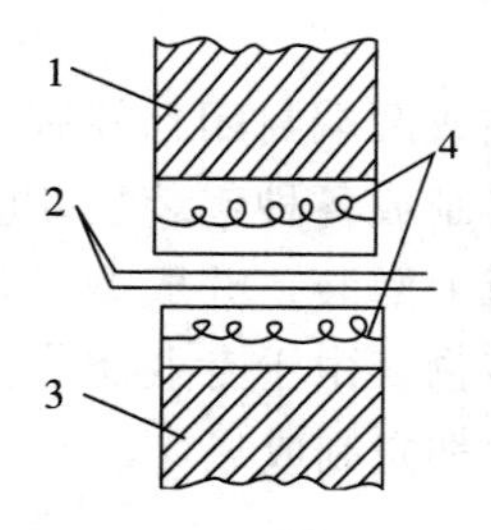

图 3 - 39　高频式热封合

1 - 压板；2 - 薄膜；
3 - 支撑板；4 - 高频电极

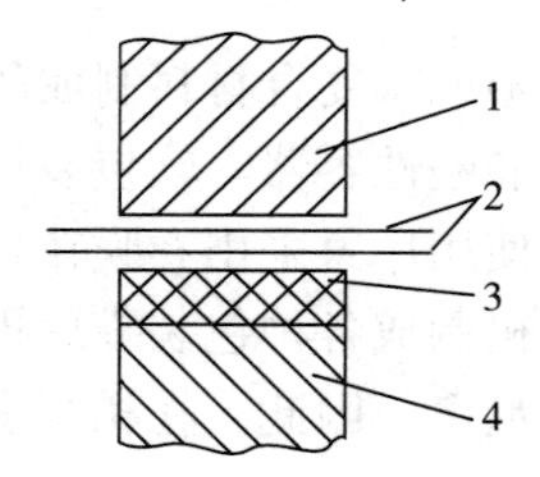

图 3 - 40　板式热封合

1 - 热板；2 - 薄膜；
3 - 耐热垫；4 - 支撑板

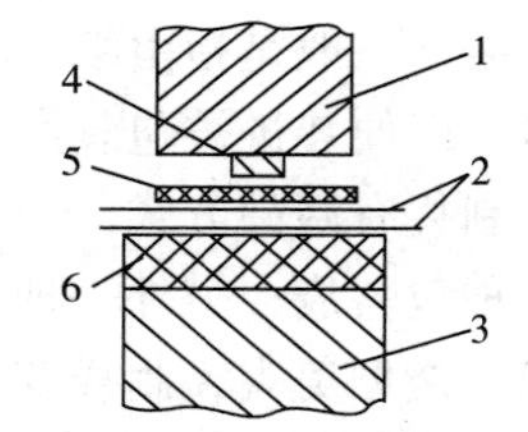

图 3 - 41　脉冲式热封合

1 - 压板；2 - 薄膜；3 - 支撑板；
4 - 电热丝；5 - 防粘垫；6 - 耐热垫

（5）超声波热封合。封合机是由高频振荡器、磁致伸缩振子（将高频电能转换成纵向振动）和指数曲线型振幅放大器（将纵向振动传给薄膜）组成。利用高频振荡器将高频电能热转换成纵向振动的磁致伸缩振子，并将纵向振动传给薄膜的指数曲线型振幅放大器。由指数曲线型振幅放大器产生的超声波振动使薄膜叠合加热而熔融黏合。该法属于“内部加热”，封口质量好，对热变形较大的薄膜也能得到良好的封合，且瞬间就可热封，但所需设备投资大。其原理示意图如图 3 - 42 所示。

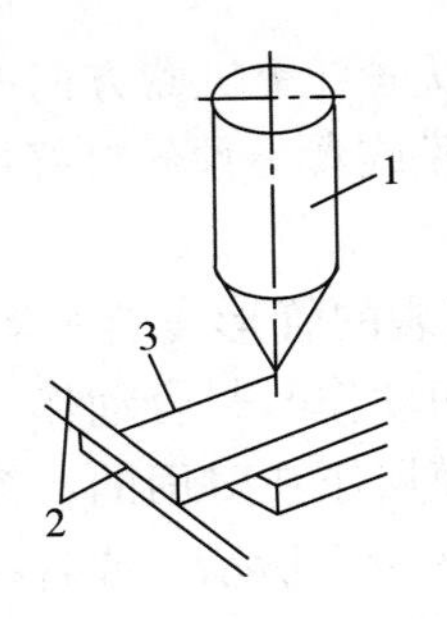

图 3－42　超声波式热封合

1－超声波发生器；2－薄膜；3－焊缝

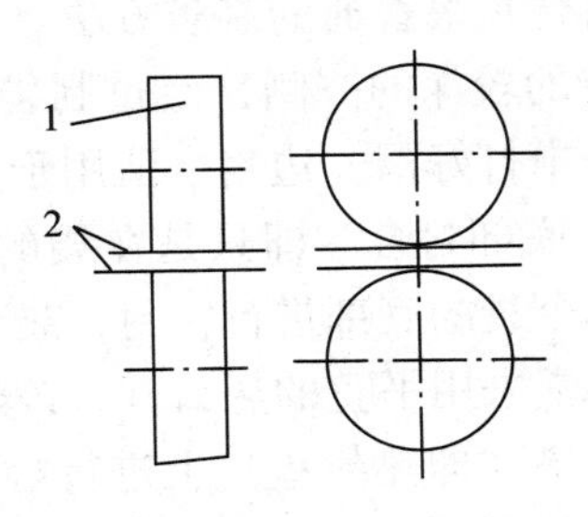

图 3－43　滚轮式热封合

1－滚轮；2－薄膜

（6）滚轮式热封合。两个回转的滚轮中有加热元件，通过连续回转运动，对其间的薄膜进行加热、加压，使其热封。该法可连续热封，一般用于纵封。其原理示意图如图 3－43所示。

（7）辊式热封合。滚筒内装有加热元件，两滚筒由弹簧保持弹性接触，以保持合适的压紧力，通过滚筒的连续回转，实现热封合。该法适用于横封，为适应薄膜宽度的需要，滚筒较长。其原理示意图如图 3－44 所示。

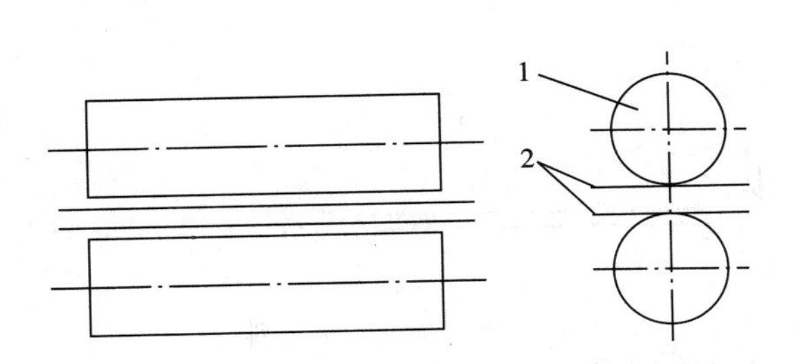

图 3－44　辊式热封合

1－滚筒；2－薄膜

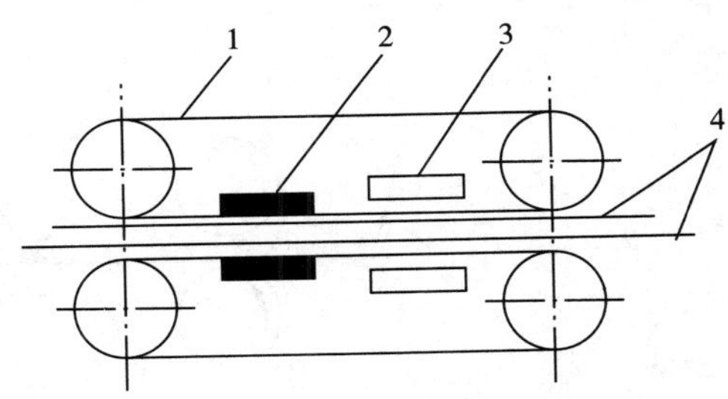

图 3－45　带式热封合

1－钢带；2－加热区；3－冷却区；4－薄膜

（8）带式热封合。待封的薄膜夹在两条回转的金属带中间，板式加热器置于金属带两侧，并对薄膜进行加热加压实现热封。由于薄膜在热封过程中被金属带夹持，因此薄膜不会因加热产生变形。该法可实现连续纵封，但设备较复杂。其原理示意图如图 3－45 所示。

3. 袋的生产方法

薄膜袋是通过热封一边或多边来进行生产的。而热封方式主要有边封合、底部封合和双封合三种。

（1）边封合。边封合是通过加热的圆棱型热封刀完成的。当圆棱型热封刀压入复合材料并压到软橡胶支撑辊上时，热封刀将两层薄膜切断同时封合。原料中的薄膜在压力和热的联合作用下被熔化。其原理示意图如图 3－46 所示。

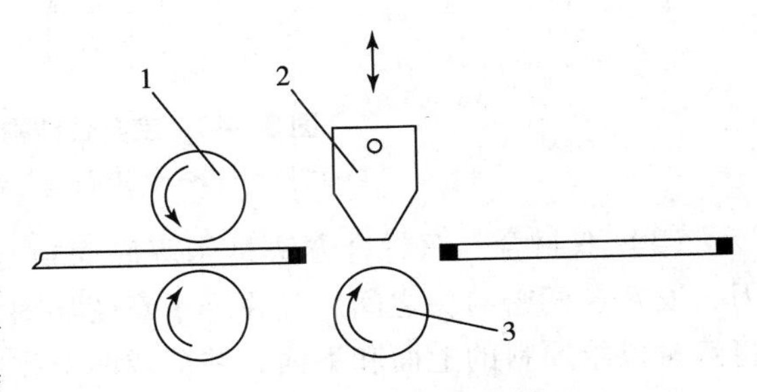

图 3－46　边封合机械

1－牵引辊；2－热封刀；3－热封辊

边封合是最普通的制袋方法。用这种方式生产的袋是以垂直于机器方向的成品袋的长边（或袋的较深的一侧）经过制袋机，进入机器的复合薄膜或者是预先打好褶，或者是在供料过程中打好褶。边封合适用于高速生产。

（2）底部封合。即只是在袋的底部进行封合。用于制袋的管形复合材料被送入制袋机，在单个袋的底部进行密封，袋与袋之间用刀切开，分切动作与封合动作是分开的。底部封合通常采用平直的热封杆，该热封杆将准备密封的薄膜层压在对面的、覆有聚四氟乙烯的橡胶垫（即热封垫）上进行封合。其原理示意图如图 3－47 所示。或者在另一热封杆上封合，其原理示意图如图 3－48 所示。当热封完成后，紧接着用分切刀将袋同原料分离开。除非原料是有纵向密封的管形薄膜，否则这两种底部热封机构生产的袋子仅有一条密封线。但在热封线与分切点之间浪费了少量不能利用的称为“袋裙”的薄膜，从而导致成本增加；对此通常采用充分控制热封过程来弥补。

边封合实际上是通过薄膜的熔化来完成的，若薄膜树脂受热过度，热封处冷却后会改变塑性分子的物理结构。而底部封合方法可控制热量和压合时间，也就是控制了对薄膜热封时的加热时间，不会损坏薄膜，也不会改变薄膜的物理性能。此外，由于热封杆有固定的宽度，因而封合在一起的薄膜的总量加大，且薄膜不会熔化或烧焦。

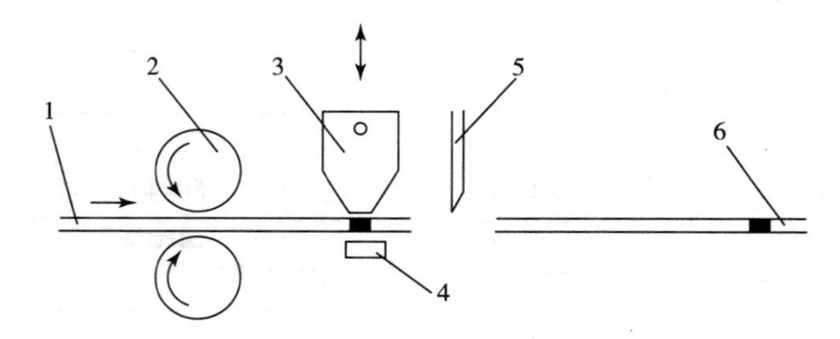

图 3－47　底封合机构（仅上端加热）

1－管坯料；2－牵引辊；3－热封杆；4－热封底座；5－切刀；6－袋裙

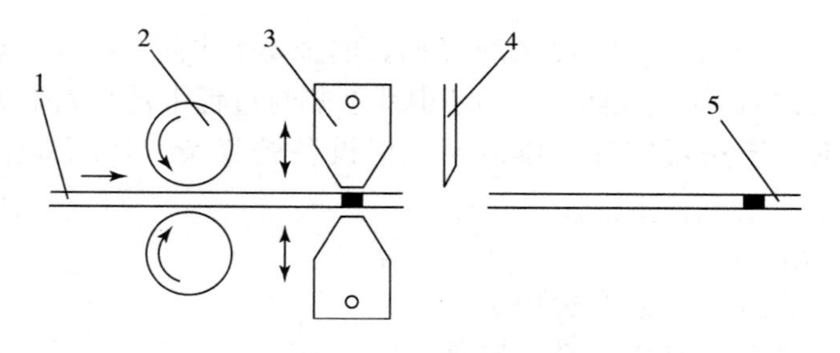

图 3－48　底封合结构（上、下两端加热）

1－管坯料；2－牵引辊；3－热封杆；4－切刀；5－袋裙

（3）双封合。双封合方法是用双底面封合机构。这种结构带有加热或不加热的分切刀，安置在两密封头之间。其原理示意图如图 3－49 所示。其唯一特征是在每一热封周期将热量供给原料的上面和下面，并形成两个完全分离和独立的封合线。

像底部封合方法一样，双封合方法能在给定密封周期内供给大量可控制的热量。这就使双封合在密封较厚的薄膜及共挤塑和层合薄膜时很适用。由于制袋机的每一周期中形成两个密封线，所以双密封方法可用于生产两侧面带有密封线的袋，例如边密封袋或某些特殊用途的底部密封袋（如带有提手的零售袋）。许多特殊的应用要求使用双密封封合方法，其中用得最多的是塑料背心袋的生产。

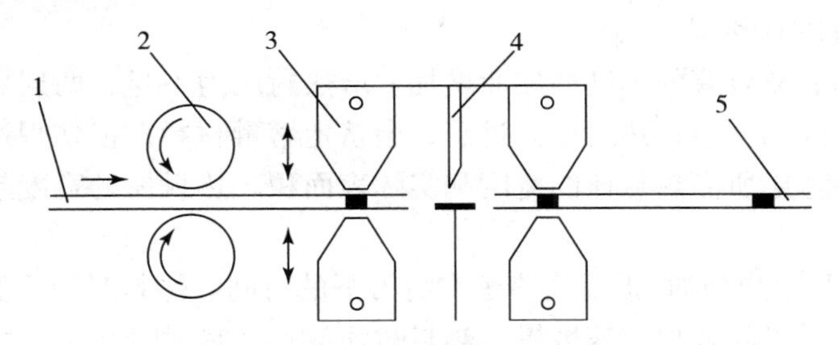

图3-49　双封合机构（仅上端加热）

1-管坯料；2-牵引辊；3-热封杆；4-切刀；5-袋裙

4. 热封工艺参数

热封工艺有三大因素：热封温度、热封压力和热封时间。其中热封温度是主要因素，它是选择最佳黏流温度的主要依据。热封必须在黏流温度（或熔点）以上才能进行，同时，热封压力不宜过大，热封时间不宜过长，以免聚合物大分子降解，使封口强度下降，界面密封性裂化。

（1）热封温度。热封温度的作用是使热封合层加热到一个比较理想的黏流状态。由于高聚物没有确定的熔点，只有一个熔融温度范围，即在固相与液相之间有一个温度区域，当加热到该温度区域时，薄膜进入熔融状态。对于单层热封薄膜，高聚物的黏流温度及分解温度是热封的下限和上限，这两个温度的差值大小是衡量材料热封难易的重要因素。热封温度范围越宽，热封性能越好，质量控制越容易、越稳定。

同时复合薄膜热封温度不能高于印刷基材的热定型温度。否则会引起热封部位的收缩、起皱，降低了热封强度和袋子的抗冲击性能。印刷基材的耐温性好，如BOPET、BOPA等，提高热封温度能提高生产效率；印刷基材的耐温性差，如BOPP则尽量采用较低的热封温度，而通过增加压力、降低生产速度或选择低温热封性材料来保证热封强度。

热封温度设定应在热封材料的热封温度范围内，一般比黏流温度（或熔融温度）高15～30℃。热封温度过高，熔融材料流动阻力减小，易使热封部位的热封材料熔融挤出，降低了热封厚度，增加了焊边的厚度和不均匀。虽然表观热封强度较高，却会引起断根破坏现象，大大降低封口的耐冲击性能、密封性能。而热封温度低于材料的软化点，加大压力和延长热封时间均不能使热封层真正封合。

热封温度设置时还需要考虑热封膜的厚度、热封布、不同结构复合材料制袋机的型号、速度及热封压力等因素的影响，如PE80单层膜热封温度为120℃，一般热封布对温度的阻隔在40～60℃，PET12/A17对温度的阻隔为20℃，NY15对温度的阻隔为15℃，即因为材料结构和热封布的影响，最后PET12/A17/PE80的热封设定温度为185℃，NY15/PE80的热封温度为180℃。

（2）热封压力。在热封温度下，热封材料开始熔化，在黏结面上施以压力，使对应的热封材料相互接触、渗透、扩散，也促使薄膜表面的气体逸出，使热封材料表面的分子间距离缩小，产生更大的分子间作用力，从而提高了热封强度。

热封压力的大小与复合膜的性能、厚度、热封宽度等有关。极性热封材料有较高的活化能，升温对其黏度的下降影响较大，因而所需的热封压力较小，防止热封部位的熔融材料被挤出，影响热封效果。而 PE、PP 为非极性材料，活化能极小，所需压力较高，对热封强度、界面密封性有利。

热封压力应随着复合膜的厚度增加而增加。若热封压力不足，两层薄膜难以热合，难以排尽夹在焊缝中间的气泡；热封压力过高，会挤走熔融材料，损伤焊边，引起断根。计算热封压力时，要考虑所需热封棒的宽度和实际表面积。热封棒的宽度越宽，所需的压力越大。

（3）热封时间。热封时间指薄膜停留在封刀下的时间。热封时间主要由制袋机的速度决定，速度快，热封时间就短；速度慢，热封时间就长。热封时间也是影响焊缝封合强度和外观的一个关键因素。热封时间过短，材料无法获取足够的热量而熔融；时间过长，则容易造成过热而使热封面变形、材料烧穿。当进行材料热封性能试验时，时间范围可适当放宽。相同的热封温度和压力下，热封时间长，则热封层熔合更充分，结合更牢固；但热封时间太长，容易造成起皱变形，影响平整度和外观。

（4）冷却情况。冷却过程是在一定的压力下，用较低的温度对刚刚熔融封合的焊缝进行定型，消除应力集中，减少焊缝的收缩，提高袋子的外观平整度，提高热封强度的过程。

制袋机的冷却水一般是自来水或 20℃左右的循环水。水温过高、压力不够，冷却和循环不畅，循环量不够，水温太高或冷却不及时，都会致使冷却不良，热封强度降低。

（5）热封次数。大多数制袋机的纵向和横向热封均采用热板焊接法，纵向热封次数取决于热封棒的有效长度和袋长之比，横向热封次数由机台热封装置的组数决定。良好的热封一般要求热封次数在 2 次以上。横向热封装置多数为 3 组。为了满足宽边的热封要求，往往增加横向热封装置，增加热封次数，以降低热封温度，减少缩颈现象。对于较长规格的包装袋，可以采用多次送料技术，使每次送料长度减至袋长的二分之一或三分之一，从而增加热封次数，改善热封效果，但会降低生产效率，所以有些制袋机增加纵向热封棒的长度，以增加热封次数，保证热封质量。

（6）热封温度、时间、压力之间的影响关系。热封工艺参数的确定中，温度、时间、压力各工艺参数不是孤立的，相互有一定的联系和影响。当某工艺参数受到制约时，如何合理调整其他参数就显得尤其重要。

在包装材料封合时，通常要给定一个温度和对应的时间上下极限，以获得良好的封合效果。当热封时间受包装机生产能力或其他条件制约时，即热封时间减少，对应的温度范围越窄，而热封温度下限则越高，热封温度的适当提高显然是必要的。当热封温度受材料或工作条件制约时，即热封温度降低，对应的时间范围越大，而需要的最少时间也越大，给予足够的热封时间成为必要。

适当的压力可促进热封面材料的贴合和互融，有助于良好热封面的形成，但压力过高会排挤封合面的材料而影响最终热封效果。随着热封合压力的增大，热封时间和有效时间范围将减小，工作温度和有效温度范围也将降低。

实际工作中，包装速度越快，热封温度也要相应提高，此时适宜的热封温度范围变窄，而且实际的热封压力有所增加。在一定的热封温度和压力条件下，包装速度越慢，热封材料熔合会越充分，但要避免过熔和“根切”现象。含有 PET、PA 等耐高温表层印刷复合材料，可以通过提高热封温度、减少热封时间来提高生产效率；而当表层印刷材料耐温性差时，如 BOPP 等，则应尽量采用较低的热封温度，通过稍加热封压力，降低包装速度或选用低温热封材料保持高速。

5. 其他因素对热封工艺参数的影响

（1）材料厚度的影响。材料厚度的变化对确定工艺参数的影响是很直接的。随着热封材料厚度的增加，各工艺参数上调都是有可能的，其中热封时间的增加最有必要，以保证材料充分互熔。有研究资料显示，当材料厚度在 25～125μm 之间时，厚度每增加 25μm，则有效热封时间将因此延长 50%。而当热封材料厚度变小时，封合所需的时间应变短、温度应降低，但同时可操作的热封时间和温度范围变窄，此时不必要的过高压力会加重这一趋势，使工艺控制变得更难。过高的压力会排挤热封区材料，致使本不厚的封合面过薄甚至熔穿。

因此，材料厚度的变化对工艺参数的确定影响很大，特别是材料厚度较小的情况下，控制工艺参数需要更严格、更小心。

（2）材料结构和形式的影响。不同的厚度和不同的复合结构对热封时热量的传递效果有很大影响。薄膜越厚，热封层达到相关热封温度需要越长的时间，也可以通过提高温度和压力来调整。不同结构的材料热封条件也不同，如复合部分有铝箔材料在内时，因为金属具有的良好导热性，可适当缩短热封时间；如果层内含耐温差的油墨、黏合剂等，则需要降低温度，靠提高热封压力、增加热封时间来解决。对于纸塑复合袋，由于纸的导热性较差，往往需要设定较高的热封温度。

（3）封合方向。材料的封合方向也会影响工艺参数的确定，由于纵向定向比横向定向好，因此，横封温度和压力的极限曲线要比纵封高。

（4）加热方式。只要不是采用高频热封、超声波热封等内部加热方式，与热封板接触的薄膜表面温度就高于与薄膜相接的热封面的温度。该温差在热封时间缩短或薄膜厚度增大时更为显著，最终会导致与热封板接触的薄膜的表面过热。为防止这种现象的发生，并扩大热封范围，采取两侧加热方式比单侧加热方式更有利。

（5）热封板的形状。与薄膜接触的密封板表面，有的是平面的，但也有加工纵向、横向的沟槽，沟槽对热封面而言起到加强作用，可以获得相对较好的热封强度和气密性能。

（6）材料物性的影响。不同密度和熔融指数的材料，对热封工艺参数的确定也有一定的影响。热封时间一定时，熔融指数越低，密度越大，则其有效热封温度的低限越高；密度越小，有效工作温度范围和时间范围则越大，其热封效果越好。选择热封材料时，应优先考虑相同时间减少情况下，热封温度升高最小的材料，使时间缩短时尽量避免烧穿，而温度相同时，热封时间变短，包装效率提高。

（7）内层添加剂析出的影响。对于高爽滑性复合膜，由于其热封面富集大量爽滑剂（实际上可认为是两层材料间的夹杂物），其起始热封温度有所升高。

（8）流延膜热封性能比吹塑膜好，但热封合范围比吹塑膜窄。

6. 外观质量要求

（1）划痕。袋面应无明显划痕。一些化妆品包装袋、透明袋对此项要求较高。

（2）平整度。封边平整，无烫伤，无明显起翘；在不影响热合牢度的原则下，尽量保证袋面的平整度，捆扎后平整易于装箱。

（3）图案位置。应居中或按客户要求，上下及左右偏差：无边框袋应≤3. 0mm，有边框袋应≤2. 0mm。

（4）切口。纵、横向切口均应平直、平滑无毛刺、易于开口，无四边封袋。位置偏差≤2. 0mm。

（5）虚封宽度（切口离封边的距离）一般应 < 3. 0mm。

（6）冲孔、冲缺位置正确、无倾斜，不应伤及文字和主要图案，冲孔（缺）边缘应平滑无明显毛刺。

（7）背封位置。本色袋背封居中，偏差≤3mm；有图案袋按设计位置偏移≤3. 0mm。

（8）背封边缘错位。背封边缘错位应小于2mm，而且不应露出浅色边或亮边。

（9）封刀位置。纵、横封刀热合痕迹应完全重合，不允许明显倾斜。

（10）针孔。孔径大小适中，位置正确，每排数量符合要求，引孔不应被挂烂。

7. 其他要求

（1）袋面不允许有 > 0. 5mm 的有色晶点及杂质，透明晶点直径应 < 1. 5mm。

（2）产品捆扎应整齐。

（3）包装袋不允许夹带蚊虫、机油、头发、污渍等污染。

（4）保证装箱数量的准确。

（5）其他指标，如气密性、煮沸灭菌、跌落性、耐压性等按相关技术要求或客户验收要求执行。

第五节　塑料软管的加工

塑料软管是专门为黏稠产品设计的一种独特包装。它使用简单，通过挤压可使一定量的产品挤出，并可长期保存内装物，且具有防水、防潮、防尘、防污染、防紫外线的功能，因此，对内装物具有良好的保护功能。塑料软管具有一定的印刷适性，印刷后具有美丽的外观，且充填产品后质量轻，易携带，使用方便，在医药、食品、化妆品、水彩颜料、油墨以及日用化工产品等膏状、乳状或液状商品的包装中广泛使用。目前，塑料软管多采用低密度聚乙烯、高密度聚乙烯、聚丙烯、聚氯乙烯、尼龙等材料制成。

1. 塑料软管管体的生产工艺

塑料软管专利是在1954年公布的，专利包括通过挤塑的方法制造一个薄壁管筒。塑料软管管体的生产流程如图3－50所示。

图3－50　塑料软管管体生产流程图

（1）挤塑。许多塑料可以用来制作软管，但低密度聚乙烯是现今使用的主要材料。它有高的湿气阻隔性能、低的成本和良好的外观。氧气和香味阻隔性较差这一弱点可以通过涂覆阻隔性涂料加以改进。

高密度聚乙烯软管用于包装一些含碳氢基的商品，如油脂等。聚丙烯用于要求不污染、保香性良好或耐较高温度的场合。高密度聚乙烯和聚丙烯制成的软管管壁较低密度聚乙烯软管壁硬得多。

（2）电晕处理。挤出的热塑料管随机进行电晕处理，以使后面的印刷油墨能牢固黏结，以增加印刷牢固程度。

（3）牵引、冷却。电晕处理后，将它牵引通过一个冷却的内成型模芯，在外侧用冷却水冷却，塑料管随着牵引，冷却，收缩至一个精确的事先控制的直径。在通过牵引装置的驱动辊后，被一个回转的刀切成精确的长度，切下的一节就叫作一个管筒。

（4）印刷。印刷在装管头之前或之后进行，具体位置取决于总体布局和在印刷、装管头时产生的边角废料的情况。软管一般采用干胶印印刷。热固化型和紫外线固化性的油墨在塑料软管的印刷中被广泛应用。在塑料软管上，也可以进行印后加工，比如烫印等，以增加产品的装饰效果。

（5）滚涂。油墨固化后，管筒再用高光泽的、阻隔氧气和香味的涂料滚涂，以降低软管的渗透性。目前，使用的涂料有高阻隔性的双组分胺固化型环氧树脂涂料。当然，具有抗污染能力和低摩擦系数的特种涂料也被使用。大部分涂料是热固型的，但紫外线型涂料也开始使用。这些涂料对于氧气和香料油提供同样高的阻隔性，且固化更为迅速。涂料固化后，再将管筒进行管头操作。

2. 管头及装头的工艺

管肩管颈注射成型，然后管体与管头及管肩等部分熔接形成软管。

为了使管头和管筒连接良好，管头材料必须与管筒材料一致。低密度聚乙烯制的管筒可以用低密度聚乙烯或高密度聚乙烯管头，但聚丙烯管筒必须使用聚丙烯管头。管头厚为0.030~0.065英寸（0.76~1.65mm），取决于管径和用途。其生产工艺有：斯特拉姆（Strahm）法、道斯（Downs）法、迈格尔（Magerle）法等。

（1）斯特拉姆法。装管头操作是把管筒的顶端密封在注塑机内，注射塑料到型腔中形成管头，并使它连接到管筒上。如图3-51所示。每台机器都使用多头模具。斯洛维（Slower）机械在注塑工位上有一个阴模，软管被保持在其中以充分地冷却，然后移至下一工位。较高速度的机器有锁模装置。套着管套的阳模被推至管肩模腔，管筒的端部伸进管肩模腔，在与管肩的倒圆处接触后即稍微向内卷拢。与此同时，与阳模一起移动地支撑套管与管肩模腔接触，逆对着螺纹板将它顶起，强迫螺纹板定位在一定的位置上。此时，注射口接合在整个系统上，熔融塑料从一个小的往复式螺杆挤出机中注射出来，形成管头并连接至管筒上。注射模腔的压力是不高的，因为过大的压力引起“渗漏”，迫使塑料通过头部沿筒壁留下。塑料的熔化温度一般在260℃以上，足以保证与管筒壁有一个良好的熔融接合。在注塑周期之后，注口缩回，模具锁在一起并延续到下一步。在管头冷却后，阳模落下，螺纹板打开，则一个成型软管被脱模出来，保持在阳模上，模身和阴模支撑移至一侧，以便让成型后的软管抽出来，然后一个新的管筒被安置在阴模上，全套阴模移至阳模顶上，开始新的周期。

冷却后成型软管被输送到切口拧盖机处，在那儿浇铸口被切掉，拧上盖。最后，用无隔板的托盘包装软管，运送到用户手中。

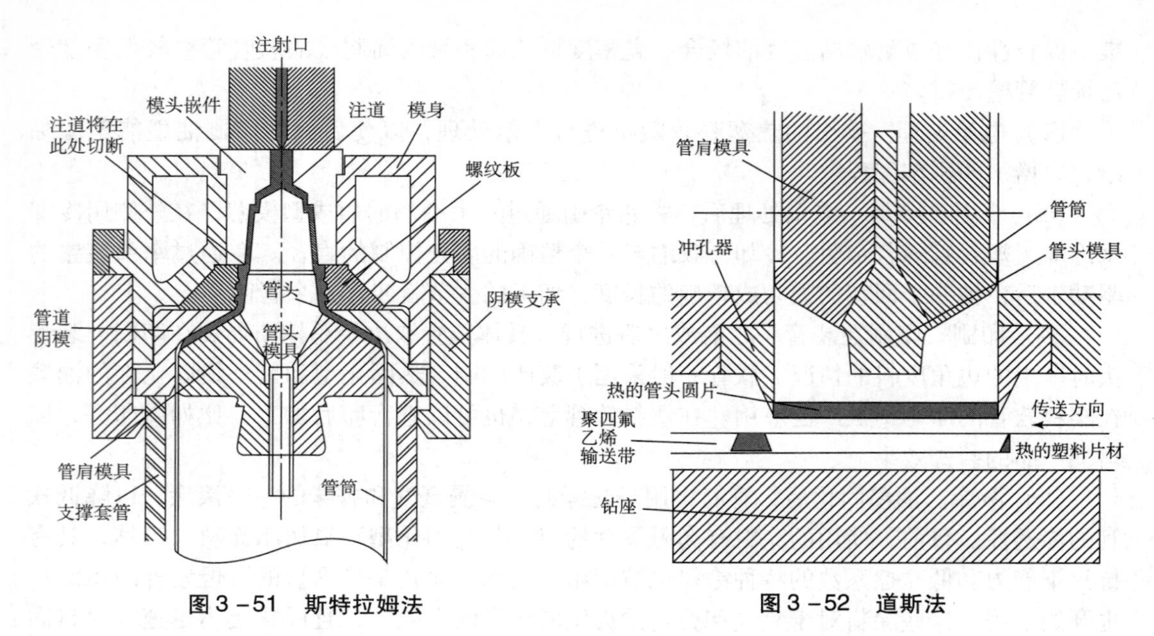

图 3－51　斯特拉姆法　　图 3－52　道斯法

（2）道斯法。在道斯加工工艺中，管筒生产是一样的，但装管头操作却有显著的差别。如图 3－52 所示，套在阳模上的管筒进入一个冲孔器中，这个冲孔器安装在一条连续的、刚好加热到它的软化点以上的低密度聚乙烯片材上面。这条片材约 2 英寸（51mm）宽，1/8 英寸（3.2mm）厚。当管筒的前缘与冲孔器的冲切边缘齐平时，二者一起向下切进呈半熔融状态的塑料片中。冲孔器冲下一个与管筒之间一样的塑料圆片，并立即与冲孔器内的管筒粘住。模具连同黏结着热塑圆片的管筒向下移动，并转换至下一步操作。在那里阴模闭合在管筒及头部圆片上，压塑管头成最终形状。压塑方法省去了斯特拉姆方法中必不可少的注射口及剪切操作。每台设备上可装多个装置以同时制作一定数量的软管。

（3）迈格尔法。第三种方法是瑞士的 KMK（Karl Magerle AG Hinwil）公司开发的。在阴模闭合到阳模上之前，在阴模中注射一个熔融塑料环形料团，经压缩形成管头。迈格尔（Magerle）机器不大，每台仅一个模具，但在同一转台上也包括有加盖装置。

虽然这些是最普遍的方法，但另一些加工操作也已得到开发。在欧洲，瓦勒 · 弗拉克（Valer Flax）工艺使同一预模制的管头，通过摩擦焊焊接到管筒上。有几个公司已开发了吹塑法，即像吹制瓶一样吹制管筒，然后将底切掉。这种方法会产生大量必须回收的碎片，操作必须仔细，以保持壁厚均匀，以利于后面的印刷操作。

第六节　复合软管的加工

1950 年，瑞士发明塑料软管，充填香波、膏状物等产品，并逐渐在各地生产销售。但因单一塑料隔绝性较差，包装内容物易变质。随着塑料复合材料的迅速发展，复合材料软管得到迅速发展，并在商品中得到广泛的应用。

一、复合软管的材料

复合软管包括管头（与管肩为一体）、管体、管尾、管盖。其中管体为铝塑或塑塑复合软包装材料，按功能通常分为四层，分别是外保护层、印刷层、阻隔层、内保护层，其中印刷层用于印制图文，一般在材料复合前完成印刷，也有在管体卷成后印刷的。

作为牙膏、化妆品、调味品、药膏等包装的复合软管，内容物对其包装性能要求是阻隔性好、保香、防氧化、避光；印刷效果好、美观、展示性好；手感好、质感好、外表耐摩擦、不易被污染，耐弯曲、耐折叠和耐环境应力开裂性，是一类高要求的复合软包装材料。

表3－9　国产复合软管材料（一）

层次	层次名	厚度/μm	作用
1	PE	90	外保护层、印刷
2	EMAA	50	黏结
3	Al	40	阻隔
4	EMAA	40	黏结
5	PE	80	密封
总计		300	

表3－10　国产复合软管材料（二）

层次	层次名	厚度/μm	作用
1	透明 PE 膜	80	外保护层、反印刷
2	白 PE 膜	50	黏结
3	白 PE 膜	80	印刷衬托底膜
4	白 PE	50	黏结
5	铝箔	30	阻隔
6	PE	30	黏结
7	PE 膜	80	内保护层
总计		400	

表3－11　国产复合软管材料（三）

层次	层次名	厚度/μm	作用
1	PE 膜	80	反印刷
2	PE	50	黏结
3	纸	80	增加强度、白底子
4	PE	50	黏结
5	铝箔	15	阻隔
6	PE	80	内保护层
总计		355	

表 3－12　国产复合软管材料（四）

层次	层次名	厚度/μm	作用
1	PE 膜	90	外保护层、印刷
2	Nucrel	70	黏结性树脂
3	铝箔	40	阻隔层
4	Nucrel	50	黏结性树脂
5	PE 膜	70	内保护层
总计		320	

常用结构为 PE/AD/Al/AD/PE、PE/印刷/白色 PE/AD/AIMAD/PE、PE/白色 PE/纸/AD/Al/AD/PE、PE/纸/EMAA/Al/EMAA/PE；管体各层材料组成各有不同，表 3－9～表 3－12 列举了国内复合软管常用材料、材料所在层次及用途。

二、复合软管的制造工艺

复合软管的制造工序，主要分为卷筒、装头、尾部焊封三个主要工序。

1. 卷筒部分

卷筒可分为热焊（高频焊）连续卷筒、热焊加条卷筒、整体管式卷筒、高频焊接单管卷筒四个生产工艺。这四种卷筒成型工艺各有所长，其中以高频焊管为最先进，国际上复合软管卷筒的工艺几乎都采用高频连续焊接连续卷筒。它是将分切加工的纵向印刷卷盘的复合材料，通过加热器加热，在一定的压力和一定的温度下焊接成筒，再分切成单支卷筒。图 3－53 为美国 A. C. C 公司 Glaminate tube 生产线中的热焊连续卷筒机，卷筒的成型主要包括复合材料放卷、定向、成圆、加热、保温、压平冷却、切割、整圆。

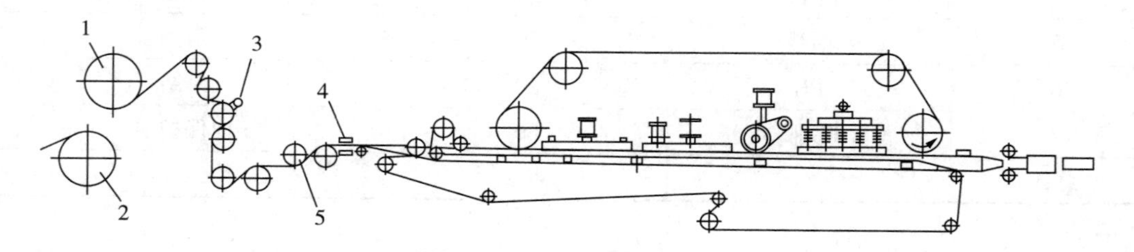

图 3－53　A. C. C 公司连续卷筒切割示意图

1－放卷；2－备用卷；3－测厚仪；4－调偏信号发生器；5－调偏机构

2. 装头部分

装头可分为注头成型和预制头焊接成型两种。注头成型是美国、日本和中国当前所采用的成型工艺，注头机一般为 12 工位、6 头转盘式装置，12 工位中的阴阳模合模后的注塑示意图如图 3－54 所示，当阳模上有管筒套上时，控制阀打开，活塞把塑料注入。预制管头焊接成型是将管头预先制备好，把单筒卷好，采用高频焊接设备将头、筒焊接在一起。

3. 尾部焊接

复合软管尾部焊接结构如图 3－55 所示。复合软管由许多层材料组成，因此，它的尾部焊接是比较困难的。常见的有电热、脉冲、超声波、高频电磁感应和红外线五种热焊接法。一般状况下，软管的材料不同，封口方法也就不同。

典型的热封法有热辐射热封法、热板热封法、高频热封法、超声波热封法四种。用电阻式的加热金属片，直接向塑料或通过缓冲膜（如聚四氟乙烯、玻璃纸等熔点较高的膜片）加压进行塑料熔融接合。此法用于聚乙烯焊接时，焊接处有被压得太薄的弱点，使其强度变弱。热辐射热封法和热板热封法通常用于塑料软管，其示意图如图 3－56 和图 3－57 所示。除了超声波热封法外，其他各种热封法都可能会出现封口面污染的问题。

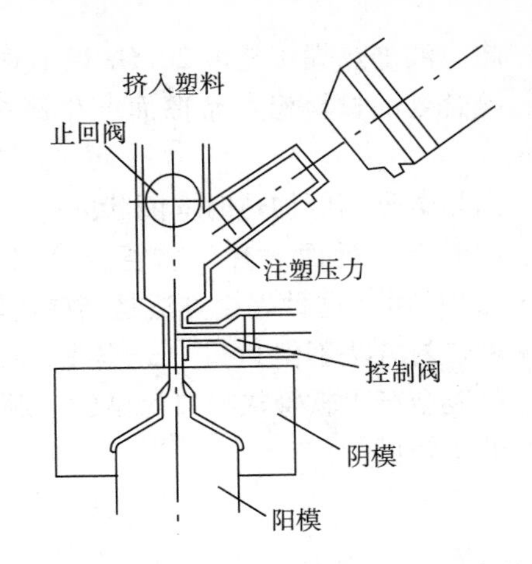

图 3－54　阴阳模合模后的注塑示意图

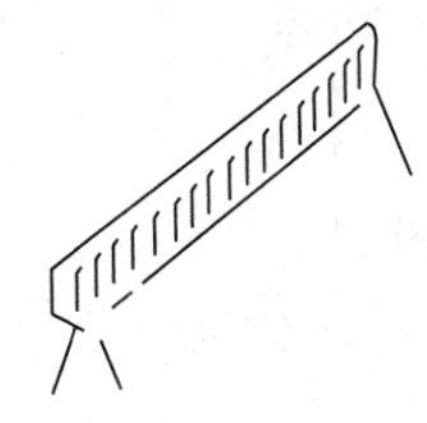

图 3－55　复合软管尾部焊接结构示意图

脉冲加热，是指采用热容量小的镍铬铁合金带或丝作为压接的发热体，并用聚四氟乙烯片为保护层，电流以脉冲式瞬间流通加热。此设备的密封器上附有水冷却或空气冷却的散热片，使其快速冷却。由于此法是瞬间高温加热，被焊接的塑料膜不易变薄或变形。而聚四氟乙烯在瞬间加热不易损坏（长期连续加热易损坏），有利于连续运转的焊接工艺用。采用发热量极高的照射源所产生的远红外线，直接照射在被焊接的接缝内，使管内两面熔融，再加压将其融面挤合。此法焊接的牢固性较好，而且由于内部直接加热（通常的热焊均是由外部加热，使热传至接缝处，两面塑料熔融后才能粘牢。因此外部塑料易变形，不美观）塑料外部不易变形，对包装的外形美观有利。现在的全塑软管的尾部焊接多用这种加热方法，尾部焊封得牢固、美观。辐射热使聚乙烯熔融而黏结，但复合材料的内层是铝箔时，因铝箔是热的良导体，易使面层聚乙烯散热，故焊接不易焊牢，而且易褶皱，复合层易剥离。

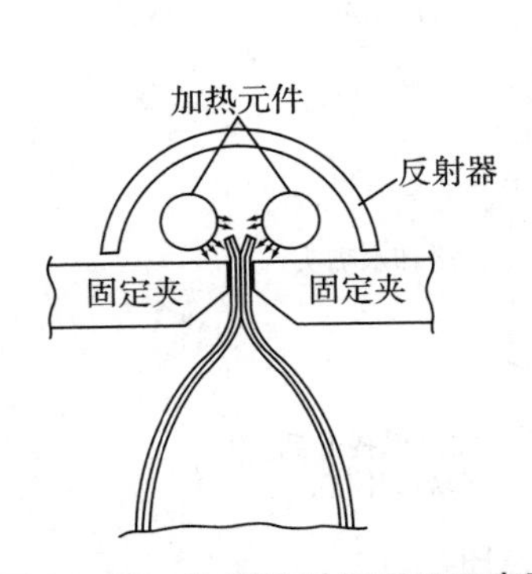

图 3－56　热辐射封口原理示意图

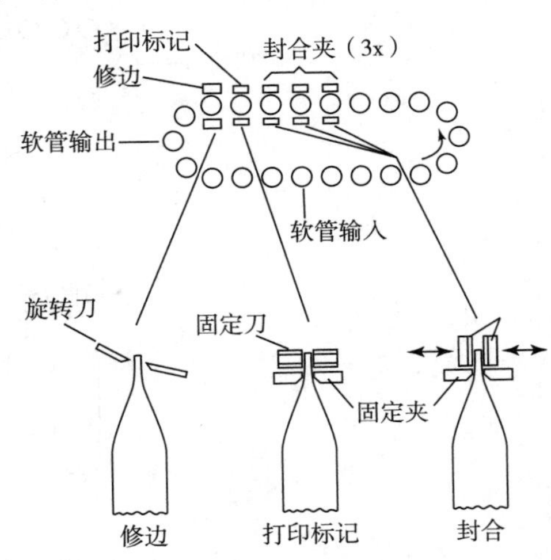

图 3－57　热板封口原理示意图

超声波加热焊接是由20kHz以上频率的电波发生器输出高频电流，当超声波传至材料时，接合处的材料相互摩擦而产生摩擦热，此瞬间即可使材料结合。其原理如图3－58所示。

高频电磁感应加热时向圈状的电阻通上高频电流，产生高频磁场，磁场内有金属材料就会使磁端损耗而发热，软管复合材料中铝箔将生热而使塑料层熔融黏结。其原理如图3－59所示。这种焊接方法是当前比较先进的焊接方法，它适用于高速自动生产线，采用这种热封方法不但封口十分牢靠，而且生产效率很高，但对于容易产生拉丝现象的物料，可能会产生软管热封口污染的问题，而采用超声波热封法可以避免产生这个问题，但生产效率较低。

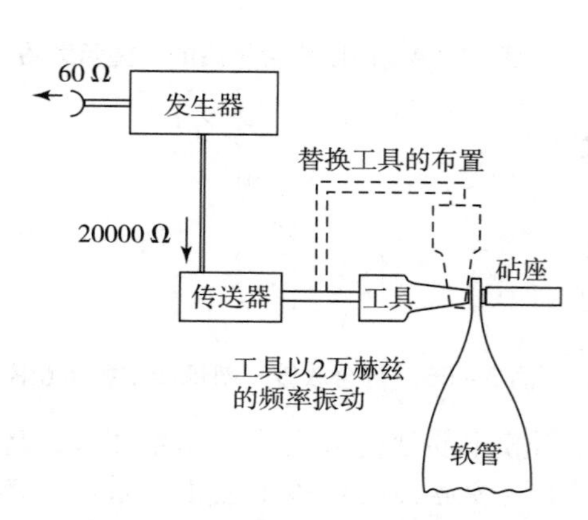

图3－58　超声波封口原理示意图

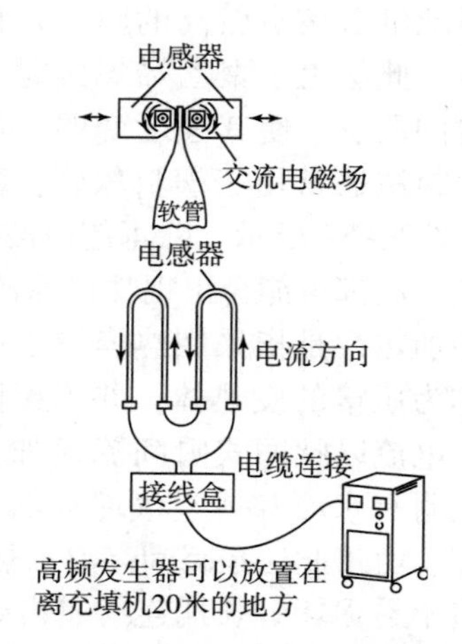

图3－59　高频封口原理示意图

热风封合法，是指温度高达500℃左右的热空气被吹送入向上运动的软管的开口端，但以不影响软管内物料质量即软管的拧盖端为度。为此，采用了一种节能水冷装置。利用这种方法封合时，软管在封口后可进行整修，甚至还可冲出便于在货架上吊挂陈列的小孔。其原理如图3－60所示。

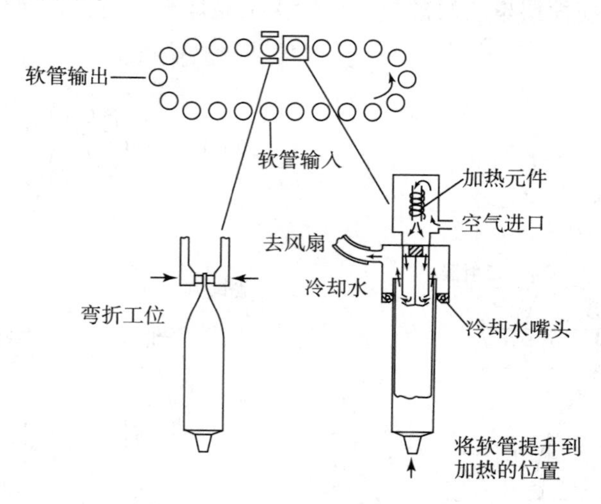

图3－60　热风封合原理示意图

三、软管的充填

尽管软管的种类繁多，但却不需要采用不同类型的充填机进行充填。只要在充填机上装上适当的附件，不论是金属软管、塑料软管，还是复合软管都可以采用同一种类型的充填机进行充填。至于究竟选用哪种充填机，哪种附件，则取决于所充填的物料的品种、要求的生产效率和改换生产品种的频繁程度等因素。结构简单的手工充填机的生产效率为5~10支/分，这种充填机适合于实验室和小规模试验性生产中使用。高速充填机的生产效率可达200支/分。充填机生产效率的高低取决于充填嘴的头数、充填物料的品种和软管的规格尺寸等因素。一个充填嘴一般可以完成40~100支/分软管的充填和封口工作，两个充填嘴则可达到80~200支/分。上述生产效率指标，低值适用于黏稠性产品充填入大容量软管的情况；高值则适用于低黏度产品充填小容量软管的情况。对充填机作某些改进之后，还可用于各种非标准的包装形式（例如，小管、小瓶、小筒）的物料充填。

拧盖。由于软管系经由底部进行充填，因此在充填前需先拧紧盖子。拧盖工作可由设置有扭矩可调摩擦离合器的专用设置完成，也可利用电脉冲方法实现。用一个传感器检测到达该点的软管上是否有盖。无盖的软管可以自动或手工排除。拧盖装置不能处理与盖子等径的软管。因为这样的软管上的盖子在生产过程中无法拧紧。

充填。软管充填机必须处理多种不同种类的物料，充填机的计量精度取决于计量装置的结构特点。活塞式容积泵是一种计量最为精确的计量装置。新型充填机上设置有物料强制截止装置，以防止在每个循环的终了发生物料拉丝和滴落现象。计量装置还可以迅速拆卸，以便进行清洗和消毒。在充填中，避免空气混入至为重要，为此可以利用软管上升或充填嘴下降的方法使充填嘴逼近软管的拧盖端，同时使填充嘴在充填物料的过程中向软管开口端方向作相对运动。一般状况下，软管是先充填后进行封口工艺。

思考题

1. 什么是软包装材料？有哪些特性？
2. 常见软包装材料的结构有哪些？
3. 什么是软包装？有哪几种分类？
4. 药品包装用复合薄膜通常有哪几类？
5. 有哪几种涂布方式？各有什么特点？
6. 什么是冷封包装材料？
7. 什么是热熔胶涂布？
8. 软包装复合材料生产方法主要有哪些？
9. 复合基材需要具备哪些性能？
10. 什么是干式复合？干法复合的主要工序有哪些？
11. 什么是湿法复合？有什么特点？
12. 无溶剂复合的特点有哪些？
13. 什么是挤出复合？常见的故障及其原因有哪些？
14. 热封工艺有哪些参数？影响热封工艺参数有哪些因素？
15. 塑料软管管体的生产流程是什么？
16. 复合软管的制造工序有哪些？

第四章

金属包装制品的印后加工

第一节　金属包装概述

拿破仑为了给他的远征军提供给养，悬赏12000法郎征求食品储藏法。1809年，一位名叫尼古拉·阿佩尔的法国人发明食品罐法，获取了这笔赏金，但他当时用的是玻璃罐。1814年，一位英国商人发明马口铁容器，开创了金属包装的历史。如今，马口铁容器已经广泛用于食品、饮料、化工、油脂、医药等行业的包装。

20世纪初，人们又发明了用钢桶来取代木桶，开始时钢桶像木桶那样两头小中间大，像一个鼓，但以后逐渐演变为圆柱形。如今钢桶已经成为世界贸易中使用最广泛的运输包装容器之一。

在20世纪50年代，美国实现了铝质两片罐的工业化生产，稍后，又发明了铝质易开盖。易开盖和铝罐以及马口铁罐的巧妙结合，把金属容器的发展推向一个新的高峰。

随着人们生活水平的提高，带动了食品、饮料包装的需求量的快速增长。其中功能饮料、食品罐头需求量的扩大，为金属包装提供更多机会。目前，金属制品广泛应用于食品包装、医药品包装、日用品包装、仪器仪表包装，工业品包装、军火包装等金属包装。

一、金属包装的性能

1. 优点

金属包装与其他包装相比，有许多显著的性能和特点，其优点如下：

（1）阻隔性能。金属包装容器不仅可以阻隔空气、氧气、水蒸气、二氧化碳等气体，还可以阻光，特别是阻隔紫外光，还有良好的保香性能，因此不会引起内包物的潮解、变质、腐败褪色以及香味的变化。

（2）机械性能优良。金属包装容器具有良好的抗张、抗压、韧性、抗弯及硬度，使其在使用过程中，能经受碰撞、振动和堆叠，便于运输和储存。

（3）良好的加工适应性。金属延展性好，对复杂的成型加工能实现高精度、高速度生产。例如，马口铁三片罐生产线的生产速度可达到3600罐/分。这样高的生产率可使金属容器以较低的成本来满足消费者的大量需求。

（4）方便性好。金属包装容器不易破损，携带方便。现在许多饮料和食品用罐与易开盖组合，更增加了使用的方便性，以适应现代社会快节奏的生活，并广泛用于旅游生活中。

（5）表面装饰性好。金属具有光泽，配以色彩艳丽的图文印刷，增添了商品的美观性，吸引消费者的眼球，促进了商品的销售。

（6）卫生安全。由于使用了适当的涂料，使金属容器完全满足食品容器对卫生和安全的要求。

（7）易回收处理。金属容器可循环再用。节约能源，又可消除环境污染。即使金属锈蚀后散落在土壤中，也不会对环境造成恶劣影响。

2．不足之处

金属虽具有很多优良的特性，但也有不足之处，主要表现为：

（1）化学稳定性差。在酸、碱、盐及潮湿空气的作用下，易于锈蚀。这在一定程度上限制了它的使用范围。但各种性能优良的涂料，可使此缺点得以弥补。

（2）重量较大，经济性差。金属与纸和塑料相比，其重量、体积较大，加工成本较高。

二、金属包装材料

金属包装材料主要分为两类：一类为钢基包装材料，包括镀锡薄钢板（马口铁）、镀铬薄钢板、镀锌板、不锈钢板等；另一类为铝质包装材料，包括铝合金薄板、铝箔、镀铝软包装。

1．钢基包装材料

（1）镀锡薄钢板。镀锡薄钢板简称镀锡板，是在薄钢板表面镀锡而制成的产品，又称马口铁。锡的电极电位比铁高，化学性质稳定，如果镀锡层镀锡完整，纯度高，且镀层和钢基板结合牢固，镀锡层对铁能起到的保护作用越好。一般的食品可直接接触镀锡板。但食品种类繁多，成分、特性各不相同，因此对镀锡板制成的包装容器的耐腐蚀性有不同的要求。锡层的保护作用有限，对于腐蚀性较大的食品，如番茄酱等食品能与锡反应，对锡层腐蚀。为了避免腐蚀性，在镀锡板上涂覆一层涂料，减少与锡层的接触，确保食品的安全。

镀锡板结构由五部分组成，如图4－1所示，各层的成分、厚度根据镀锡工艺的不同而略有差异。由于加工材料、工艺等因素的影响，镀锡板具有的机械性能如强度、硬度、塑性、韧性也各有不同，因而其包装用途和包装容器成型加工的方法也有不同。为满足使用性能和成型加工工艺性的要求，生产上用调质度作为指标来表示镀锡板的综合机械性能。调质度是以其表面洛氏表面硬度来表示的。洛氏表面硬度值越大，其具有的强度、硬度越高，而相应塑性、韧性越低，因此不同调质度的镀锡板使用场合、加工方法不同。

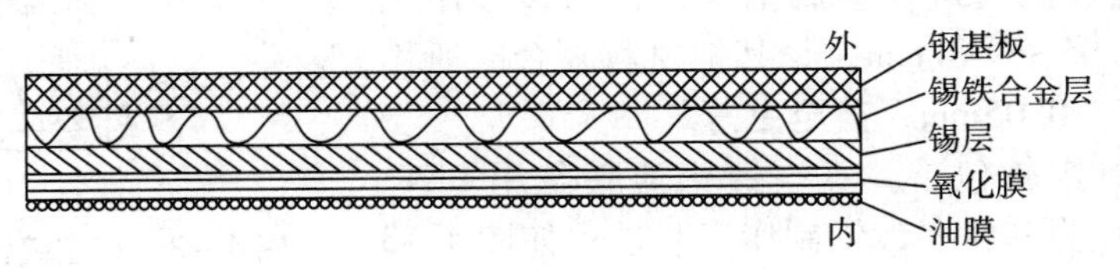

图4－1　镀锡板结构示意图

（2）镀铬板。镀铬薄钢板是表面镀有铬和铬的氧化物的低碳薄钢板，其结构如图4－2所示。镀铬板的机械性能与镀锡板相差不大，其综合机械性能也以调质度表示。镀铬板的耐腐蚀性能，比镀锡板稍差，铬层和氧化铬层对如弱酸、弱碱有很好的抗蚀性，但不能抗强酸、强碱，所以需施加涂料。加涂料后具有的耐蚀性比镀锡板高。

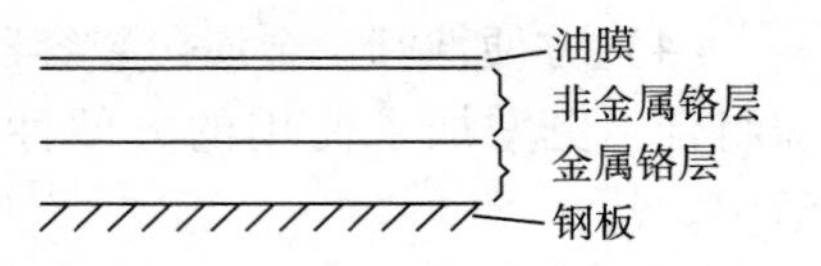

图4－2 镀铬板结构示意图

因镀铬层韧性较差，所以冲拔、盖封加工时表面铬层易损伤破裂，不能适应减薄、多级拉伸等加工工艺。镀铬板不能锡焊，制罐时接缝需采用熔接或粘接，适宜用于制造罐底、盖和两片罐，而且可采用较高温度烘烤。

（3）镀锌薄钢板。镀锌薄钢板又称白铁皮，是低碳薄钢板上镀一层0.02mm以上厚度的锌保护层而得，使钢板防腐蚀能力大大提高。主要用作大容量的包装桶。

（4）低碳薄钢板。低碳薄钢板是指含碳量小于0.25%的薄钢板。厚度一般为0.25～4mm。低碳成分决定了低碳薄钢板塑性性能好，易于容器的成型加工和接缝的焊接加工，制成的容器有较好的强度和刚性，价格便宜。低碳薄钢板表面涂布特殊涂料后用于灌装饮料或其他食品，还可以将其制成窄带用来捆扎纸箱、木箱或包装件。

2. 铝质包装材料

铝质包装材料主要是指铝合金薄板、铝箔以及真空镀铝软包装。铝是轻金属，密度为$2.7g/cm^3$，约为铁的1/3，可减轻容器质量，降低贮运费用；耐热、导热性能好，热传导率约为钢的3倍，适于经加热处理和低温冷藏过的食品包装，且减少能耗；具有优良的阻挡气体、水蒸气、油、光性能，能起到很好的保护作用，延长食品的保质期；具有很好的延展性，适合于冲拔压延成薄壁容器或薄片，并且具有二次加工性能和易开口性能，易于冲压成各种复杂的形状，易于制成铝箔并可与纸、塑料膜复合，制成具有良好包装性能的复合包装材料。表面光泽，光亮度高，不易生锈，易于印刷装饰，具有良好的装潢效果；再循环性能好。铝质包装废弃物可回收再利用，节约资源和能源，但耐酸碱性能差、焊接性能差、强度低、材质较软，易划伤、摩擦系数大，易变形。目前，铝块主要用于制作挤压软管或拉伸容器，铝板可用于食品罐、冲拔饮料罐的制作，铝箔主要用于复合材料软包装。铝质材料具有许多优良的包装特性，广泛用于食品包装。

（1）铝合金薄板。铝合金材料经铸造、热轧、退火、冷轧、热处理和矫平等工序制成薄板。铝合金薄板中所含的合金元素主要由镁、铜、锰等，这些元素的存在会一定程度上影响材料的机械性能、耐蚀性能、加工使用性能等。

（2）铝箔。铝箔是一种用工业纯铝薄板经多次冷轧、退火加工制成的可绕性金属箔材，食品包装用铝箔厚度一般为0.05～0.07mm，与其他材料复合时所用铝箔厚度为0.03～0.05mm，甚至更薄。

（3）真空镀铝软包装。真空镀铝薄膜是用PET、PE、PP等或纸作为基材，镀铝制作工艺过程如图4－3所示。将基材在镀铝真空室的冷却辊上展开，金属丝在坩埚内加热使其蒸发而蒸镀在基材表面，形成一层

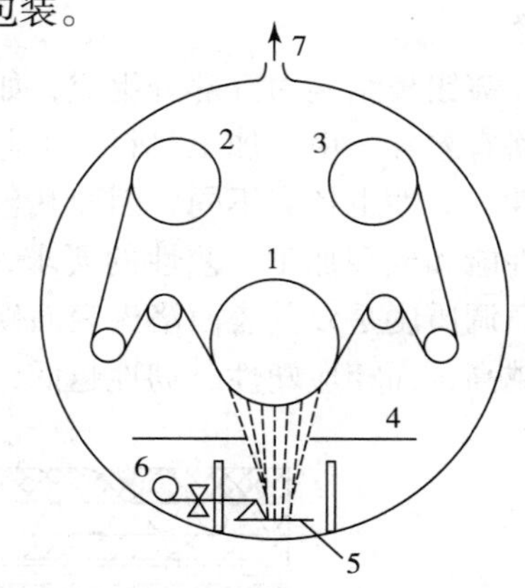

图4－3 真空镀铝工艺示意图

1－冷却滚筒；2－供料卷；3－收料卷；4－隔热掩膜；5－坩埚；6－金属丝；7－抽气

厚度约为25~35nm的致密镀铝层。为保护这较薄的镀铝层，可再在其上复合一层聚乙烯。

真空镀铝膜的阻隔性不如铝箔好，但耐折性和加工性能优于铝箔，具有热封性能。且由于其成本较低、综合包装性能好而大量应用于食品、医药等包装领域。

三、金属包装容器的分类

金属包装容器的分类方法很多，根据结构形状和容积大小的不同，可以分为金属罐（两片罐和三片罐）、金属箱、金属桶、金属盒、金属软管及其他类型。按材质的不同可以分为：镀锡薄钢板、镀铬薄钢板、镀锌薄钢板（白铁皮）、铝合金容器等。一般镀锡薄钢板、镀铬薄钢板、铝合金制容器常用于食品、罐头、饮料、日用化学品等；白铁皮容器一般用于工业产品。

第二节　两片罐的成型加工

两片罐指的是由罐盖和带底的整体无缝的罐身两个部分组成的金属容器。这类金属容器的罐身是采用拉深的方法，形成设定形状的。这种杯状容器的成型方法属冲压加工，所以两片罐也常称为冲压罐。

在20世纪40年代，英国人将冲压技术用于罐头容器的生产，制造出了铝合金浅冲罐。这一结果虽然只是传统制造技术的新应用，但却引发了罐头容器制造技术的变革与发展。此后，英美等国的有关公司相继着手研究和完善铝质冲压罐的制造技术和生产工艺，比较著名的有美国的COORS公司和Reynolds（雷诺）公司。这些公司在20世纪60年代先后研制出冲拔拉深法（DRD法）和变薄拉深法（D&I法）等制罐工艺。同时期，美国的铝业公司（ALCOA）开发出易拉盖制造技术。这两种技术的结合为铝罐开拓了广阔的市场，也促进了铝罐制造技术的完善及其制造业的发展。到了20世纪70年代两片罐的制造技术已相当完善，开始在全世界传播。在这个时期，日本、欧洲等国家和地区相继引进了两片冲压罐生产技术和设备。20世纪80年代我国也开始引进两片冲压罐的生产技术和生产线。

铝是生产金属容器用材中占第二位的金属材料，铝具有资源丰富、质量轻、易加工、耐腐蚀等优点。然而由于铝生产过程消耗大量的能量，使得世界铝价不断上涨，限制了铝的使用。为此，许多国家掀起了回收铝罐的运动。同时，铝罐制造商正努力改进制罐工艺和罐型设计，进一步降低罐壁厚度及缩小罐盖直径，以节约铝材降低成本。最初制出的铝罐重量大致是每千只20~22kg，随着铝材性能的改善和制造工艺的改进，铝罐的重量大大减轻。据有关资料统计，每千只罐的重量已从20世纪60年代的18.8kg降至20世纪70年代的15.4kg，80年代中期已降至13.6kg。

在使用铝材冲制两片罐的同时，人们也尝试了用薄钢板制作两片冲压罐。在解决了生产问题后，现已能用镀锡板及镀铬板（ECCS）生产两片冲压罐。进入90年代后，铝材的供应日趋紧张，价格不断上扬，目前铝罐的成本约高出钢罐的一倍，所以多数厂商被迫转用钢材制罐。

一、两片冲压罐的特点

两片冲压罐最重要的特点是，罐身的侧壁和底部为一整体结构，无任何接缝，所以具有很多优点。

（1）内装食品卫生质量高。罐内壁均匀完整，在罐体成型后，可以涂上一层均质完整的涂层，完全隔绝了可能污染内装物的金属污染源，大大提高了内装物的卫生质量。

（2）内装物安全。罐内壁完整无接缝，同时有完整的内涂层保护，彻底消除了产生渗漏的可能性；同时，罐身无缝可使罐身与罐盖的封合更加可靠，气密性高，确保了内装物的安全。

（3）包装装潢效果好。两片冲压罐罐身无缝，外侧光滑均匀，易于增强印刷效果，并便于设计者设计美观的商标和图案；同时，两片罐通体外观线条柔和、流畅，具有良好的艺术效果。

（4）两片冲压罐与同容积的其他金属罐相比，具有重量轻、省材料的特点。

（5）成型工艺简单。按技术要求可一次冲压成型或连续多次冲压成型。成型速度快，可实现机械化、自动化、高速度、高效率的连续生产。

二、两片罐的分类

按成型工艺的不同，两片冲压罐可分为拉深罐和变薄拉深罐，其中拉深罐又可分为浅拉深罐和深拉深罐。

1. 拉深罐

拉深罐采用的是一般常规的拉深工艺，所得的罐身厚度没有显著变化，侧壁和底部厚度基本一致。这种容器主要用于灌装罐头食品。根据拉深罐的高度与直径之比，拉深罐还可以细分为浅拉深罐和深拉深罐。

（1）浅拉深罐。浅拉深罐也称作浅冲罐，这种罐一般只经一次冲压（拉深）即可成型，成型后罐高与罐身直径之比不超过1∶2。浅拉深罐造型各异，有圆形、椭圆形、心形，长方形等，它们主要用于鱼类、火腿、午餐肉等罐头食品容器。

（2）深拉深罐。深拉深罐的罐高与罐身直径之比大于1，这种罐是采用通常的拉深工艺，经过多次后成型的，也可以说是经过拉深—再拉深后成型的。这种罐习惯称为深冲罐，国外称为DRD罐。

2. 变薄拉深罐

变薄拉深罐，俗称冲拔罐。在国外，美国简称D&I罐或DI罐；欧洲简称DWI罐。变薄拉深罐是分别采用常规拉深工艺和变薄拉深工艺成型的，即先采用一次或二次常规拉深工艺，随后改用变薄拉深工艺使容器成型。变薄拉深工艺的特点是在拉深罐身筒体的同时，也使罐身侧壁厚度变薄。变薄拉深时罐身直径通常是不变的。在经历变薄拉深加工时，罐身侧壁的厚度减薄为板厚度的1/3左右，而罐身底部的厚度基本保持原板厚度。变薄拉深罐除了具有二片冲压罐的一般特点外，还具有罐壁薄、重量轻等特点。由于罐壁薄，罐的刚度相对较低，故变薄拉深罐多用于灌装各种含气饮料，借用含气饮料的气体压力增大罐内压力以维持罐的刚度。

三、两片罐的结构

两片罐容器的结构如图4－4所示，共由五个部分组成，分别是罐盖、罐身上缘、罐身、罐身下缘和罐底。

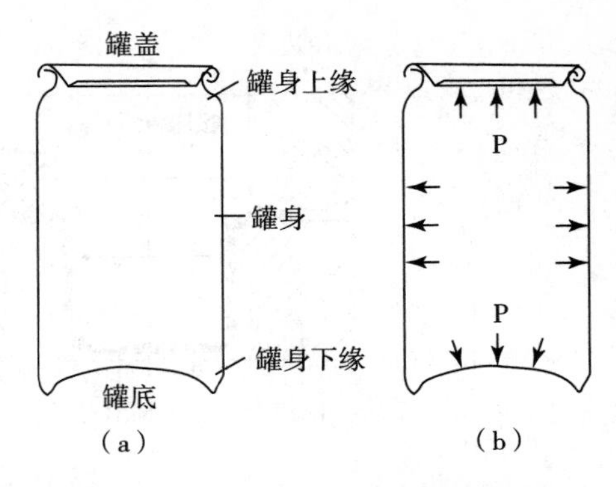

图4－4　两片罐结构及受力示意图

1．罐底

罐底主要起支撑整个容器的作用。罐底外形主要以圆拱形为主。通常饮料罐内部压力较高，要求罐底的最小弯曲强度为0.58～0.62MPa。随着使用板材的原始厚度的降低，底部外形也设计成较复杂的结构，以保证罐底有足够的强度。

2．上缘部分

上缘部分是侧壁与罐盖封合的部位。由于节约材料降低成本的缘故，两片罐罐盖直径都较小，所以两片罐的上缘部分采取缩颈以缩小两片罐筒体的口径，使之与罐盖相配合。目前采用的缩颈形式有：双缩颈、三缩颈、旋压缩颈等。

3．下缘部分

下缘部分是侧壁与罐底的连接部。它常配合罐底脚设计成合适的外形，以保证两片罐具有足够的结构强度和适当的外观造型。

4．罐身

侧壁部分光滑平整，外表面可以进行涂装修饰。侧壁的结构设计，必须使罐体具有一定的纵向压缩强度（也叫竖筒强度），其强度最低值应控制在1330N。

5．罐盖

罐盖部分可以根据实际需要进行设计。饮料用的两片罐通常都是采用统一规格的易开盖。

四、罐身的制造工艺

1．浅拉深罐

浅拉深罐的罐身成型工艺流程是：板料（预先涂料或印刷）→落料→拉深→罐底成型→翻边→修边。

浅拉深罐的高径比（罐高与罐径之比）较小（<1），只要一次拉深即可成型，其原理如图4－5所示。板料在凸模的冲压下，在凹凸模的间隙中挤拉成型。图中压边圈也叫防皱圈，其作用是施加一定压力压住板料防止侧壁起皱，并使其翻边成型。

浅拉深罐主要成型工序是在一台复合模中一次完成的。复合模结构与原理如图4－6所示，成型时复合模的落料凹模2下行落料，随后拉深凸模1向下进行拉深。凸模1达到下死点后开始上升，同时带动已拉深的杯形件5上升，上升中5被刮件器6挡住而刮落脱模，完成落料、拉深及冲底过程。罐的底部一般要冲制膨胀圈，有时还压出仿制的二重卷边。

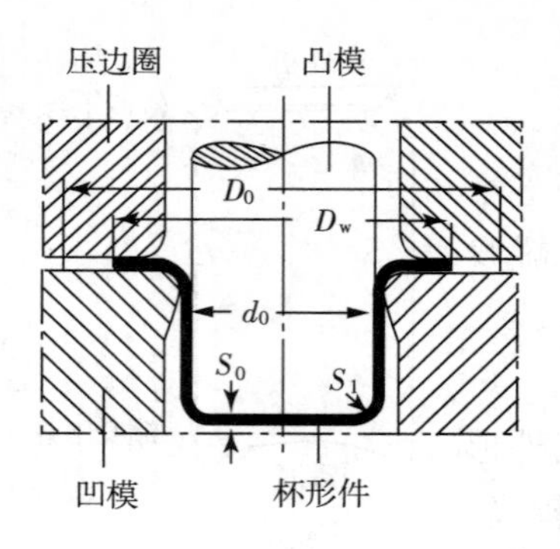

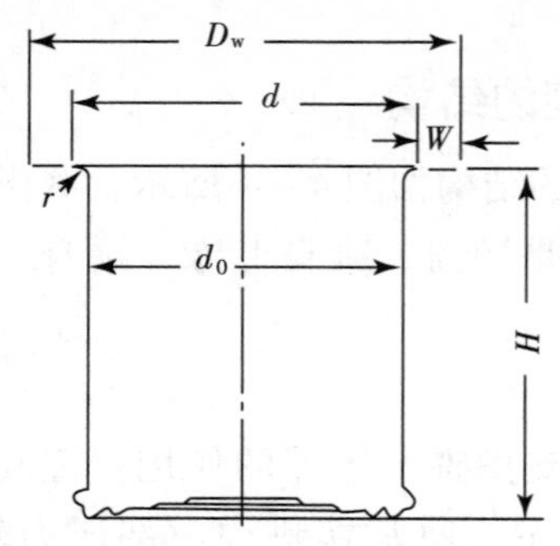

图 4-5 拉深原理示意图

翻边是为罐身与罐盖封合作准备的，翻边部分在封合时形成卷边的身钩罐身制造过程还包括其他前处理和后续工序。成型前处理工序有：板料表面处理、涂覆涂料及装潢印刷，若是板料还须先冲裁成波形板条。后续工序有检验、包装等。

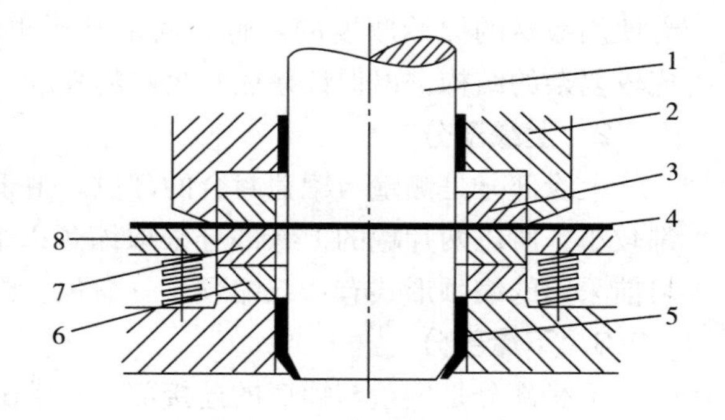

图 4-6 落料拉深复合模

1-拉深凸模；2-落料凹模；3-压边圈；4-条料；5-杯形件；6-刮件器；7-落料凸模；8-退料板

2. 深拉深罐（DRD 罐）

深拉深罐的高径比比较大（>1），由于极限拉深比的限制，需要分若干次拉深，才能达到要求的罐身尺寸。其原理如图 4-7 所示。

深拉深罐成型工艺过程是：板料→落料→预拉深→再拉深（若干次）→翻边→罐底成型→修边。

深拉深罐的落料和预拉深（也叫一次拉深），是在如前所述的复合模中完成的，冲得的为较浅的杯状中间毛坯。然后，中间毛坯经过再拉深，才能形成所需尺寸的罐身。通常再拉深（若干次）和翻边、冲底等工序是在多工位压力机上以步进方式完成的。深拉深的拉深比超过极限拉深比时，就要分次拉深。

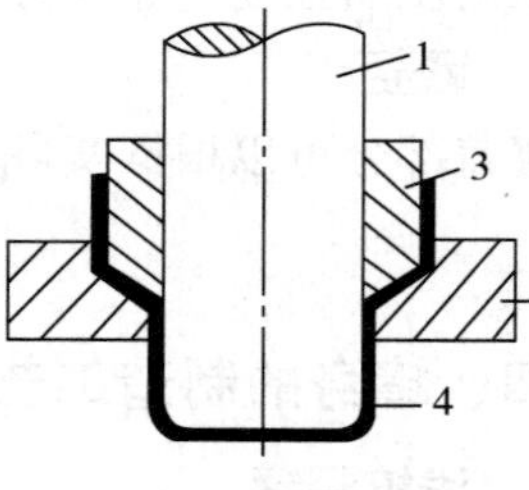

图 4-7 再次拉深原理示意图

1-凸模；2-凹模；3-压边圈；4-杯形件

3. 变薄拉深（D&I）罐

变薄拉深罐的制造成型工艺流程大致为：卷料展开→涂润滑剂→下料和预拉深→再拉深→多次变薄拉深→罐底成型→修边→清洗→表面印刷→内壁涂料→缩颈和翻边→检验→包装。其生产流程图如图 4-8 所示。

变薄拉深罐的下料和预拉深工序与深拉深罐相同。再拉深的目的是使罐坯直径进一步缩小，缩小到变薄拉深罐设计内径。再拉深工序有的单独进行，有的与变薄拉深组合成一组工序。

变薄拉深过程通常是在专用的卧式变薄拉深机上进行的。凸模的一次行程，使工件依次通过拉深模及具有三个不同内径的环形凹模，罐壁厚度在一次行程中经三次减薄，减薄到原来厚度的 1/3 左右，并形成规定的高度，最后底部冲压成圆拱底。其原理如图 4-9

所示。变薄拉深用乳化液充分润滑、散热，以保持工件及模具的温度基本不变，使得工件的尺寸具有良好的稳定性。

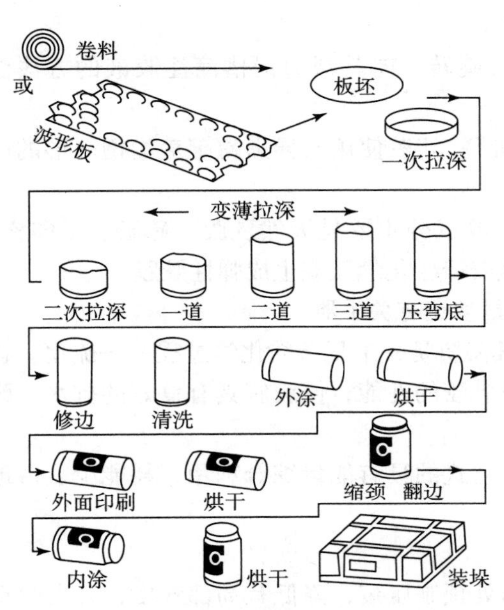

图4－8　变薄拉深罐的生产流程图

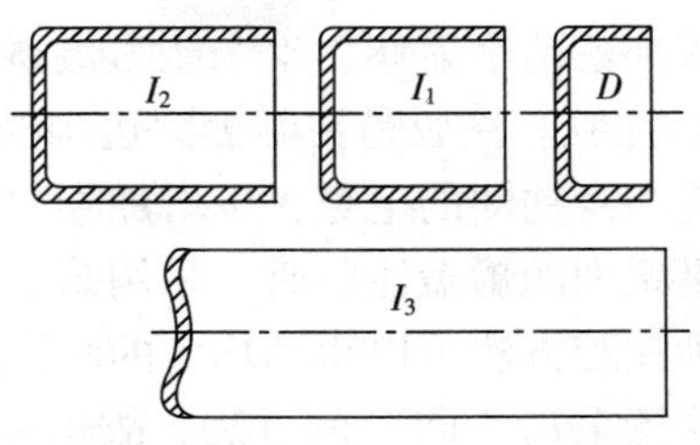

（a）D–初次不变薄拉深；I_1、I_2、I_3-三次变薄拉深

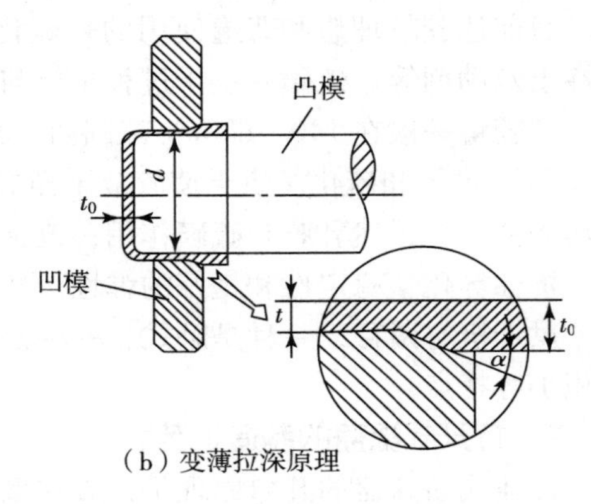

（b）变薄拉深原理

图4－9　变薄拉深原理图

缩颈和翻边通常是一次完成的。目前广泛采用旋压缩颈的方法。旋压缩颈的方法可以使缩颈和翻边一次完成，且缩口和翻边的质量均佳。早期采用的是分步缩口法，使口径依次缩小，故而有缩颈罐、双缩颈罐、三缩颈罐之分。

五、罐盖制造

1．切开式罐盖的制造工艺

切开式罐盖的制造工艺流程为：切板→涂油→冲盖→圆边→注胶→烘干。

（1）切板。切板是将整张板切成板条，以便在冲盖机上冲盖。为提高板材利用率，减少边角废料，需要设计罐盖的落料排列方式。圆罐系列的最佳落料排列是交叉排列，如图4－10所示。为此需要采用波形切板机。早期使用的单行直列排料方式已不多见。异形罐的落料排列方式按实际要求排布，其原则仍是节约用材。涂油可减少镀锡板等板料在冲盖过程中产生机械划伤，涂油量应少而均匀，过多将影响注胶时胶液的附着性。

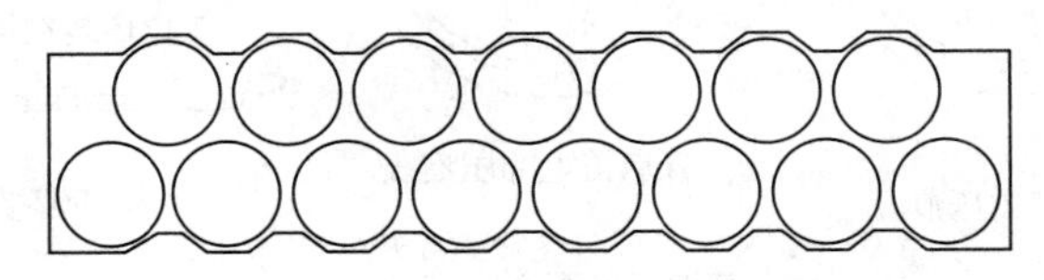

图4－10　波纹板交叉排列示意图

（2）冲盖和圆边。罐盖的落料和成型原理与前述拉深原理相同，在冲盖机模具中一次落料成型。由冲盖机冲出的盖坯的盖边，不能与罐身翻边配合进行卷边，必须通过圆边机

将盖边滚压使之向罐盖中心弯曲成35°的盖沟（此时应叫圆边）。冲盖机有半自动式和全自动式的。目前比较先进的是全自动双头冲盖机，其自动完成进料、落料、退边角料的过程，一次冲落两个盖坯，生产能力最高可达800个/分。

（3）注胶。注胶是在罐盖圆边沟槽内加注密封胶液的过程。胶液干燥后，能充填卷边内的盖钩与身钩间的空隙，以增加卷边的密封性。

圆罐系列的罐盖注胶时，采用罐盖绕其中心旋转，向其圆边沟槽滴注胶液的方法注胶。这种注胶方法可以得到均匀的胶层。

异形罐采用“印”的方法，故也称为“印胶”。印胶使用与异形罐罐盖沟槽同形的印模蘸取胶液，而后转移到罐盖沟槽内。

目前注胶较理想和普遍使用的是硫化乳胶，其成分主要是天然乳胶、硫磺、干酪素、高岭土及助剂等。硫磺在烘干过程中能与天然乳胶产生化学反应生成弹性胶膜。

注胶量一般在140～600mg范围内。具体用量参见有关手册。

（4）烘干和硫化。烘干使胶液干燥成膜，其实质是一个复杂的化学过程——硫化。在加热条件下，天然乳胶与硫磺作用，改善了天然乳胶的性能，使胶膜具有良好的抗水、耐热、抗油等化学稳定性和良好的弹性。

烘干机有两种，一种是卧式，一种是立式。立式的具有能量综合利用、耗能少、占地面积小等特点。

2. 拉开式罐盖的制造工艺

拉环式易开盖的开启原理是：先在罐盖开启处预制压痕，降低其局部强度，开启时在拉环处附近产生较集中的应力、剪切力，使压痕处开裂而开启。一般情况下罐内外压力差较小，压痕处产生的剪切力小而且均匀，罐不会自行开裂，保证了运输、存储过程中罐装产品的安全性。

按开口大小分拉环式易开盖有两种形式：一种是小口式，拉环拉起时罐盖开启一小口，由此小口可以吸出或倒出流体内装物，比如汽水类易拉罐就属于小口式；另一种是大口式，拉环拉起时几乎整个罐盖都被揭开，以便取出固体、粉状或高黏稠的内装物，最常见的就是各种八宝粥的内盖。

按开启方式，拉环式易开盖又分为全撕裂和保留式两种，如图4－11所示。

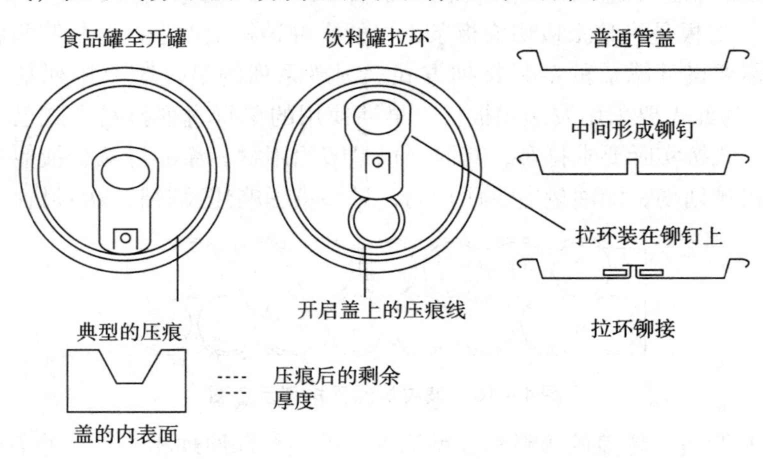

图4－11　易开盖加工工艺流程图

全撕裂盖的拉环在开启后会被随手扔掉，造成污染，并可能伤到他人，这是全撕裂盖的缺点。针对全撕裂易开盖的这一弱点，人们设计了非全撕裂易开盖即保留式易开盖。

保留式易开盖，在拉环拉起时开口并不从盖上脱落，而是被推入罐内，这种结构就避免了拉环及开口随地乱扔而伤人和污染环境的问题，然而，这种结构也有很大的漏洞。罐装饮料在运送、陈列销售及放入冰箱冷藏时，以及消费者随身携带时都极易遭到细菌灰尘对罐体的污染，这样被推入罐内的开口部分与内装物接触后，消费者的饮用卫生便得不到保障。

（1）盖体的制造工艺。最常见的拉环式易开盖生产流程：板料→切板→落料及盖成型（包括冲铆钉鼓包）铆钉成型→压开口槽（安全折叠预成型）压痕→压安全折叠→嵌入拉环→铆合→圆边→涂胶→烘干。其生产流程如图 4－12 所示。

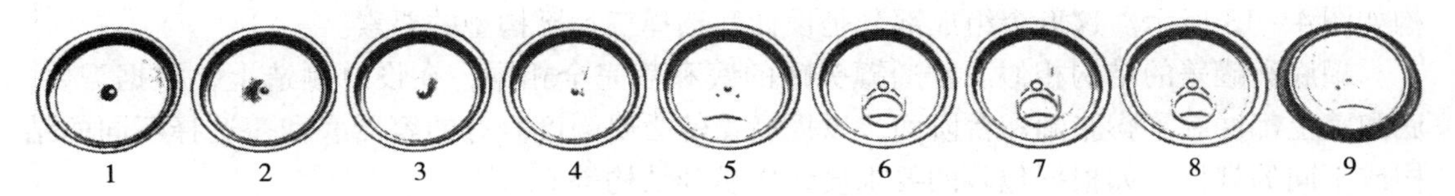

图 4－12　小口易开盖各工序的半成品

1－落料成型的盖坯；2－铆钉成型；3－压痕；4－压安全折叠；
5－压圆环；6－铆合拉环；7－圆边；8－涂胶；9－盖的背面

生产前选定的板材依包装要求要预涂涂料，当经历压痕操作后，涂层可能受损，所以还需注意补涂涂料，以防压痕局部腐蚀而危及整个罐的安全。

压痕操作是易开盖生产的关键。压痕的深度在考虑撕开方便省力的同时，还要考虑要有足够的强度以抗内压力和震动。一般铝质易开盖的压痕深度为盖板材厚的 40% ～50%；压痕深度还与罐径有关，口径的压痕可浅些，口径小的一般为板厚的 1/2。钢质易开盖的压痕深度可为板厚的 2/3。

（2）拉环生产工艺。拉环是用条料在多工位冲床上以步进模连续冲制成型的。

拉环冲制的主要工序为：条料→冲拉环孔和辅助孔→冲拉环外沿→压制铆合槽→冲铆合舌→拉环孔翻边→拉环外沿预翻边→冲铆钉孔→拉环孔和拉环外沿翻边完成→冲压拉环提拉压痕→拉环成型。

在拉环整个冲制过程中，拉环根部始终与条料相连，直至拉环与易拉盖铆合后才能最后与条料脱离。这样的工艺设计，是为了便于生产过程的高速度和自动化。

第三节　三片罐的成型加工

所谓三片罐，是指由罐身、罐盖和罐底三个部分组合而成的一类容器。最初的三片罐容器是用锡焊法把全部接缝密封起来的，后来人们采用机械卷封方法把罐身与盖（底）封合起来，20 世纪初出现的“二重卷边”技术，完善了这种机械卷封方法。这时的三片罐罐身接缝依然使用锡焊法密封。由于锡焊法焊有大量重金属铅，对罐内装物卫生造成严重威胁，于是开发了侧缝黏合法和侧缝熔焊法。这两种侧缝密封法中，熔焊法得到了越来越多的应用，大多数国家在食品罐头三片罐的制造中已经或者即将淘汰锡焊法，而选用熔焊法。

三片罐除了在罐头行业普遍应用外，在其他行业，如非罐头食品、化工、日用品工业等行业也有广泛的用途。非罐头行业使用的金属罐，大多数都是以罐头三片罐为基本构型，或者在结构的某个部分加上适当的附件，或者对结构作适当的变形而衍生出的各种各样的容器。如饼干听、茶叶罐、喷雾罐等。这些罐的制作成型方法与普通三片罐的成型方法相似，其制造方法可解除普通三片罐的制作技术。

一、三片罐的结构

三片罐的基本结构可以分成罐底、罐身下缘、罐身、罐身上缘及罐盖五个部分，其结构如图 4－13 所示。这五个组成部分是设计和选择三片罐构型的要素。

罐底和罐盖的结构相似。普通罐头罐的底和盖完全相同，在设计制造上，根据需要，底和盖上都冲制了膨胀圈和台阶面，以提高盖的必要强度。有的容器底和盖选择不同的结构或不同的规格，如根据包装的要求设计成易开结构等。

罐身下缘部分是罐身与罐底的结合部，有的容器从节约成本考虑选择较小的罐底，这一部位可选择缩口结构，以便使罐身与较小的罐底相封合。

罐身多为柱体结构。其上有一条接缝，接缝（身缝）的结构有三种形式，目前广泛采用的是熔焊结构。为了提高罐身的结构强度，根据需要可以设计若干组加强筋。

罐身上缘部分与下缘部分相似，为使其与一定规格的罐盖相封合，可设计成缩口结构。上缘部分的缩口结构有双缩、三缩、四缩等，主要依罐盖的规格选定。

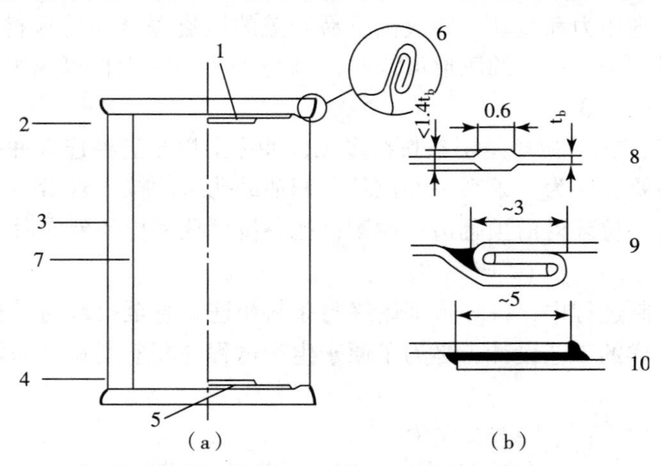

图 4－13　三片罐结构示意图

1－罐盖；2－上缘部分；3－罐身；4－下缘部分；5－罐底；6－卷边；7－身缝；8－熔焊式身缝；9－锡焊式身缝；10－粘接式身缝

二、三片罐罐身的制造

三片罐所用的材料主要是镀锡薄钢板（马口铁）和镀铬薄钢板。根据侧缝连接工艺不同，可以分为电阻焊、锡焊、粘接罐。

1. 板料的准备

板材必须按一定的技术规范进行检验。国家有关部门对此进行了规定，例如不允许有严重的露铁、锈斑、划伤及擦伤等。只有质量符合技术规范要求的才能投产使用。

由于板材在轧制时产生一定的方向性，使得板材的纵向和横向机械性能有一定的差异，在切板前排料时，一般要求罐身板成圆方向和轧制的方向一致，如图4－14所示。如此取向，可使罐身筒在翻边时应力方向平行于机械性能高的轧制方向，以防止翻边裂口，并保证罐身的翻边性能。板料在下料切片之前，可以根据包装需要进行涂漆和装潢印刷。

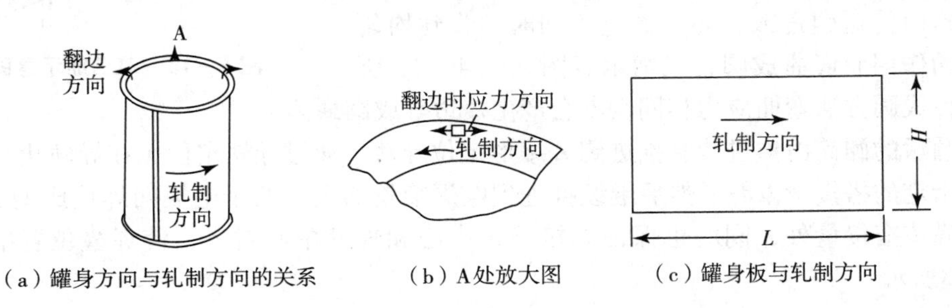

图4－14　罐身与轧制方向的关系

2. 电阻焊

（1）电阻焊工作原理。电阻焊是一种靠焊件接触电阻通电生热再施加压力来进行焊接的技术。用于板料焊接的有点焊、滚焊（缝焊）两种。三片罐生产选用的是滚焊方法。焊接时，成圆的罐身板两侧平行地搭接于两电极之间，通电并施加机械压力，如图4－15所示。靠着两电极间被焊金属的电阻生热，使被焊金属接近熔化状态（温度略低于熔点）。这时在电极压力的作用下，金属局部变形并再结晶，形成焊点（生成结合面的是够数量的共同晶粒）把被焊金属板牢固地联结在一起。

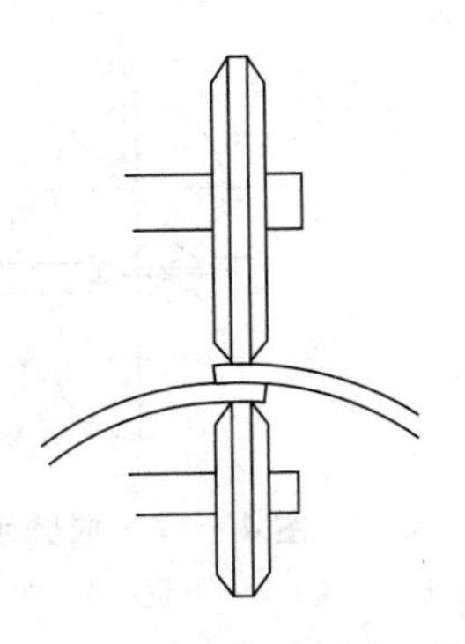

图4－15　电阻焊原理图

焊接区的总电阻的构成有：滚轮与被焊金属间的接触电阻，被焊金属的内部电阻及被焊金属间的接触电阻。这三类电阻中，两片被焊金属间的接触电阻最大，被焊金属内部电阻最小。因此，在焊接过程中，两片金属的接触面上产生热量最大，焊点的焊核就是在这个接触面上生成的，并逐渐扩大最后形成整个焊点。焊点形成后焊接区的电阻构成发生了变化，原来的接触电阻变为内部电阻，焊点区的电阻小于周围未焊区的电阻，因此后续流过的电流将大部分从焊点通过，而不经过或小部分流过其周围区域。再继续通电的话，将不能再形成良好的焊点，而已形成的焊点可能被烧毁。所以在焊接时，要采用间歇电源，如交流电。在焊接罐身时，滚轮电极以一定速度持续旋转，使已形成的焊点离开滚轮电极间的焊接区，同时又把未焊接金属带入焊接区，用恒流电源焊接仍能产生上述问题，所以采用间歇电源是必要的，在间歇电源下形成许多相邻的焊点而联成焊缝。理想情况是两个相邻的焊点首尾略有重叠。

目前国际上常用的缝焊机电源频率有：50Hz、250Hz、400Hz和500Hz等。

（2）制造工艺。电阻焊罐身生产流程为：板材落料（纵切，横切）→坯料送进→弯曲（软化）→成圆→搭接定位→焊接→接缝补涂→烘干→翻边→封底。

在上述基本流程中，还可以根据制罐的需要在相应的工序前后增加某些工序。如需要时可在翻边工序前增加滚筋操作，以加强罐身的强度，滚凸筋示意如图4－16所示。又如，可在翻边工序前加上缩颈操作，以使罐身能与直径较小的罐盖或罐底相配合。

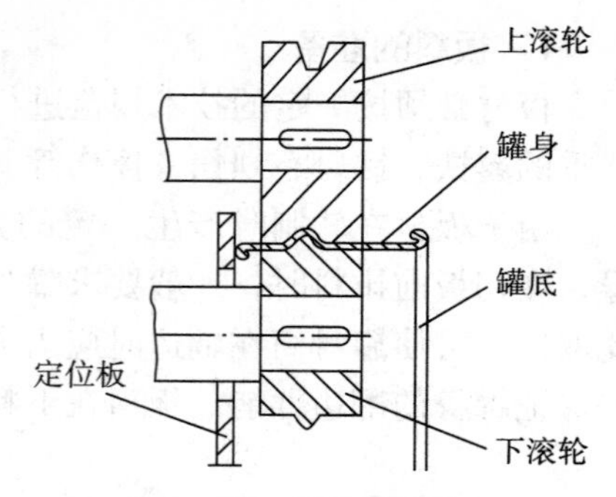

图4－16 滚凸筋示意图

上述制罐工序，从坯料送进到接缝补涂可在一台全自动缝焊机上完成。弯曲成圆是在一组辊子中进行的，坯料由传送辊送入，坯料经过辊间时，收到均匀弯曲力的作用而弯曲成圆，成圆示意图如图4－17所示。这种成圆方法弯曲应力相同，不会产生棱边等成圆缺陷。

成圆后的圆筒由推进装置推进到Z字形定位导轨。通过导轨定位，在导轨出口处罐体两边按指定的搭接量重叠。然后继续推进到电焊滚轮的上下两个电极间焊接成型。Z形导轨除了罐体搭接量外，同时也保证焊接滚轮中心和焊缝中心对齐，使焊缝位置准确，如图4－18所示。

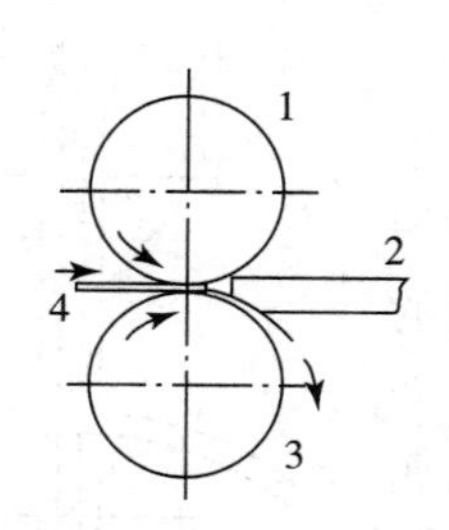

图4－17 成圆示意图

1－上辊；2－下辊；3－楔块；4－罐身板

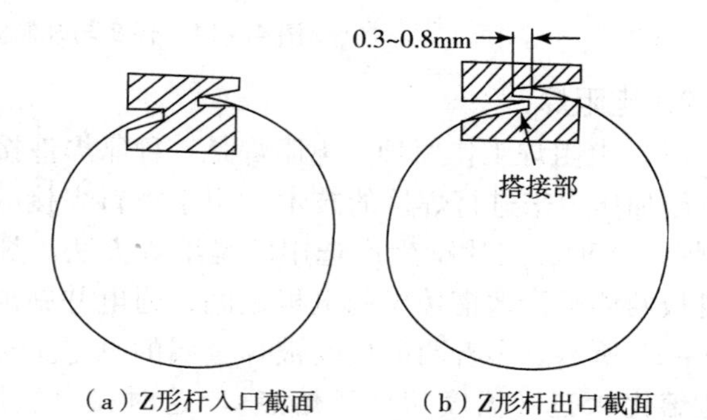

（a）Z形杆入口截面　（b）Z形杆出口截面

图4－18 Z形杆引导罐形成搭接示意图

焊接是电阻焊罐生产的重要工序。焊接时，待焊罐体的两个搭接边置于上下两焊接电极滚轮之间，两电极通以强大的电流使搭接处发热，并在电极的加压下熔接。焊接的工艺参数是：电压6～8V；电流3000～8000A；电流频率50～500Hz。两搭接边的两面必须无污染物，以确保电阻均匀一致，否则会影响熔焊质量。在焊接镀锡板时，为免使锡污染电极，苏式焊接法的焊接点由缠绕在焊接滚轮上的铜线随镀锡板（罐身）一起移动，这样锡对电极的污染就由铜线给带走了。焊接时，电流的频率对焊接速度影响很大。根据焊接原理，每个半周交流电获得一个电阻焊点，称作一个熔核，为确保两个熔核有一定程度的重叠，被焊筒体的线速度（焊接速度）必须与相应的电流频率相适合。通常，小型罐选用的电流频率较高，大型罐则选用较低的频率。

焊缝破坏了原来的表面镀锡层，使得焊缝两面都存在着暴露的铁、锡等，为了防止灌装内容物受到污染或焊缝受到腐蚀，焊缝处应加涂保护层，这就是补涂工序的作用。补涂有喷涂和滚涂两种，涂后即由烘干机烘干。补涂用的快干涂料在10s内即可干燥固化。封底的目的是形成空罐容器。封底过程借助二重卷封技术使罐身筒体与罐底盖封合。

3. 锡焊罐制作工艺

锡焊罐是罐身接缝采用焊锡密封的金属罐。所用的锡焊料除了含有锡外还含有40%～

50%的铅，有的甚至高达98%，由于铅污染的问题，锡焊罐正在被淘汰。锡焊罐采用的原料是镀锡板或涂料镀锡板。在制罐之前，有的镀锡板要根据设计要求进行涂覆或装潢印刷。

锡焊罐生产的主要工艺流程为：镀锡板涂油→切板→切角和切缺→端折→成圆→涂焊药→钩合→踏平→焊锡→翻边→封底。

上述为半机械化生产线的基本工艺流程，根据需要可以作部分调整。全自动生产线的工艺流程与此大同小异。

4．粘接罐制造工艺

粘接罐是替代锡焊罐的一种容器，其罐身接缝采用高分子黏合剂黏合。热熔胶由聚乙烯等热塑性树脂制成，在加温至130～150℃热熔情况下，经滚轮涂布在搭接处，由踏平车进行粘接。制罐时将熔融的黏合剂（如尼龙黏合剂）涂布于罐身的搭接或钩合的接缝，并加热、加压、冷却、使接缝紧密黏合。

粘接法制罐可分为三个基本步骤：黏合剂粘板、制筒和罐外补涂黏合剂。其生产流程如图4－19所示。

粘板工序：板料纵切→包镶尼龙黏合层→热压粘板。

制筒工序：切罐身板（横切）→切角和成圆→加热粘接→加压粘紧→速冷固化。

其余的工序是：翻边、封底等。

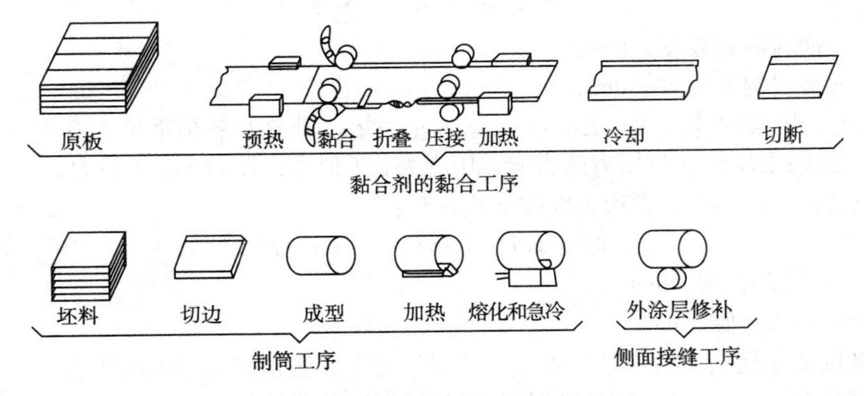

图4－19　黏合剂层合法制罐流程图

粘接罐的主要特点是：使用镀铬板，原料成本低；不采用焊锡药水，不会产生锡路锈蚀，节省锡，避免了重金属的污染；可满版不留空印刷，外形美观；生产过程耗能小，运行成本低，粘接罐的耐热性和耐水性较差，目前主要用于固体状或粉状内容物的包装。

三、二重卷边工艺

罐身和罐底盖的接缝要求气密式密封，才能保证罐头长期保存而不变质。二重卷封的方法是使用最广泛的一种接缝方法。二重卷封的质量优劣，对罐的质量影响很大。

1．二重卷边的结构

二重卷边是容器罐身和罐盖（或底，盖亦称顶，下同）相互卷合构成的密封接缝。它的结构由相互钩合的二层罐身材料和三层罐盖材料及嵌入它们之间的密封胶构成。二重卷边结构的剖面如图4－20所示，二重卷边结构中的卷边厚度、卷边宽度、埋头度、身钩、盖钩、叠接长度及叠接率是构成二重卷边的要素。要使二重卷边有良好的密封性，必须有足够大的叠接率。

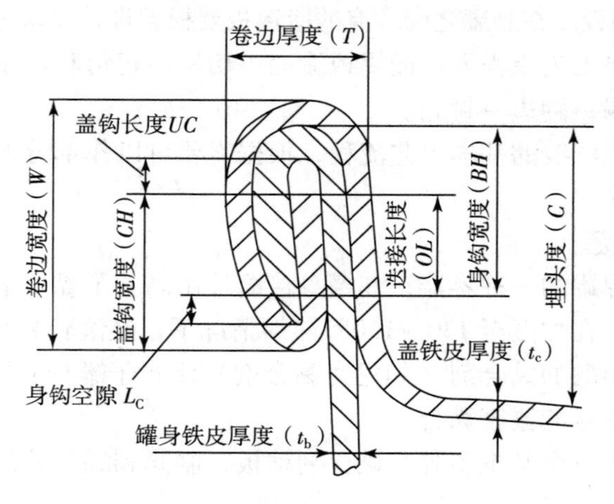

图 4－20　二重卷边结构图

（1）卷边厚度（T）。T 是指卷封后五层材料总厚度和层间间隙之和，一般按下式计算：

$$T = 3t_c + 2t_b + \sum g$$

式中　t_c——罐盖材料厚度，mm；

t_b——罐身材料厚度，mm；

$\sum g$——层间间隙之和，$\sum g = g_1 + g_2 + g_3 + g_4$，其总和的标准值为 0.15～0.25mm。卷边厚度 T 受两道压辊卷封压力的影响，压力大，T 值小；压力小，T 值大。

（2）卷边宽度（W）。卷边宽度按下式计算：

$$W = 1.1t_c + BH + L_c + 1.5t_c$$

式中　BH——身钩长度，mm；

L_c——身钩空隙，mm。

卷边宽度大小还受压辊沟槽的形状、卷封压力下托盘顶推力等因素影响。

（3）埋头度（C）。埋头度指的是卷边顶部至盖平面的高度。C 一般由上压头凸缘的宽度决定。

（4）罐身身钩长度（BH）。罐身身钩长度是指罐身翻向卷边内部弯曲部分的长度。身钩长度必须适中，过小将危及罐的密封性。

（5）罐盖盖钩长度（CH）。罐盖盖钩长度是指罐盖圆边翻向卷边内部弯曲部分的长度。盖钩长度取决于头道压辊沟槽的形状。

（6）盖钩空隙（UC）和身钩空隙（Lc）。UC 和 Lc 要求越小越好。

（7）叠接长度（OL）。叠接长度指卷边内部盖钩和身钩相互叠接的长度，一般按下式计算：

$$OL = BH + CH + 1.1t_c - W$$

（8）叠接率（$OL\%$）。叠接率是表示卷边内部盖钩和身钩相互叠接的程度，以百分比表示。

2. 二重卷边形成原理

罐身和罐底（盖）的卷封需要使用专门的卷边封口机，由于罐形和制罐材料多种多样，所以封口机的类型很多，但实际卷边操作的基本部件如压头、托底盘、头道压辊和二道压辊都基本相同。

3. 二重卷边形成过程

二重卷边分二步进行，由头道压辊和二道压辊分别完成，其过程如图 4－21 所示。

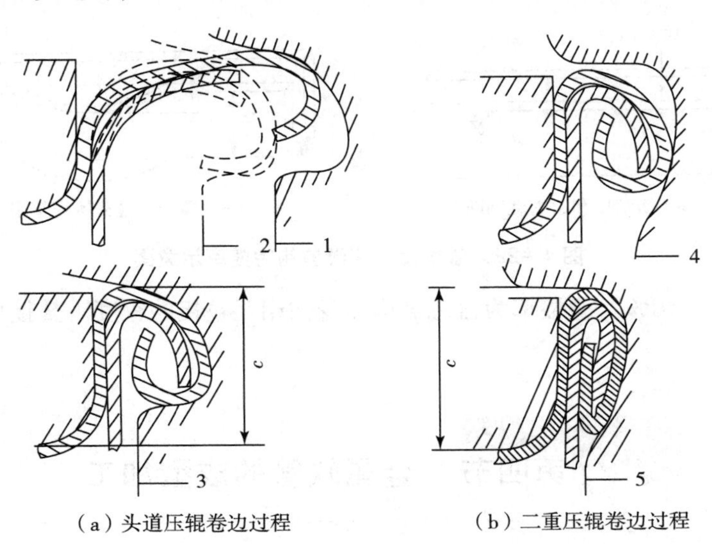

（a）头道压辊卷边过程　　（b）二重压辊卷边过程

图 4－21　二重卷边过程示意图

1－头道压辊开始位置；2－头道压辊径向移动中的某个位置；

3－头道压辊操作完成；4－二道压辊开始位置；5－二道压辊操作完成

由头道压辊相对罐体作径向移动，压辊沟槽与罐盖圆边的摩擦力使圆边向沟槽曲线法相卷曲，位置 3 时头道压辊完成卷边初步定型。头道压辊作业完成后，头道压辊退出卷封位置，二道压辊即开始靠近卷封位置与初步定型的卷边接触，并开始向罐体作径向移动推压卷边。位置 5 时二道压辊完成卷封作业。

卷封时根据封罐机构的不同有两种情况：一是罐体随托底盘和压头旋转，卷边压辊自转并向罐体轴作径向移动完成二重卷边操作；二是罐体固定不动，卷封压辊绕罐体旋转并自转，同时向罐体轴作径向移动，完成卷边操作。

异形罐卷封时，取上述第二种方法，罐体不动，压辊绕罐边回转完成卷边操作。

4. 二重卷边技术要求及质量指标

理想的二重卷边应达到要求的结构尺寸和外观形状，同时严格达到密封性技术指标要求。

（1）卷边外部尺寸。

$T = 3t_c + 2t_b + \sum g$，$\sum g \leqslant 0.25\text{mm}$

$W = BH + Lc + 2.6t_c = 2.8 \sim 3.1\text{mm}$

$C = W + 0.15 \sim 0.30\text{mm}$

（2）卷边外观要求。肉眼观察卷边外观应平整光滑，不能有铁舌、假封、快口（割裂）、齿纹、跳封等缺陷。

（3）卷边内部尺寸及密封技术指标。

①紧密度≥50%。紧密度指卷边密封的紧密程度，一般用盖钩皱纹度来衡量。皱纹度共分四级，皱纹度情况如图4－22（a）所示。

②接缝盖钩完整率≥50%。盖钩完整率是指盖钩下垂的程度。接缝处卷边盖钩向下垂延，造成盖钩宽度不足，从而影响卷边的密封性，如图4－22（b）所示。

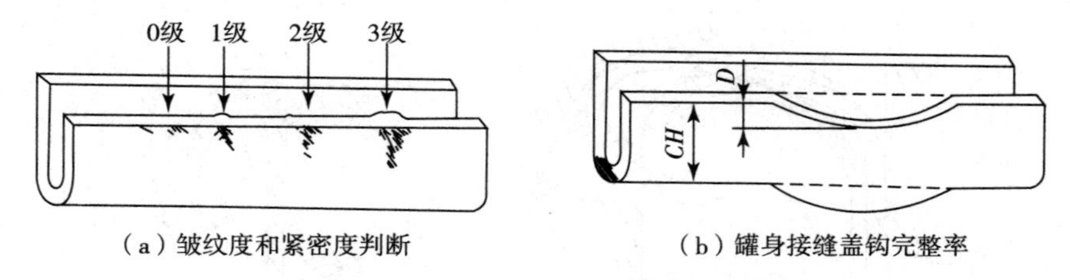

（a）皱纹度和紧密度判断　　（b）罐身接缝盖钩完整率

图4－22　皱纹度及接缝盖钩完整率示意图

（4）叠接率≥50%。叠接率为盖边盖钩和身钩相互叠接的程度。叠接率越高，卷边密封性越好。

第四节　金属软管的成型加工

金属软管早在19世纪中期，就被作为油画用颜料的包装容器。当初制管材料是铅锡合金，到了19世纪末，锡管成为包装牙膏和其他软膏剂的主要包装容器。

金属软管非常适合包装具有一定黏度、易黏附和易变形的膏状物，软管内壁可涂布涂料以适应不同内装物的需要，外表可涂漆和印刷。金属软管易加工、无接缝、耐酸碱、防水、防潮、防尘、防污染、防紫外线，可进行高温杀菌处理，开启方便、再封性好，可以长期保存内装物。另外，软管包装携带方便，可以简单地挤压出内装物而没有“回吸”现象，使管内物品受污染的可能性最小。软管可高速成型、高速印刷、高速灌装。所以金属软管包装得到了广泛的应用。

金属软管以前主要用于日化产品，如牙膏等的包装，现在金属软管（如铝质软管及铝塑复合材料软管）也用于果酱、果冻、调味品等半流体黏稠食品包装。随着塑料工业的发展，塑料软管用得越来越多，但金属软管以其柔软、方便、气密性好及加工简单等优点，仍具有不可取代的地位。

一、金属软管的结构

金属软管是用挠性金属材料制成的圆柱形包装容器。一端折合压封或焊封，另一端形成管肩和管嘴，使用时挤压管壁则内装物自管嘴流出。

金属软管的结构，主要由管身、管肩、管头（出料口）、管底封口和管盖组成，其结构如图4－23所示。

管头上制有螺纹，以便和管盖拧合。管头根据不同的要求可制成开口式的，如牙膏；或制成封闭式的，用于挥发性产品或要求无菌条件的产品，如药品。按管头的长短还可分为普通型和凸型。

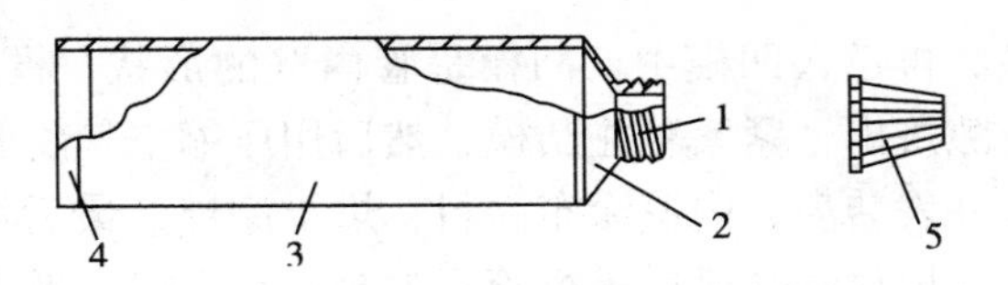

图 4－23　金属软管结构示意图

1－管头；2－管肩；3－管身；4－管底封口；5－管盖

管盖是制有内螺纹的盖子，大部分是塑料做的（如聚乙烯、酚醛塑料等），有很少部分是用金属做成的。

管底封口是在物料从管底充填入管后，再压平管底，将之折叠若干次后压上波纹而形成的，如图 4－24 所示。对某些密封性要求高的产品，软管管底封口时还要根据加工工艺在封合处涂上热固性黏合剂（热封），或压敏黏合剂以提高封合效果。

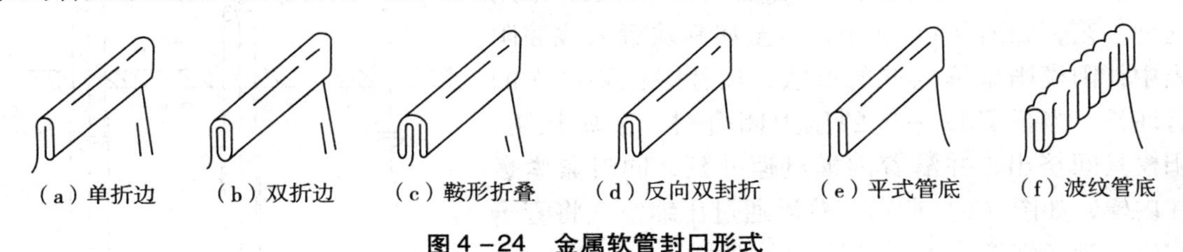

（a）单折边　（b）双折边　（c）鞍形折叠　（d）反向双封折　（e）平式管底　（f）波纹管底

图 4－24　金属软管封口形式

二、金属软管材料

制作金属软管的材料应该是可以进行冷加工的韧性金属，最常用的材料是锡、铝和铅。锡的价格最贵，也最容易加工，铅最便宜。

1．锡管

软管用锡中一般加入 0.5% 的铜，制成合金以增加刚性。锡管化学性能稳定，但价格高，目前仅限于部分易反应医药品的包装。

2．铅管

铅则加入约 3% 的锑，以增加硬度。铅管化学性能稳定，但因具有毒性而不适于食品及化妆品包装。只能用于非食品类的包装，如鞋油及黏合剂等产品。

3．锡－铅合金或镀锡铅管

有时为降低成本，可以进行锡铅复合，制成两面为锡，中间为铅的三层复合板料，一般将锡层厚的一面作为内壁，跟产品接触，锡层薄的一面用作外壁，以抵御大气的腐蚀，同时为装潢印刷提供良好的基面。铅锡合金可以降低成本，提高质量，但仍不能用于包装食品和内服药品。性能介于锡管和铅管之间，主要为了降低锡管成本。

4．铝管

铝制成的软管会出现加工硬化现象，必须进行退火处理，使它具有必要的挠性。铝管化学性能不稳定，易腐蚀，但可以通过管内喷涂树脂保护膜予以解决，内涂层材料一般用漆、苯酚树脂、乙烯基树脂或环氧树脂等。

三、金属软管的制造

制管采用冲压挤出法，用金属锭应铸成扁锭，再轧成板材，从板材上冲下硬币大小的块料，然后抛光、上油、再送入凹模中，凸模呈管内壁的形状，模具以一定压力闭合时，金属从两个模具间的空隙挤出，紧紧裹住凸模，然后用压缩空气将管子吹出。再在管子的一端制出螺纹、铰孔、外表装潢，内壁涂布涂料，烘干涂层，最后加盖。与盖子相对的另一端呈圆形敞开，用于充填材料。最后进行管底封合。封合时，要先压平管底，再折合形成封口，也可在管底安上一片折叠的刚性金属，紧紧夹住管底，防止渗漏。或不用夹片，而是把管底折叠几次，再压上波纹。在靠近管端的地方涂上热固性封合剂，可提高封合效果。

金属软管生产工艺流程大致为：金属片状毛坯→涂布润滑剂→冲压挤出成型→车削→退火→内涂布→干燥→外涂布→干燥→印刷→干燥→拧盖。

1. 冲压挤出成型

制管采用的冲压挤出法，如图 4-25 所示，采用这种工艺，如图（a）所示，将金属料块置入浅腔阴模中，阳模则呈管内壁的形状，尺寸略比要制作的管坯长。当模具以一定的压力闭合时，金属从阴、阳模具间挤出，并沿着内模迅速外延，同时紧紧裹住内模，如图（b）所示，然后通过压缩空气将管子吹出，制成软管毛坯，如图（c）所示。

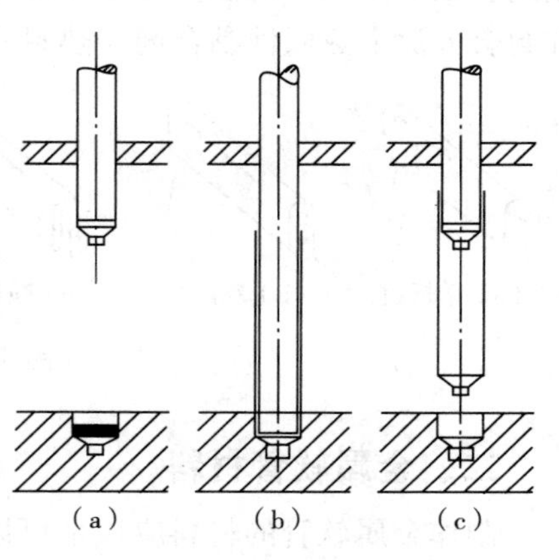

图 4-25 软管冲压挤出

2. 车削

挤压机冲出的坯管，其管口及管尾边缘呈不规则边形，管颈无螺纹，需送到螺纹机上进行车螺纹、管口、管肩以及定长切割等加工，制成软管容器。

3. 退火

经过挤压加工出来的软管会产生冷作硬化，使软管管壁变脆变硬，必须进行退火处理，如铝管，在退火炉中，与 460~480℃下，进行退火处理，使铝管软化。

4. 内涂布

为了防止内装物与软管内表面金属直接接触而发生变质，根据需要可在金属软管内壁涂覆一层涂料。如果内装物跟未经涂布的金属不相容的话，可以用蜡或树脂溶液涂内壁。蜡涂层通常用于包装液态产品的锡管内壁，酚醛树脂、环氧树脂、乙烯树脂则一般用于铝管，它们的保护性能比蜡强，但价格较贵。酚醛树脂用于酸性产品最为有效，环氧树脂的抗碱性能较好。

5. 外涂布

为了增加印刷效果，使印得的字迹清晰、色彩鲜艳，实施印刷之前在图案管的外表面要预涂白色的涂料。

6. 印刷

金属软管印刷一般采用凸版胶印，油墨要经过一系列胶辊传至铜凸版，铜凸版上的油墨再转印到胶皮辊上，最后由橡皮辊印刷到软管表面上。

7．拧盖

最后拧上盖子，将管子装入嵌套纸盒，以保持管体的圆柱状，未经充填的空管很容易压扁损坏，必须装在结实的盒子内，搬运时要十分小心。与盖子相对的另一端则是呈圆形敞开口的尾部，用于充填物料。物料从管底充填入管后，压平管底，再折合成封口。金属软管管底封合步骤如图4－26所示。

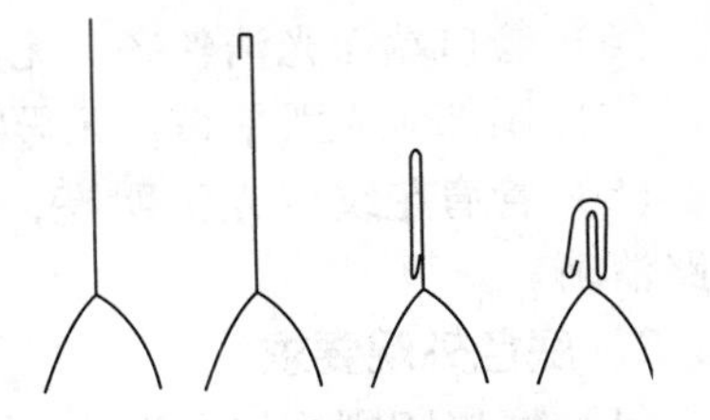

图4－26 金属软管管底封合步骤

对多数油脂性和水性软膏包装，为了保证其密封性，在折封管尾时，在靠近管端的地方需涂上密封剂，如压敏黏合剂、热封黏合剂。

铝软管的制造工艺示意图，如图4－27所示。

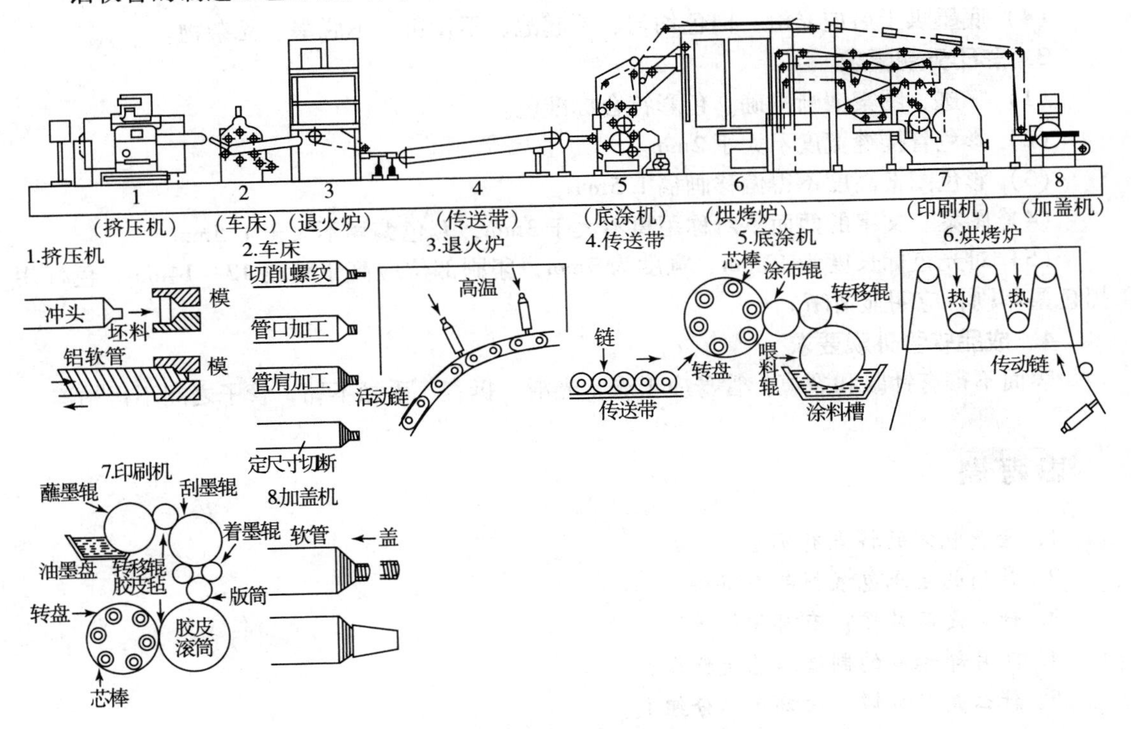

图4－27 铝软管制造工艺示意图

1－挤压机；2－车床；3－退火炉；4－传送带；5－底涂机；6－烘烤炉；7－印刷机；8－加盖机

四、金属软管的质量标准

1．坯管的质量要求

（1）坯管质量、肩肥质量、管身长度、管壁厚度、外径、管口螺纹等都应符合规格。

（2）退火软管的硬度为手压管尾，有轻微弹性感。

（3）管壁完整光洁，管壁内外无直、横痕迹、无破洞、无拉毛。

（4）管肩表面应光洁平整，无斑点。

（5）螺纹清晰光洁，牙型正确，螺纹与帽盖啮合良好，切尾平整（开裂和卷边不超过1mm）。

（6）管口端面光洁整齐，无金属异物，封口高度不得大于1mm。

（7）尾部应光滑平整，无异物，不内陷。

（8）管肩花纹应光洁明亮，最内层一圈离螺纹根部不小于2mm，最外圈必须突起、纹路清晰。

2．底色外观要求

（1）底墨印刷均匀、光洁，不露底、无阴阳面、无明显接缝、无黑色线条，管尾印刷露底高度为ϕ22mm及以下软管不超过11mm；ϕ25mm及以上的软管不得超过2mm。

（2）底墨溢肩，不得超过坯管肩眼最外圈1mm。

（3）底墨不应污染软管内壁，偶尔发生时，ϕ22mm及以下软管不超过5mm；ϕ25mm及以上软管不得高于管尾10mm。

（4）底墨烘干后应光滑、白色均匀、不起泡、不发黄、不脱墨、无杂物。

3．彩印外观要求

（1）字迹、图案清晰准确，色彩符合标准色。

（2）彩色管接缝宽度不大于2mm。

（3）彩色图案高度不得偏移画稿1.5mm。

（4）图案、文字的两面不对称距离不大于3mm，套色偏移不大于1.5mm。

（5）对光色标长度为12mm、宽度为3mm，印刷部位应高于管尾12～14mm，色标用黑色墨印刷，应明显清晰。

4．成品软管外观要求

表面不得有针眼和裂痕，管身应干燥、光滑、挺直、手触不黏，管子之间不得粘连。

思考题

1．金属包装的特点有哪些？

2．常用的金属包装材料有哪些？

3．什么是两片罐？有哪些特点？

4．两片罐罐身的制造工艺是什么？

5．什么是三片罐？由哪几部分组成？

6．电阻焊三片罐罐身生产流程是什么？

7．什么是二重卷边工艺？

8．金属软管生产工艺流程是什么？

9．金属软管的质量要求有哪些？

第五章 玻璃包装制品的印后加工

第一节　玻璃包装概述

玻璃是已知最古老的材料之一。人们最早使用的玻璃，一般是当火山爆发时，炙热的岩浆喷出地表，迅速冷凝硬化后形成的天然玻璃。在古埃及和美索不达米亚，玻璃已为人们所熟悉。约4500年以前，在美索不达米亚已经发明了玻璃制造技术，主要是制作玻璃珠等装饰品。约在公元前1600年，埃及已兴起了正规的玻璃手工业，当时首批生产的有玻璃珠和花瓶。然而，由于熔炼工艺不成熟，玻璃还不透明，直到公元前1300年，玻璃才能做的略透光线。到公元17～18世纪，蒸汽机问世，机械工业和化学工业有了很大发展，特别是发明了以食盐为原料制造纯碱的技术，对玻璃工业的发展起了很大的促进作用，19世纪中叶，蓄热式池炉用于玻璃熔制并发明了半机械化成型方法。1880～1890年发明了压－吹法制造广口瓶和吹－吹法制造小口瓶的成型技术。1900年出现了第一台用电动机传动的制瓶机。1904～1905年，美国M. J. 欧文斯创制全自动真空吸料式制瓶机。1915年，滴料供料机问世，使玻璃包装也进入了一个迅猛发展的时期。1925年，出现了行列式制瓶机，用吹－吹法生产小口瓶。1940年，用压－吹法制造大口瓶，之后，行列式制瓶机不断改进。进入20世纪，玻璃的科学研究和生产技术都有了极其迅速的发展，玻璃工业已达到了机械化和自动化的程度。在生产管理和质量控制方面，采用电子计算机对整个生产过程进行多工位的、集中的、实时的调控管理。近年来，玻璃瓶罐正向薄壁轻量化发展，逐渐克服了玻璃瓶罐在包装应用中所存在的缺点，使玻璃瓶罐工业不断发展，成为包装行业中一个重要的组成部分。

我国的玻璃发展也有悠久的历史，在古代称之为璧琉璃、琉璃、颇璃，近代也称为料，是指熔融物冷却凝固所得到的非晶态无机材料。从历史的遗存可以发现，我国约在公元前8世纪已经有了玻璃饰物，在三千多年前的西周，我国的玻璃制造技术就达到了较高的水平。在唐宋时已有使用吹管吹制的中空玻璃容器。

今天，玻璃已经成为现代人们日常生活、生产发展、科学研究中不可缺少的一类产品，它的应用范围随着科学技术的发展和人民生活水平的不断提高还在日益扩大。

一、玻璃的主要特点

玻璃以其本身的优良特性以及玻璃制造技术的不断进步，成为现代包装的主要材料之一。

1．优点

（1）保护性能优良，阻隔性能好。不透气、不透湿，有紫外线屏蔽性，可加色料改善避光性，密封性能好。

（2）光亮透明，易于造型，可见内容物，具有特殊的传达美化商品的效果。

（3）化学稳定性优良，无毒无味、耐腐蚀，有效保存内装物。

（4）加工性能良好，制成的品种规格多样，对产品商品化的适应性强。

（5）耐热、耐压、耐清洗，可高温杀菌，也可低温储藏。

（6）可回收复用，成本低，不会造成公害。

（7）原料资源丰富，价格便宜。成型性好，加工方便，品种形状灵活。

2．缺点

玻璃用作包装材料也有缺点：

（1）传统的玻璃容器重量/容积比大，耐冲击强度低，碰撞时易破损。

（2）运输成本高，能耗大。

目前，人们采用离子交换法、高分子材料处理或加热后急冷等现代物理化学钢化方法加工的薄壁轻量瓶，可以大大提高瓶强度并减少壁厚，这种轻量瓶在商品包装市场有很大的竞争力。在容器玻璃的成分中加入硅、硼、铅、镁、锌等的氧化物，可提高其耐热性，以适应玻璃容器的高温杀菌和消毒处理。

二、玻璃及玻璃容器分类

玻璃是一种由熔体过冷而成固体状态的无定形物体，它的主要成分是硅酸盐。依其他成分的多少，可分为钠钙玻璃、硼硅酸盐玻璃（中性玻璃）、石英玻璃、铅玻璃等。用于包装容器的主要是钠钙玻璃、中性玻璃。用于制造玻璃包装容器的主要是钠钙硅酸盐，也有采用硼硅酸盐玻璃作为玻璃包装容器材料的。

玻璃包装容器的种类繁多，按照不同的分类方法可分类如下。

（1）按成型工艺分。按成型工艺可分为模制瓶和管制瓶。①模制瓶。借助模具成型的瓶罐。模制瓶依不同的成型方法还可分成压制瓶、吹制瓶，以及上述方法组合成型的瓶罐。②管制瓶。由预先拉制成的玻璃管经二次加工成型的瓶子。

（2）按色泽分。按色泽可将玻璃瓶分为无色透明瓶、琥珀色瓶、绿色瓶、蓝色瓶、黑色瓶和不透明的乳浊玻璃瓶（乳白色瓶）。

（3）按瓶身造型分。按造型可将玻璃瓶分为圆形瓶（瓶身断面为圆形）和异形瓶。

（4）按瓶口大小和形式分。按瓶口大小可将玻璃瓶分为大口瓶和小口瓶（以瓶口直径 30mm 为分界）。按瓶口形式可将玻璃瓶分为磨塞瓶、普通塞瓶、螺旋盖瓶、凸耳盖瓶（四旋盖瓶）、冠盖瓶、滚压盖瓶。

（5）按用途分。按用途可将玻璃瓶分为食品包装瓶、饮料瓶、酒瓶、药瓶、输液瓶、安瓿瓶、试剂瓶、化妆品瓶等。

（6）按使用次数分。按使用次数分为一次性用瓶和复用瓶。

（7）按瓶壁厚度分。按瓶壁厚度分为厚壁瓶和轻量瓶等。

第二节 烧结工艺

一、玻璃的制造工艺

1. 原料

玻璃的主要成分是 SiO_2，一般通过熔烧硅土（砂、石英或燧石），加上碱（苏打或钾碱、碳酸钾）而得到，其中碱是助熔剂，也可以加入其他物质，例如石灰（提高稳定性）、镁（去除杂质）、氧化铝（提高光洁度）或加入各种金属氧化物得到不同的颜色。玻璃的化学组成，是指玻璃是由何种氧化物和其他辅助原料所组成的。玻璃的组成是决定玻璃物理、化学性质和生产工艺的主要因素，所以经常借助调整玻璃的组成，来改变玻璃的性质，使之适应生产工艺条件和满足制品的使用要求。

玻璃原料的来源除了矿物原料和化工原料外，还有碎玻璃，碎玻璃的使用，不但可使废物得到利用，节约能源、降低成本，而且还可以促进熔化，减少纯碱用量。一般在玻璃原料中可加入20%～40%的碎玻璃。

2. 玻璃的熔制

玻璃的熔制是在高温加热的条件下，把多种固相的配合料转变为单一的均质的符合成型要求的液相玻璃料的过程。在高温作用下生成均匀的硅酸盐熔体，称为玻璃液。玻璃熔制是玻璃生产中很重要的工艺环节。在熔制过程中，配料发生一系列复杂的物理、化学变化和反应。因此，对这些变化和反应进行调控，合理地进行熔制，是使整个生产过程得以顺利进行，并生产出玻璃的重要保证。

玻璃的熔制是在熔窑中进行的，热源一般为燃料燃烧所形成的火焰。熔窑可分为坩埚窑和池窑两大类。坩埚窑结构简单，热效率低，一般只用于批量小或质量要求高的特种玻璃制品的制作。大多数企业用的熔窑都是池窑。池窑按其火焰流动的方式可分为横火焰窑、纵火焰窑和马蹄形火焰窑等；按能量的利用方式可分为蓄热式窑和换热式窑。目前玻璃行业广泛采用蓄热式马蹄焰池窑，这种池窑热效率高、燃料燃烧均匀、温度梯度适中、结构简单。

玻璃的熔制过程大致可分为：硅酸盐形成、玻璃形成、澄清、均化和冷却五个阶段。

（1）硅酸盐的形成阶段。在加热条件下，配合料进行了无数各式各样物理化学变化，配合料中的水分和气态物质逸出，盐类分解，配合料变成由硅酸盐和二氧化硅组成的不透明熔体。硅酸盐形成阶段在800～900℃基本结束。

（2）玻璃的形成阶段。此阶段是硅酸盐形成过程的继续。随着温度继续升高（1200℃左右），各种硅酸盐开始熔融，同时，未熔化的沙粒和其他颗粒也被全部熔解在硅酸液熔融体中，不透明的熔融体变为透明体而成为玻璃液，全部配合料的反应结束。这个阶段约在1200～1500℃时结束。

(3) 澄清阶段。在玻璃形成阶段，所形成的熔融体是很不均匀的，同时还含有大量的大小气泡，所以必须进行澄清和均化。所谓澄清，就是从玻璃液中除去可见气泡的过程。玻璃液继续加热，黏度降低，气泡从熔融玻璃液中排除。这一阶段温度最高，达1400～1600℃，黏度降为10Pa·S。玻璃熔体中夹杂气泡是玻璃制品的主要缺陷之一。它破坏了玻璃的均一性、透光性、机械强度和热稳定性，导致了玻璃制品质量的降低。所以严格控制澄清过程是熔制工艺中的关键环节。

(4) 均化阶段。均化的目的则是通过对流扩散、质点运动和放出气泡的搅拌作用，以使玻璃液达到均匀。玻璃在长时间高温作用下，由于对流和扩散作用，使化学成分逐渐趋向均一，玻璃中的条纹、结石等消除到容许程度，变为均一体。均化阶段的温度稍低于澄清阶段。

(5) 冷却阶段。冷却是玻璃熔制过程中的最后一个阶段。澄清好的玻璃液虽然温度仍然很高（大约在1400℃左右），但这时玻璃液的黏度还很小，不适应玻璃制品的成型需要，故必须将玻璃液冷却，以增加黏度，使其适合于制品的成型操作。

冷却时只容许个别大气泡存在于液体表面，它们在冷却过程中能自行逸出，同时在高温下随着玻璃液的冷却，气体在玻璃液中的溶解度也随之增加。有少数气体（小气泡）熔解于玻璃液中，而不易被肉眼所察觉。对不同成分的玻璃都应有自己的冷却温度，特别是用硒、锆、碳等着色的颜色玻璃。

熔制过程的五个阶段，既有各自典型的特点，彼此又相互相关和影响。前两个阶段是玻璃的熔化，而后三个阶段是玻璃的精炼。

二、玻璃容器的制造工艺

将熔融的玻璃液加工成具有一定形状、尺寸的玻璃制品的生产过程称为玻璃的成型过程。需要经过一系列的加工过程，包括成型加工和二次加工，为了保证玻璃制品的强度和热稳定性等特性，还需对玻璃进行退火等热处理。

玻璃的生产工艺过程大致为：各种原料经过适当处理后贮于料仓中；按配料单的规定称量原配料；原配料混合；混合后的配料通过加料机加入熔窑内，经高温加热熔融、澄清均匀的玻璃液；玻璃液通过供料系统，由供料机送料给成型机成型；成型后为消除制品的残余应力以提高瓶罐的强度，制品要经退火处理和后加工处理等工序，最后再经检验即可包装。这个生产过程可以简单表述为：原料→称重配料→混料→熔制→供料→成型→退火→后处理→检验→包装→成品。玻璃容器的成型方法主要有以下几种。

1. 人工成型

以中空铁管作为吹管，在熔融的玻璃液中蘸料，经过滚压后吹成料泡，然后在衬碳模中吹成瓶身，再加工完成瓶口，如图5－1所示。人工成型的特点是：瓶口尺寸不准确而且长短不一，劳动强度大。因此，这种方法逐渐被淘汰，现在只用于一些大容积或特殊形状的玻璃容器。

2. 吹－吹法成型

由两个相同作业循环组成，即在气体动力下，先在带有口模的雏形模中制成口部和吹成雏形，再将雏形移入成型模中吹成制品。因为雏形和制品都是吹制的，所以称为吹－吹法，如图 5－2 所示。吹－吹法主要用于生产细口瓶。根据供料方式不同又分为翻转雏形法、真空吸吹法。

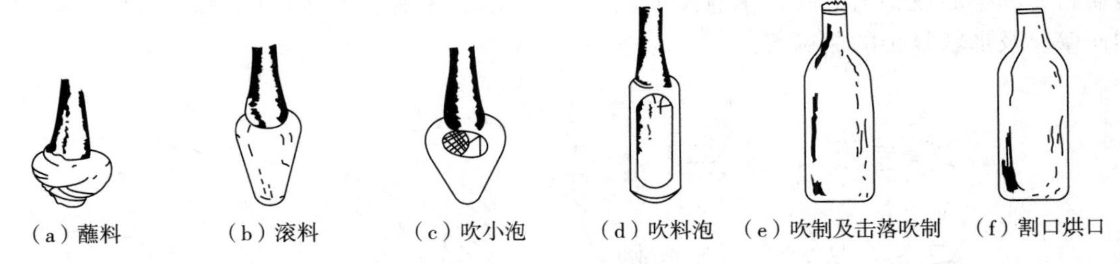

图 5－1　人工吹瓶过程

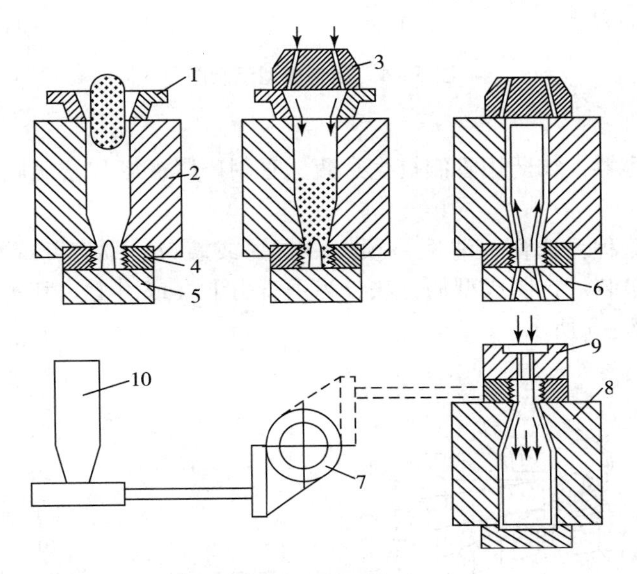

图 5－2　吹－吹成型

1－受料漏斗；2－初型模；3, 6, 9－进气阀；4－口模；5－顶芯；7－翻转机械；8－成型模；10－制品雏形

3. 压－吹法成型

由两个不同作业循环组成，即在冲头冲压作用下先用压制的方法制成制品的口部和雏形，然后再移入成型模中吹成制品。因为雏形是压制的，制品是吹制的，所以称为压－吹法，如图 5－3 所示。主要生产大口瓶和罐。

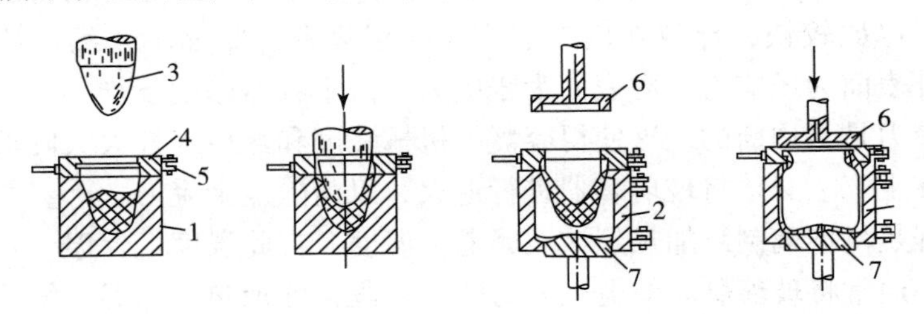

图 5－3　压吹法成型广口瓶示意图

1－雏形模；2－成型模；3－冲头；4－口模；5－口模铰链；6－吹气头；7－模底

4. 压制法成型

利用冲头将玻璃料压入到模身、冲头和口模共同构成的封闭空腔内，在冲头作用下使玻璃料充满空腔成型为成品，示意图如图 5 –4 所示。主要生产敞口瓶罐。压制法不适宜制作壁厚及形状复杂的瓶罐。

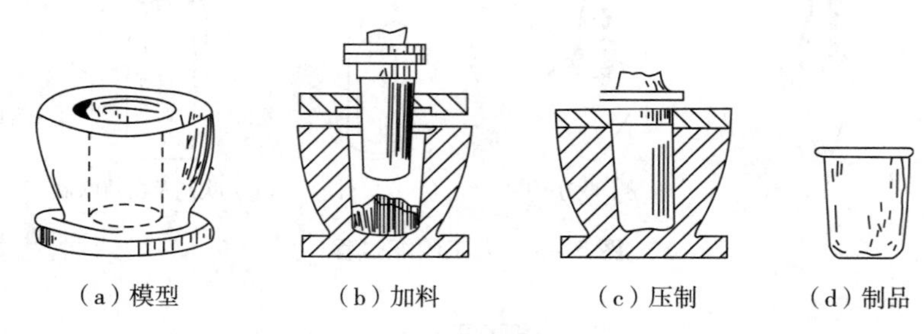

图 5 –4　压制成型示意图

5. 拉制成型

有些小型玻璃容器，如药用管制抗生素瓶、管制口服液瓶和安瓿瓶等，都是以玻璃管坯料加工制成的。

加工成型工艺流程：选管→清洗→预烧→拉深或瓶口、颈肩部成型→切断→底部成型→退火→检验→包装。拉制成型的方法分为垂直引下（或引上）和水平拉制两类。水平拉制示意图，如图 5 –5 所示。

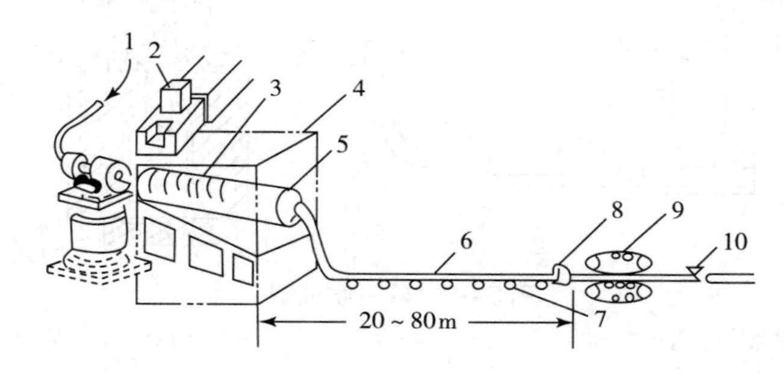

图 5 –5　水平拉管法示意图

1 –空气；2 –闸板；3 –料带；4 –马弗炉；5 –旋转筒；6 –玻璃管；7 –导轮；8 –导辊；9 –拉管机；10 –截管器

6. 退火

玻璃容器在成型过程中，玻璃与模具接触，表面受到急冷，出模后，为了防止变形，其冷却速度一般也比较快，导致在内外层产生了温度差，收缩不一致，从而产生了内应力，至室温后外表面为压应力，内表面为张应力。由于容器厚度不均匀，各部位冷却的情况也不一样，应力是不均衡的。这使得容器的机械强度和热稳定性大大降低，甚至会自行破裂。因此，在生产上必须将玻璃容器进行退火，以消除残余应力。

退火的过程是将玻璃制品加热到该玻璃退火温度，在此温度下保温一定时间，然后开始缓冷和快冷。通常将玻璃制品的退火分为四个阶段，即加热、保温、缓冷和快冷。对于退火不良的玻璃制品，由于残余应力没有完全消除，其力学强度会下降，有时甚至会发生自爆现象。

第三节　玻璃包装制品的印刷及印后加工

玻璃包装制品印刷可采用不同的印刷方式，但大多数为丝网印刷，其主要原因如下：

（1）玻璃包装制品大多为透明的，且表面平滑、坚硬，所以适于采用印刷压力小、印版柔软的丝网印刷方式完成彩色印刷。

（2）玻璃是无机材料，具有良好的化学稳定性，不易与其他材料发生反应，印后一般要进行烧结处理，因此，需要具有一定的墨层厚度，而丝网印刷具有印刷品墨层厚，色彩鲜艳等特点，可以满足玻璃印刷的要求。

丝网印刷虽然可以完成玻璃表面的印刷，但是由于玻璃表面的印刷适性很差，所以必须将丝网印刷工艺与其他加工方法结合使用，例如利用抛光、雕刻、腐蚀等方法在印前或印后对玻璃表面进行加工处理，提高玻璃表面对油墨的附着力和印刷效果，以实现玻璃包装制品的精美印刷。

一、玻璃印刷油墨

玻璃印刷油墨的性能取决于所使用的油墨系统，除了热升华油墨外，大部分油墨可分成有机油墨和无机油墨。有机油墨主要用于丝网印刷，由有机颜料和树脂合成的。无机油墨是由金属颜料和其他辅料所组成。一旦印刷在承印物上，必须通过高温加热和熔化来固化，这两种油墨都可以通过转移印刷或直接印刷来完成。

玻璃制品对油墨没有吸收性，油墨必须黏附在玻璃表面上，所以用于玻璃印刷的油墨必须具有能够聚合的树脂，通过催化剂发生聚合作用来实现油墨的附着性。通常把印刷后的玻璃制品加热到200℃，这样可以加速油墨的聚合过程，使油墨牢固的附着在玻璃表面。为了保证在使用过程中油墨不会出现脱落或溶出，油墨本身还必须具有良好的化学和物理耐久性。

1．根据烤花温度分类

（1）高温烤花油墨。烤花温度约为600℃，油墨的耐酸、碱和其他化学药品的性能很强，并且具有很好的物理特性，对冲击和摩擦的抵抗力强。印花的色调鲜艳、光泽度好，一般用于玻璃瓶上永久性商标的印刷。

（2）中温烤花油墨。烤花温度约为580℃，具有较高的耐酸、碱性和其他化学药品的性能。中温油墨主要用于大玻璃杯、餐具、化妆瓶及其他一般的玻璃制品印刷。

（3）低温烤花油墨。烤花温度约为550℃，一般用于对印花要求不高的玻璃制品，如薄壁玻璃、电灯泡等的烤花。

2．根据印花特性分类

（1）热塑性油墨。热塑性油墨是在油墨的连结料中加入热塑性树脂或石蜡，油墨在常温下为固体，印刷时必须将其加热到80～120℃，使其形成膏状，然后一边对油墨加热一边进行印刷。因此，热塑性油墨主要由色料、连结料和固化剂组成。色料一般为低熔点玻璃粉色釉和金属氧化物；连结料一般为石蜡和硬脂酸；固化剂一般为松香树脂。

热塑性油墨在印前须进行预处理，然后再上网加热印刷。加热方法一般采用不锈钢丝网，施以低电压，即在丝网印版上直接对油墨进行加热，并在常温下固化。油墨层的固化时间一般为0.25～1.0s。套色印刷时不需要中间干燥工序，因此，采用热塑性油墨可实现多色连续印刷。

热塑性油墨印刷的优点主要有：可印刷出漂亮、精美的图案和线条较细的图文；在玻璃器皿的周围印花；印刷的网膜不需经常清洗；溶剂中无挥发成分，因此网膜狭窄部分不会残留色釉渣滓；可使用多色印花机，并且印刷速度比较快。其缺点主要有：必须使用网膜绝缘，且网膜的使用寿命较短；印刷后的油墨必须使用活性剂清洗。

（2）金液、银液和金膏。通过在油墨的连结料中加入各种金属有机化合物可以制成不同的玻璃油墨。金银液中所使用的金属有机化合物主要有金属－硫化松节油、金属－硫醇等。在金膏中，金、银的含量是非常少的，另外，在使用中也可用钯盐和铑盐来代替。

（3）磁漆光泽颜料。将含有磁漆光泽颜料的油墨印刷在玻璃表面后，放置在室温中进行干燥，在彩釉未完全干燥的情况下通过外力使彩釉上多余的颜料脱落，干燥的时间和震动的力度都会影响脱落颜料的多少。将部分颜料脱落后的玻璃制品放置在炉中进行烧制，即可制成生冰花图案效果的玻璃印刷品。

（4）彩虹釉。将含有锡、铋等有机物的玻璃颜料加入液态的连结料中制成的油墨，在印刷到玻璃表面后会呈现出彩虹的印刷效果，因此将这种油墨称为彩虹釉。在实际的生产中也可以通过将金属树脂盐溶解在连结料中使用，同样可得到良好的印刷效果。

二、玻璃印刷及印后加工

1. 玻璃印刷

玻璃丝网印刷，就是利用丝网印版，使用玻璃釉料，在玻璃制品上进行装饰性印刷。印刷后的玻璃制品，要放入火炉中，以520～600℃的温度进行烧制，印刷到玻璃表面上的釉料才能固结在玻璃上，形成绚丽多彩的装饰图案。

如果将丝网印刷工艺与其他加工方法相结合，会得到更理想的效果。例如利用抛光、雕刻、腐蚀等方法在印前或印后对玻璃表面进行加工处理，能够加倍地提高印刷效果。

玻璃印刷时，应注意以下事项：

（1）印刷前要擦掉玻璃面上的水分、油分和污物。

（2）金色和白金色在向重要的玻璃制品上印刷前，必须对制品进行酸洗处理。

（3）由于硫化氢的原因而使成品的颜色发生变化时可用布蘸上草酸溶液进行擦拭即可修正。

（4）变色严重的时候，可用480℃以上的温度重新烧制即可恢复。

（5）雨季（夏季）容易发生变色，所以材料要保存在安全的地方。

（6）为防止铅中毒，必须设有良好的排气设备。

（7）工作时严禁吸烟与饮食。工作后必须洗手、漱口。

（8）不能用手直接接触彩釉。

新彩釉必须经过铅毒试验，呈阳性反应的不能使用。

2. 烧结

玻璃制品在印后一般要经过烤花处理。烤花后，油墨便可以牢固地熔融在玻璃制品的表面，使玻璃表面的印花变得平滑，色彩鲜艳并富有光泽。对于自动曲面丝网印刷机印刷后应设自动输出装置，将印刷制品转入烧结炉进行烧结，以形成印刷－烧结自动生产线。

烧制的热源是电力、煤气、重油等，其中效果最好的是电热，用于玻璃杯、餐具、化妆瓶等高级品的印刷。另外金色和白金色特制印刷常用电热源，但成本比重油和煤气要高一些。采用柴油或煤油作热源，虽然其耗油费用偏低，但由于污染严重，并且炉的构造成本高，所以目前很少使用。

（1）烧结炉的类型。烧结炉有输送带隧道型、台车隧道型、方炉、圆炉等类型，每种类型都有自己的特征，下面主要介绍输送带隧道型和台车隧道型的特点。

输送带隧道型烧制效率高，并且热量容易调整，产量高于其他类型，此外它还具有良好的作业性能。

台车式隧道炉主要用于在输送中容易歪倒的玻璃器皿、种类多但是数量少的玻璃制品，以及大型的玻璃制品。虽然这种烧结炉的操作不太方便，但是对于小型的玻璃制品的烧制效率要高于输送带隧道炉，所以其应用范围仍然很广。

对于实验用的小口径玻璃品以及少量特别小的工艺玻璃品，一般是用方炉、圆炉等单炉来烧制。

（2）烧结工艺。在烧结工艺中影响烧结质量的因素有：印刷油墨、烧结的温度和时间。油墨的选择至关重要，如果选择的玻璃油墨不符合玻璃承印物的基本要求，就会造成烧结工艺的失败。虽然选择了正确的玻璃印刷油墨，但如果不能正确按烧结温度－时间关系曲线进行烧结，同样会造成烧结工艺的失败。

烧结炉内温度－时间的变化曲线反映的是烧结炉内的加热和冷却的过程，如果烧结温度达到了玻璃颗粒的软化温度 500℃ 左右时，烧结炉内的温度－时间关系曲线如图 5－6 所示。

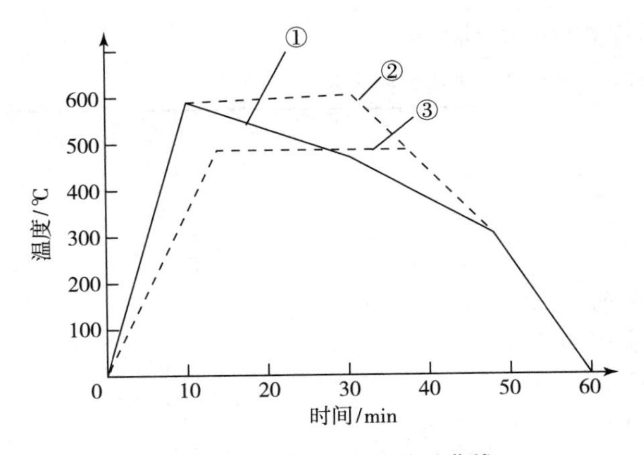

图 5－6 温度－时间关系曲线

曲线①是最理想的情况，从图中可以看出，烧结炉内的温度可以在 10min 左右达到玻璃的软化温度 550℃ 以上，然后迅速进行冷却，这样便可以得到理想的效果。其工艺过程是：在刚开始烧结后，玻璃的表面层很快便会软化，这样在玻璃与油墨的接触面附近会形成一层由玻璃粉构成的中间玻璃层，使油墨能牢固地附着在玻璃表面上。

曲线②是在 10min 内达到烧结温度 550℃ 左右，然后在常温下进行冷却。由于温度较高，所以要冷却到常温需要较长的时间，这样无形中就增加了玻璃的高温烧结时间，使得玻璃表面的软化层变厚，会引起玻璃制品的变形，并且会使中间玻璃层产生应力集中的现象，导致玻璃表面的油墨层产生脱落。

曲线③所示的烧结温度未达到玻璃的软化温度，这样在玻璃与油墨层接触面之间不能形成中间玻璃层，油墨便不能很好地附着在玻璃上，墨层表面的光泽度也会下降。如果玻璃表面的墨层与其他物体发生摩擦，则油墨层便会很容易从玻璃表面脱落下来。

上面所给出的烧结过程中的温度变化曲线，只是一个大概的温度变化趋势曲线。对于不同的烧结炉，由于电阻位置和其他条件的差异，每个炉都有自己的温度变化标准，一般不同的炉之间温度会相差30～50℃。所以在实际烧结过程中，不同的烧结炉要根据实际情况制定自己的温度标准，只有这样才能烧出高质量的玻璃制品。由于烧结炉及不同烧制环境，会使不同批次烧结的玻璃制品的质量产生一定的差异性，不能保证烧制质量的一致性，所以很难实现自动化的批量烧制。

玻璃制品表面印花烧结过程中的温度变化见表5－1。

表5－1　玻璃制品表面印花烧结过程中的温度变化

温度/℃	烧结环节
20～100	玻璃制品送入烤花窑，印花色釉基本无变化
100～200	油墨溶剂中的挥发成分开始挥发
200～500	油墨溶剂中的重质成分开始挥发和燃烧炭化、气化
500～580	色釉中的易燃玻璃料开始熔化，同时玻璃器皿表面也开始软化
580～620	易燃玻璃料完全熔化，着色颜料发出颜色，玻璃器皿表面软化并与着色玻璃料（釉）结合在一起，色调变得非常鲜艳
620～520	玻璃器皿内的应力开始消除
520～20	玻璃器皿逐渐冷却，烤花过程结束

思考题

1. 玻璃包装材料的特点？
2. 玻璃容器的有哪些种类？
3. 什么是吹－吹法成型？
4. 根据烤花温度油墨有哪些种类？

第六章 陶瓷包装制品的印后加工

第一节 陶瓷包装制品概述

陶瓷包装制品是人类使用最早的实用型包装之一，起源于古人类制作和使用的陶器。最初，古人类将黏土糊在用植物枝条编成的篮筐表面，以减少烟火对植物枝条的烧蚀。这种用黏土制作并经烘烧形成的材料就是陶，于是一种人造材料出现了。用黏土糊在篮筐表面经烘烧形成的容器不渗漏。从此，人类有了一个盛装、运输食物和水的方便、有效的方法。这种陶器，比起人类已使用的以贝壳等动植物材料制作的容器，如贝壳、果壳、竹筒等，有了本质的飞跃，人类已能依自己的意愿制造并使用容器了。这种容器具有现代包装的意义，意味着包装的萌芽。随着人们对陶瓷认识的深化，制陶技术的进步，陶瓷业不断发展，陶瓷的品种越来越多，彩陶、黑陶和白陶等有特殊色彩的陶器相继出现。这些发展都为陶瓷包装的发展创造了良好的物质基础和技术条件。如今，陶瓷既可精制成工艺品，又可制成生活用具和包装商品的容器。

陶瓷容器是以取之不尽的黏土及一些天然矿物、岩石为原料，材料费用最低。陶瓷材料耐热性、耐火性与隔热性比玻璃好，且耐酸和耐药性能优良，瓷器无吸水性，陶器吸水性也很低，陶瓷容器透气性极低，历经多年不变形、不变质，因此，在化学与食品工业中作为包装容器仍是很普遍的，如一些地方风味的酱菜、调味品及一些高档名酒等，至今仍然采用古色古香、乡土气息浓厚的陶器包装。

但陶瓷容器在成型与焙烧时伴随着不可避免的收缩与变形，尺寸误差较大，因而给自动包装作业带来一定的困难。陶瓷材料不透明，看不到内装的商品。陶瓷容器的生产多为间歇式，生产效率低。陶瓷包装容器一般不再回收复用，因而成本较高。陶瓷容器耐冲击性差，其外包装和运输成本也较高。致使陶瓷在包装中的应用受到一定的限制。

陶瓷包装制品根据用途的不同，可分为工业陶瓷、艺术陶瓷和日用陶瓷。包装应用的陶瓷属日用陶瓷类。

陶瓷按所用原料及坯体的致密程度分，有陶器、炻器、半瓷器和瓷器等类型。按这种分类方法，包装陶瓷可分为粗陶器、细陶器、炻器和瓷器四大类。

（1）粗陶器。一般施釉，主要原料是黏土，表面粗糙、多孔、色深、不透明，有加大的吸水性（>15%）和透气性，主要用作缸形容器。

（2）细陶器。分为有釉和无釉两种。细陶器较粗陶器质地较致密、色浅，气孔率及吸水性小于粗陶器，常用的精陶器有坛、罐和陶瓶等。

（3）瓷器。瓷器是陶瓷器中最好的一种，质地致密，表面光滑，色白光亮、无吸水性、具有半透明性，敲之发金属声音，表面施白色瓷釉，机械强度大。常用的瓷器包装容器有瓷瓶、瓷罐等。

（4）炻器。炻器性质介于瓷器与陶器之间，有粗炻器和细炻器两种。质地致密，烧结程度高但无玻璃化，有色不透光。常用炻器容器有缸、坛等。

除上述四种陶瓷容器外，还有金属陶瓷与泡沫陶瓷等特种陶瓷容器。金属陶瓷是陶瓷原料中加入一定量的金属微粒，如镁、镍、钴、钛等，使制作出的陶瓷兼有金属的韧性和陶瓷材料的耐高温、耐腐蚀的性能；泡沫陶瓷是一种质轻又多孔的陶瓷，其孔隙是通过加入发泡剂形成的，具有强度高、绝缘性好、耐高温的特点，这两种陶瓷均可用于特殊用途的特种包装容器。

陶瓷包装容器按结构特征可分为：

（1）缸。下小上大，敞口，内外施釉，盛装物品后一般不封盖。

（2）坛及罐。坛体较大而罐体较小，造型上下两头小中间大，是一种可封口的容器。坛外表面适当的位置可制作结构性附件，以便于坛的搬运。

（3）瓶。瓶是一种长径比较大、口小的容器，其造型有壶形、腰鼓形、葫芦形等，具有强烈的艺术效果。瓶的材质有陶质与瓷质之分。瓶类主要用于酒的包装。

第二节　陶瓷包装制品的加工

陶瓷是以黏土、长石、石英等天然矿物为主要原料，经粉碎混合塑化，按用途成型，并经装饰、涂釉，然后在高温下烧制成的制品，是一种多晶、多相（晶相、玻璃相和气相）的硅酸盐材料。

陶瓷包装制品生产过程大致分为坯料制备、成型、干燥、施釉、装饰、烧成等工序。不同的陶瓷品种具体的制造工艺大都是以此工序为基础，并作适当调整后组成的。如有的瓷器是采用二次烧成的，先素烧，施釉后再釉烧。

一、坯料制备

在陶瓷容器生产过程中，首先要按照陶瓷的种类和用途制备坯料。陶瓷种类的选择应根据包装及内容物的要求来确定。组成坯料的各种原料的配合量，应根据不同陶瓷的要求，按照有关的经验公式进行计算。坯料的制备还与坯料的成型方法有关。

1. 可塑坯料

可塑坯料是可塑法成型坯料的简称，这种坯料要求在含水量低的情况下有良好的可塑性，同时坯料应具有一定的形状稳定性，坯料中各种原料与水分应混合均匀，含空气量低。

制备时，首先要对各种原料进行预处理，如煅烧、洗涤、筛选等，除去有害的杂质，并使原料颗粒细化。各种原料称量后加水混合均匀，干燥或压滤使水分减少，经炼塑、陈腐后即为坯料。

2．注浆坯料

注浆法成型坯料含水量较多，约为30%～35%，其性能要求是：具有良好的流动性、悬浮性和稳定性，料浆中各原料与水分均匀混合且滤过性好。注浆坯料的制备流程基本上与可塑坯料制备流程相似。

二、成型

成型是将制备好的坯料，用不同的方法制成具有设计形状和尺寸的坯件。成型后的坯件只是半成品，亦称生坯，还需经过干燥、烧成等多道工序，才能成为成品。

陶瓷制品的成型方法有可塑法成型、注浆法成型和压制法成型。

1．可塑成型法

以手捏、雕塑、模压和滚压等方式，将泥料成型为一定形态的实体后，再进行焙烧等的加工方法称为可塑法。可塑成型法是利用坯料的可塑性，施加一定的外力迫使坯料发生变形而制成生坯的成型方法。可塑法的成型工艺有：拉坯、雕塑、模印、旋压、滚压等。其工艺流程为：成型→干燥→脱模→干燥→修坯→素烧→施釉→清理→检验。

制成盘、杯类的陶瓷包装容器多用滚压法，其成型方法主要有两种。

（1）盘类的陶瓷包装容器。如图6－1所示，泥料放入石膏制成的旋转模具3上，以旋转的滚压头1滚压呈盘状（或盖状）的坯体2。若将图中的滚头改用刮刀，即可进行手工成型。但因其加工质量差、劳动强度高、生产效率过低，在大量生产中已不多用。

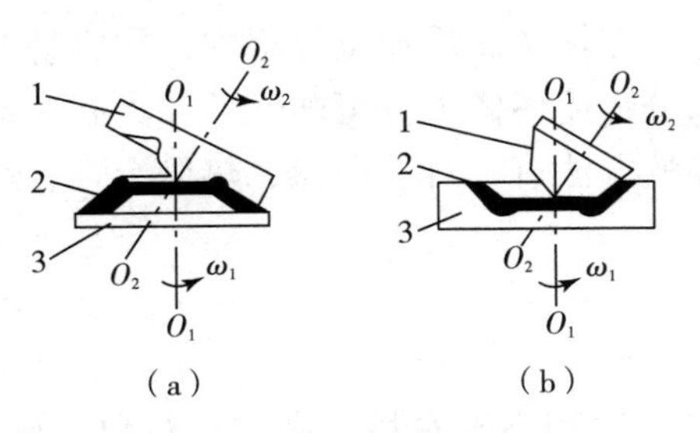

图6－1　浅盘的滚压成型

1－滚压头；2－坯体；3－模具

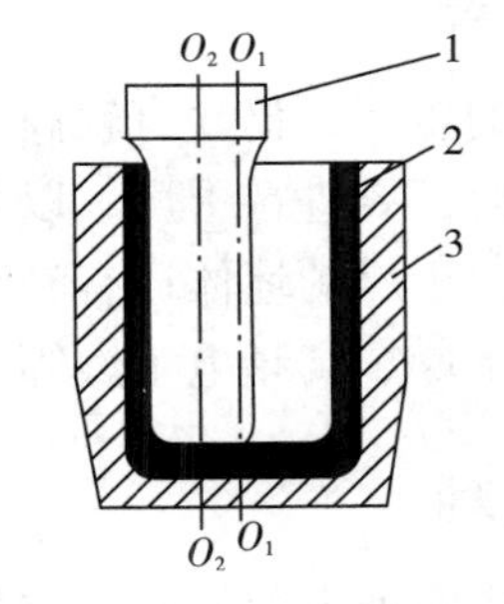

图6－2　杯的滚压成型

1－滚压头；2－坯体；3－阴模

（2）杯类的陶瓷包装容器。如图6－2所示，滚压头1为圆柱形，可在阴模3内径方向滚压呈深度较大的杯状坯体2。

2．注浆成型法

注浆成型法是利用多孔模具的渗水性，将坯浆注入模内，使泥浆中悬浮的颗粒黏附在模腔壁上，形成和模腔相同形状的泥层，随着时间延长泥层逐渐增厚，当达到一定厚度时除去多余的坯浆，让泥层继续脱水收缩而脱模，形成生坯。注浆法是一种适应性广，生产效率高的成型方法，多数容器都可以用此法成型。根据脱水和泥层形成机制，注浆成型法有加压注浆、真空脱水、离心注浆、电泳注浆等多种工艺方法。

图6－3所示为整体式石膏模具，成型时在石膏模具内注满泥浆，靠近模壁处的泥浆水分被模型吸收而形成层泥层，待泥层达到坯体所要求厚度时，再倒出多余的泥浆，坯体逐渐随模具干燥，最后脱模取出坯体。显然，坯体的外形取决于模具内壁的形状，坯体的厚度取决于泥浆在模具内停留的时间。

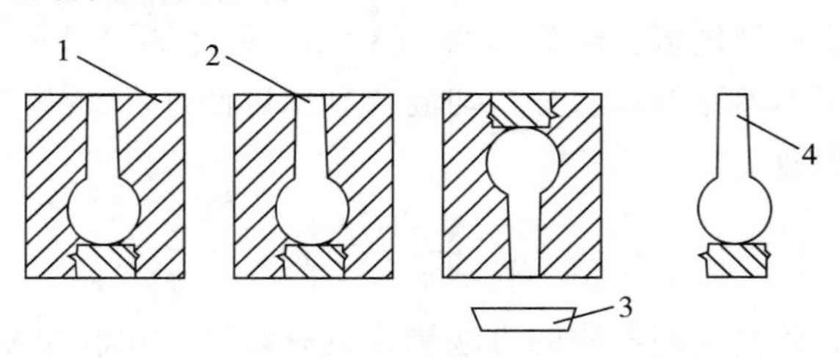

图6－3　空心注浆成型

1－组合模具；2－泥浆；3－倒浆容器；4－坯体

上述注浆法所形成坯体的厚度难以均匀，且生产效率低。采用离心注浆法，驱动模具旋转，可提高成型速度和质量。

由于瓶状陶瓷包装容器常常在瓶身上附以装饰性的附件，如耳、环等，并且施釉要求高，因而加工工序多，其工艺流程大致为：注浆成型→干燥→脱模→修坯→施内釉→干燥→打眼接把、耳、环→施外釉→清理→检验。

陶瓷包装容器的光泽度、机械强度除与配料、焙烧有关外，成型质量起着重要作用。

3. 压制成型法

压制成型法是采用机械压力将坯料压制成型。这种方法多用于制造块状制品。

三、干燥

成型后的生坯，仍含有较高水分，呈可塑状态，在输送和后加工过程中，很容易变形或开裂。为此，要进行干燥，以除去坯体中所含水分，使坯体失去可塑性，并具有一定的强度。此外，干燥的坯体还有利于施釉操作。干燥的方法有：自然干燥、热风干燥、红外干燥、微波干燥、高频电干燥等。

四、施釉

为使陶瓷容器表面具有一定的硬度、强度、光洁度和不吸水性，必须进行单面施釉。当包装容器阻隔性要求较高时，还可在容器内表面施釉。釉是附在陶瓷坯体表面上的连续的玻璃质层或玻璃与晶体的混合层。在陶瓷坯体表面上施釉，可使陶瓷具有平滑而光亮的表面。同时，釉层可以增加陶瓷的强度、硬度、陶瓷的致密性、不透气性和不透水性。

施釉是将充分悬浮的釉浆涂布于坯体表面的过程，施釉后坯体吸收釉浆中的水分，使原来悬浮的固体颗粒均匀地积聚在坯体表面，经烧成工序，陶瓷表面就形成了一层均匀的玻璃质层，即釉层。根据陶瓷制品的要求，有的是在生坯上施釉，有的需要在素烧坯体上施釉。

施釉的方法有浸釉法、淋釉法、喷釉法、刷釉法等。

浸釉法是将坯体浸入釉浆中再提起，流去表面多余的釉料即完成了挂釉操作（釉料浓度极大地影响施釉的质量），最后需用毛笔对容器缺釉处进行补釉（俗称补水）。

五、烧成

烧成是陶瓷制造工艺过程中最重要的一个环节。经过成型、施釉后的半成品，必须通过高温烧成才能获得陶瓷的一切特性。坯体在高温中发生一系列的物理化学变化，如膨胀、收缩、气体的产生、液相的出现、旧晶相的消失、新晶相的析出等，由最初的矿物原料组成的生坯，最后形成陶瓷制品。

陶瓷烧成过程可分成四个阶段：水分蒸发期，氧化分解和晶型转化期，玻璃化期和冷却期。在从室温升到300℃时，坯体中所吸附的水气化而蒸发，若入窑时生坯含水量过大，升温过快，会使水分剧烈汽化，有可能使坯体破裂。随着温度升高，矿物质发生分解及氧化反应，石英等氧化物发生晶型的转变。玻璃化期也叫烧成期，此时温度升至最高（1250～1500℃），不熔的氧化物开始收缩，熔融的氧化物渗到不熔氧化物的间隙中，使整个坯体致密化。冷却期使液固相组织迅速保留下来，液相逐渐变为玻璃相成分。

烧成工艺有两种，一种是将未上釉的坯体进行“素烧”，然后施釉进行“釉烧”，即所谓的“二次烧成法”；另一种是在生坯上施釉一次烧成制品，即“一次烧成法”。不论何种烧成工艺，其烧成制度应根据坯料和釉料的组成及性质，坯体的形状，坯体的大小和厚薄，窑炉结构，装窑方法及燃料等因素来确定。

六、装饰

陶瓷制品作为销售包装容器时，应当注意外观与表面的锈蚀。装饰是对陶瓷制品进行艺术加工的重要手段。装饰的方法很多，各有特点和效果。其装饰方式分为表面装饰和造型装饰两类。

1．表面彩饰

在成型后的坯体上进行彩饰的方法有如下几种。

（1）施釉。施釉前，用刮刀修整坯体，再用砂纸磨光（或用湿海绵体擦洗），并装上耳、环等附件。然后挂釉法施釉。

普通釉料分为白釉和色釉。白色瓷器给人以洁净之感，适用于包装药品和酒类商品。色釉是在白釉中加入适量的焙烧而成的陶瓷颜料，操作较为简便，成本也不高。除可遮盖坯体上的缺陷以外，具有良好的装饰效果。目前，新型陶瓷颜料和色釉的品种不断出现，因而可制作出五彩缤纷的陶瓷包装容器。

（2）彩绘。在生坯体或素烧坯体上彩绘，然后施加一层透明釉再进行釉烧的方法，成为釉下绘。而在釉烧坯体上用低温颜料彩绘，然后在低于釉烧的温度下（600～900℃）彩烧使颜色熔化在釉层内，称为釉上彩。上述两种彩绘多是采用手工绘画，青花瓷、釉里红是我国名贵的传统釉下彩绘制品。

贴花是一种价廉、简便的装饰方法，是指将印有图案的塑料膜或花纸用胶直接贴在陶瓷容器的表面上。这种方法更适用于包装容器的装饰。

（3）光泽彩。这种装饰方法是用毛笔或喷洒器具，将金属或其氧化物的微粒薄薄地涂覆在瓷器的釉面上，待干燥后进行彩烧。由于入射光和金属微粒上的反射光发生干涉而映现出光泽彩虹，其装饰效果堪称一绝。

（4）裂纹釉。裂纹釉料的热膨胀系数要比釉烧过的大，彩烧时若采用迅速冷的工艺，就可使刚刚涂上的釉料膜面上产生裂纹，在裂纹的缝隙处露出底釉的色彩而得到一些十分自然的花纹图案。常见的花纹有冰裂纹、牛毛纹、鱼子纹和蟹爪纹等。

（5）无光釉。当瓷器表面辅以无光釉后，对光的反射不强烈，而只在平滑凸起的表面上显出丝状的光泽，从而可以得到特殊的艺术效果。降低釉烧的温度，或用稀氢氟酸液轻度腐蚀釉面，或在釉烧后冷却时使透明釉析出微晶等方法均可获得无光釉。

（6）流动釉。瓷器表面施以易熔釉，在釉烧中因釉料过热而沿着容器表面向下流动，从而形成自然、活剥的不规则流纹，这种装饰方法最为简便易行。

（7）照相彩釉。将摄影的人像或画面，彩烧在瓷器的釉面上，这种装饰具有真实反映人物和景色的特点。

2. 造型装饰

陶瓷包装容器的造型装饰，一般是在成型模具上制作出花纹来，从而使坯体外表面形成相应的花纹，因此造型装饰又称作模纹装饰。

造型装饰有以下几种。

（1）口边装饰。将陶瓷容器的口部与肩部的线型加以变化，以使容器更为生动、丰富、协调和多彩。如口边可制成莲花瓣状、荷口状、石榴状等。

（2）腹部与足部刻纹。在陶瓷容器的腹部以下刻纹或刻花，以加强装饰效果和提高包装容器的身价。刻纹分阴刻与阳刻，纹路形状有条纹、转纹、斜纹及放射纹等。刻花也有阴刻与阳刻，花纹可为葵花、菊花和莲花等。

（3）筋纹装饰。在陶瓷容器表面的大范围上成型出粗大的凹凸筋条，给人以坚实、粗豪之感。

（4）浮雕装饰。浮雕是以高低起伏的体、面、线来表现形象，具有很大的气魄与艺术魅力。

思考题

1. 包装陶瓷有哪些种类？
2. 常见瓷器包装容器有哪些？
3. 陶瓷制品的成型方法有哪些？

参考文献

[1] 朱婧，王利，刘国靖等. GB/T 4122. 1—2008. 包装术语 第一部分：基础 [S]. 2008.

[2] 张改梅. 印后加工新技术及其发展趋势 [J]. 今日印刷，2015 (3).

[3] 荣华阳. 印后加工技术的发展趋势 [J]. 印刷技术，2013 (9)：75 ~77.

[4] 许文才. 包装印刷与印后加工 [M]. 北京：中国轻工业出版社. 2006.

[5] 张改梅. 纸盒和纸袋印刷 [M]. 北京：化学工业出版社，2005.

[6] 魏瑞玲. 印后原理与工艺 [M]. 北京：印刷工业出版社. 2002.

[7] 金银河. 印后加工 [M]. 北京：化学工业出版社. 2004.

[8] 杨永刚. 纸盒纸箱加工技术 [M]. 北京：印刷工业出版社. 2014.

[9] 黄雪，蔡少龄，程明生等. B/T 6543—2008，运输包装用单瓦楞纸箱和双瓦楞纸箱 [S]，2008.

[10] 伍秋涛著. 软包装结构设计与工艺设计. 北京：印刷工业出版社，2008.

[11] 伍秋涛著. 软包装实用技术问答. 北京：印刷工业出版社，2008.

[12] 江谷著. 软包装材料及复合技术. 北京：印刷工业出版社，2012.

[13] 何新快，胡更生，吴璐烨著. 软包装材料复合工艺及设备. 北京：印刷工业出版社，2012.

[14] 刘尊忠. 金属包装印刷400问. 北京：化学工业出版社，2005.

[15] 刘舜雄. 印后加工. 北京：中国轻工业出版社，2010.

[16] 孙诚，金国斌，王德忠，等编著. 包装结构设计. 北京：中国轻工业出版社，2000.

[17] 徐自芬，郑百哲编著. 中国包装工程手册. 北京：机械工业出版社，1996.

[18] M. 贝克编著. 包装技术大全. 北京：科学出版社，1992.

[19] 彭国勋编著. 物流运输包装设计. 北京：印刷工业出版社，2011.

[20] 宋宝丰编著. 包装容器结构设计与制造. 北京：印刷工业出版社，2007.

[21] 周威编著. 玻璃包装容器造型设计. 北京：印刷工业出版社，2009.

（a）全局

（b）局部放大

彩图1　压凹凸、传统烫印

（a）

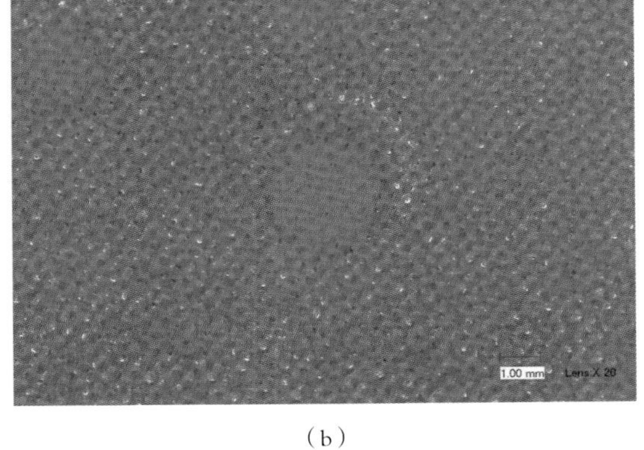

（b）

彩图2　压凹凸、局部上光

（a）全局

（b）局部放大

彩图3　压纹、全息烫印

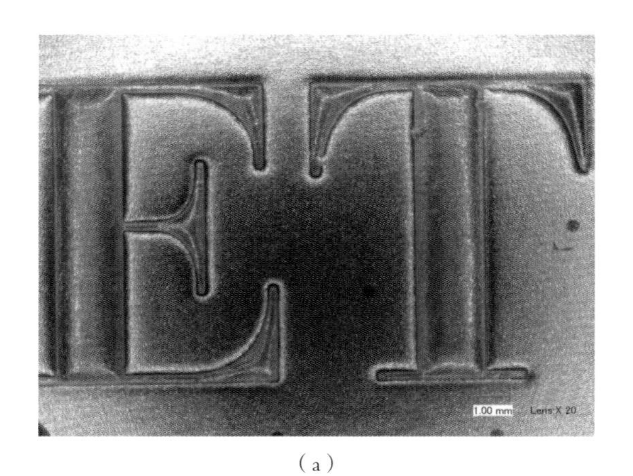

（a）

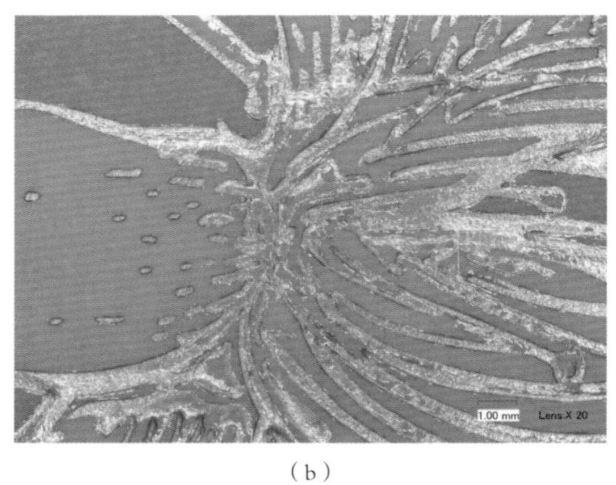

（b）

彩图4　凹凸烫印

（a）全局

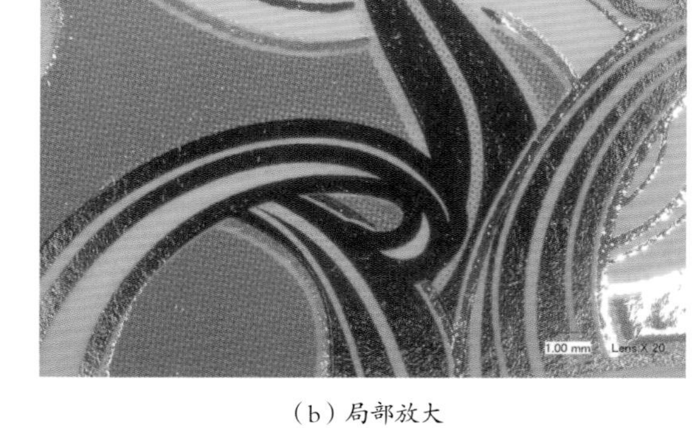

（b）局部放大

彩图5　冷烫印、印刷

（a）

（b）

彩图6　冷烫印

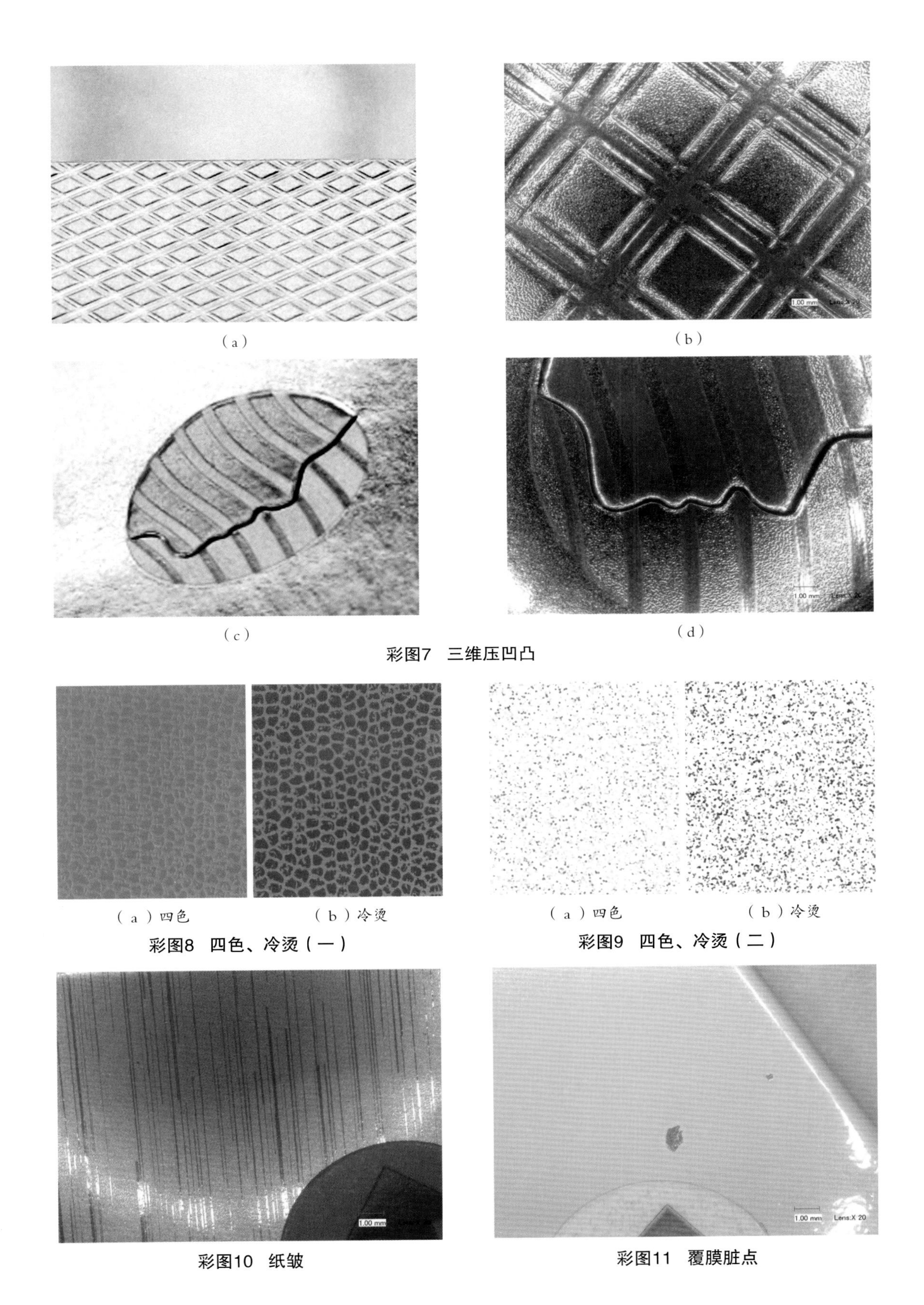

（a）

（b）

（c）

（d）

彩图7　三维压凹凸

（a）四色

（b）冷烫

彩图8　四色、冷烫（一）

（a）四色

（b）冷烫

彩图9　四色、冷烫（二）

彩图10　纸皱

彩图11　覆膜脏点

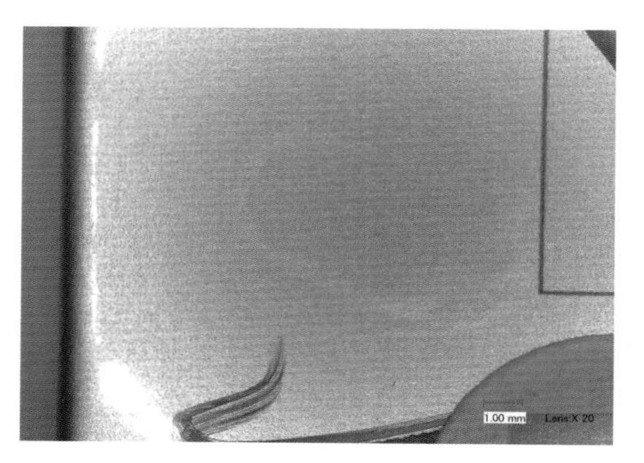

彩图12　覆膜起泡

彩图13　烫印掉金

彩图14　烫金走位

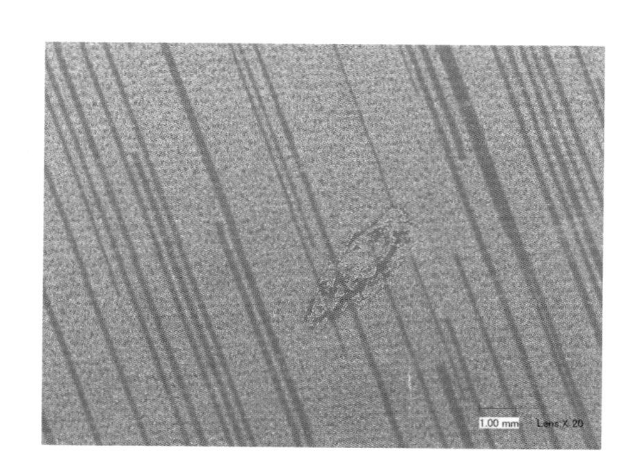

彩图15　露银

彩图16　模压中的爆边

彩图17　模压中的爆色